基礎からの
過渡現象

柴田 尚志 著

森北出版株式会社

●本書のサポート情報を当社Webサイトに掲載する場合があります．下記のURLにアクセスし，サポートの案内をご覧ください．

https://www.morikita.co.jp/support/

●本書の内容に関するご質問は，森北出版 出版部「(書名を明記)」係宛に書面にて，もしくは下記のe-mailアドレスまでお願いします．なお，電話でのご質問には応じかねますので，あらかじめご了承ください．

editor@morikita.co.jp

●本書により得られた情報の使用から生じるいかなる損害についても，当社および本書の著者は責任を負わないものとします．

■本書に記載している製品名，商標および登録商標は，各権利者に帰属します．

■本書を無断で複写複製（電子化を含む）することは，著作権法上での例外を除き，禁じられています．複写される場合は，そのつど事前に（一社）出版者著作権管理機構（電話03-5244-5088，FAX03-5244-5089，e-mail：info@jcopy.or.jp）の許諾を得てください．また本書を代行業者等の第三者に依頼してスキャンやデジタル化することは，たとえ個人や家庭内での利用であっても一切認められておりません．

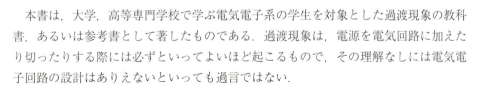

まえがき

　本書は，大学，高等専門学校で学ぶ電気電子系の学生を対象とした過渡現象の教科書，あるいは参考書として著したものである．過渡現象は，電源を電気回路に加えたり切ったりする際には必ずといってよいほど起こるもので，その理解なしには電気電子回路の設計はありえないといっても過言ではない．

　本書では，過渡現象の基礎のみならず複雑な回路の現象解析を丁寧に説明している．過渡現象は微分方程式が解ければ解が求められるので，数学的問題ととらえられがちである．しかしながら，電気回路の過渡現象の本質は，コイルやコンデンサでのエネルギーの蓄積，放出にあるので，回路内の各素子や回路の状態の物理的意味を理解しないと真の理解にはつながらない．そこで，本書では電流や電荷，電圧の過渡現象解析だけでなく，そのときの回路のエネルギー状態についてもできるだけ詳しく説明するよう心掛けた．また，数学としての微分方程式の解法では初期値は与えられるのが一般的であるが，電気回路の過渡現象の場合は，それは必ずしも一目瞭然ではなく物理的意味を考慮しながらその回路から導く必要がある．本書では，そうした視点からも説明を加え，読者が疑問に感じるかもしれない点はわかりやすく丁寧に説明している．さらに，一般に交流電源の場合の過渡解析は少し複雑になるため，多くのページを割いて説明を行っている．

　本書は，過渡現象の考え方，解き方が理解できることを目的にしているので，解析対象は集中定数回路に限定して，複雑な回路であっても解が導出できるよう丁寧な諸式導出を行っている．通信社会の現代において，分布定数回路の過渡現象も非常に重要であるが，本書をマスターすればそれらは理解できると思うので，本書では扱わないこととした．

　本書は，第1章で過渡現象の基礎となる内容を説明し，第2章で微分方程式の直接解法を，第3章でそれを用いた電気回路の過渡現象解析を述べている．また，第4章でラプラス変換を，第5章でそれを用いた過渡現象解析を説明する構成としている．微分方程式の直接解法（第2章）とその応用（第3章），ラプラス変換（第4章）とその応用（第5章）はそれぞれ独立しても使えるよう配慮している．これは，本書を専門書としてだけでなく，応用数学の教科書の一部としても使えるよう配慮しているためである．微分方程式の直接解法とラプラス変換による解法は，それぞれに特徴があるので，第3章と第5章の本文ではほぼ同じ回路を解析している．両方で解くことにより，回路によってはどちらを用いたほうが解析が容易かの判断もできるようになる

と考える．逆に，第 3 章の章末演習問題 19 題と第 5 章の章末演習問題 26 題，計 45 題は重複を避け，まったく別の問題を用意し，すべてに詳解をつけている．これにより第 3 章の問題をラプラス変換で，第 5 章の問題を微分方程式直接解法で解くこともできる．最近はアクティブラーニングを授業に取り入れることが多いが，本書のすべてを授業で説明するのではなく，いま述べたような形で豊富な演習問題を活用すれば十分アクティブラーニングの題材になると考えている．

　本書を出版するにあたり森北出版（株）の藤原祐介第 2 出版部部長と，原稿の細部まで目を通し，加筆・修正箇所をご指摘いただいた上村紗帆氏には大変お世話になった．ここにお礼申し上げる次第である．

2019 年（令和元年）6 月　　　　　　　　　　　　　　　　　　　　　　著　者

目 次

▶▶ 第 1 章 過渡現象の基礎知識
- 1.1 過渡現象と回路素子 ……………………………………………… 1
  - 1.1.1 回路方程式と初期条件　1
  - 1.1.2 過渡現象が起こる原因　4
- 1.2 回路方程式を解く ………………………………………………… 4
- 1.3 基本回路の過渡現象 ……………………………………………… 5
  - 1.3.1 RL 直列回路　5
  - 1.3.2 RC 直列回路　7
- 1.4 時定数 ……………………………………………………………… 8
- 1.5 定常解と過渡解 …………………………………………………… 10
- 1.6 回路のエネルギー ………………………………………………… 12
- 演習問題 ……………………………………………………………… 14

▶▶ 第 2 章 微分方程式の解法
- 2.1 電気回路の過渡現象で扱う微分方程式の形 …………………… 15
  - 2.1.1 常微分方程式　16
  - 2.1.2 微分方程式の階数　16
  - 2.1.3 線形の微分方程式　16
  - 2.1.4 同次,非同次微分方程式　17
  - 2.1.5 一般解と特殊解　17
- 2.2 微分方程式の解法 ………………………………………………… 18
  - 2.2.1 変数分離法　18
  - 2.2.2 定数変化法と 1 次微分方程式の一般解　19
  - 2.2.3 特殊解と同次微分方程式の解より非同次微分方程式の解を得る　21
- 2.3 2 階の定数係数非同次線形微分方程式 ………………………… 22
  - 2.3.1 2 階の同次方程式の一般解　22
  - 2.3.2 特殊解の求め方　26
- 2.4 初期条件 …………………………………………………………… 30
- 2.5 連立微分方程式 …………………………………………………… 31
- 演習問題 ……………………………………………………………… 32

第3章 微分方程式の解法を用いた電気回路の過渡現象解析

- 3.1 種々の微分方程式の解法による過渡解析 ………………………………… 34
- 3.2 単エネルギー回路 ………………………………………………………… 37
  - 3.2.1 直流電源と抵抗，コイルから構成される回路　37
  - 3.2.2 直流電源と抵抗，コンデンサから構成される回路　40
- 3.3 パルス電圧を加えた場合 ………………………………………………… 45
  - 3.3.1 RL 直列回路　45
  - 3.3.2 RC 直列回路　47
- 3.4 微分回路，積分回路 ……………………………………………………… 49
  - 3.4.1 RL 直列回路を用いた場合　49
  - 3.4.2 RC 直列回路を用いた場合　50
- 3.5 複数のコイルをもつ回路 ………………………………………………… 50
  - 3.5.1 直流電源，抵抗，二つのコイルから構成される回路　50
  - 3.5.2 相互誘導回路 $(L_1 L_2 - M^2 > 0)$　52
  - 3.5.3 相互誘導回路 $(L_1 L_2 - M^2 = 0)$　57
- 3.6 交流電圧を加えた場合 …………………………………………………… 60
  - 3.6.1 RL 直列回路　60
  - 3.6.2 RC 直列回路　64
  - 3.6.3 相互誘導回路　66
- 3.7 いろいろな電源 …………………………………………………………… 67
  - 3.7.1 電流源の回路の過渡現象　67
  - 3.7.2 複数の電源がある場合の過渡現象　68
- 3.8 複エネルギー回路 ………………………………………………………… 69
  - 3.8.1 LC 回路（自由振動）　69
  - 3.8.2 RLC 回路の自由振動　71
  - 3.8.3 RLC 直列回路 — 直流電源　78
  - 3.8.4 RLC 直列回路 — 交流電源　82
- 演習問題 ………………………………………………………………………… 87

第4章 ラプラス変換

- 4.1 ラプラス変換の定義 ……………………………………………………… 91
- 4.2 いろいろな関数のラプラス変換 ………………………………………… 93
- 4.3 ステップ関数の有用性 …………………………………………………… 97
- 4.4 ステップ関数の活用といろいろな波形のラプラス変換 ……………… 100
  - 4.4.1 パルス関数　100

4.4.2　デルタ関数　　101
4.5　周期関数のラプラス変換 ……………………………………………… 101
4.6　微分積分のラプラス変換 ……………………………………………… 103
　　4.6.1　微分のラプラス変換　　104
　　4.6.2　積分のラプラス変換　　104
4.7　s 領域の微分，積分 ………………………………………………… 105
4.8　畳み込み積分とラプラス変換 ………………………………………… 107
4.9　ラプラス逆変換と展開定理 …………………………………………… 108
4.10　ラプラス変換による微分，積分方程式の解法 ……………………… 113
　　4.10.1　微分方程式の解法　　113
　　4.10.2　積分方程式の解法　　114
　　4.10.3　連立微分方程式の解法　　115
演習問題 ……………………………………………………………………… 115

▶▶ 第5章　ラプラス変換を用いた電気回路の過渡現象解析

5.1　基本回路素子における電圧と電流の関係のラプラス変換 ………… 118
5.2　単エネルギー回路 ……………………………………………………… 119
　　5.2.1　RL 直列回路　　119
　　5.2.2　RC 直列回路　　120
5.3　パルス電圧 ― RL 直列回路 ………………………………………… 121
5.4　複数のコイルをもつ回路 ……………………………………………… 122
　　5.4.1　直流電源と抵抗，二つのコイルから構成される回路　　122
　　5.4.2　相互誘導回路　　123
5.5　交流電源 ― RL 直列回路 …………………………………………… 127
5.6　電流源 …………………………………………………………………… 129
5.7　複エネルギー回路 ……………………………………………………… 130
　　5.7.1　LC 回路　　130
　　5.7.2　RLC 回路（自由振動）　　130
　　5.7.3　RLC 直列回路 ― 直流電源　　132
5.8　RLC 直列回路 ― 交流電源 ………………………………………… 133
5.9　電流源 LC 回路 ……………………………………………………… 140
5.10　回路網関数とインパルス応答 ………………………………………… 141
演習問題 ……………………………………………………………………… 144

演習問題詳解 ………………………………………………………… 148
参考文献 ……………………………………………………………… 175
索　引 ………………………………………………………………… 176

Chapter 1

過渡現象の基礎知識

工学の分野において,事象を表すために必要な諸量の関係式は,微分,積分を含む形になることが多い.電気回路も同様で,多くの場合,回路解析にはそれら微分積分を含む方程式を解く必要がある.ここでは,微分方程式を解くにあたって必要となる抵抗,コンデンサ(キャパシタ),コイル(インダクタ)における電圧と電流の関係などを学び,それらのもつ物理的意味をよく知ることから始める.次に,簡単な回路の過渡現象を通して基本となる知識を学ぶ.関連して,初期条件や各素子におけるエネルギーについても学ぶ.

1.1 ▶ 過渡現象と回路素子

1.1.1 ▶ 回路方程式と初期条件

抵抗やコイル,コンデンサからなる回路に直流電源や正弦波交流電源を加え,十分長い時間が経過すると,電流や各部の電圧は安定した状態になる.これを**定常状態**という.では,これらの回路において,スイッチを閉じたり開いたり(開閉)した瞬間から回路が定常状態に達するまでのあいだに,流れる電流や各部の電圧は,時間とともにどのように変化するのだろうか.回路は,スイッチを開閉する前は一つの定常状態にあり,スイッチを開閉して時間が十分経つと,また別の定常状態となる.このような,ある定常状態から別の定常状態に移るまでの現象を**過渡現象**という.また,この期間の電流や各部の電圧の変化を**過渡応答**という.過渡応答を調べることを**過渡現象の解析**(過渡解析)という.

回路の過渡解析のためには,抵抗,コイル,コンデンサといった回路素子における電圧と電流の関係のほか,スイッチを開閉する前に各素子がどのような状態になっていたかを知らなくてはいけない.

まず,図 1.1(a) の抵抗 R における電圧 $v_R(t)$ と電流 $i(t)$ の関係は,オームの法則で定まり,次のようになる.

$$v_R(t) = Ri(t) \tag{1.1}$$

次に,図 1.1(b) のコイルにおける電圧と電流の関係を導く.コイルの巻数を N,コイルを貫く磁束を $\Phi(t)$ とすると,コイルに発生する起電力 $e(t)$ は,電磁誘導の法

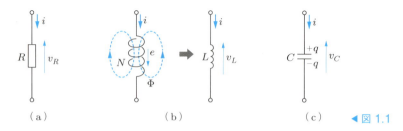

◀ 図 1.1

則より次式となる．

$$e(t) = -N\frac{d\Phi(t)}{dt} \tag{1.2}$$

このとき，コイルの両端の電圧を $v_L(t)$ とすると，向きを考慮して $v_L + e = 0$ より，

$$v_L(t) = N\frac{d\Phi(t)}{dt} \tag{1.3}$$

となる．ここで，$N\Phi$ は**磁束鎖交数**とよばれ，それは電流 i に比例する．

$$N\Phi(t) = Li(t) \tag{1.4}$$

比例定数 L はインダクタンスとよばれ，単位は [H/m] である．インダクタンス L を用いると，式 (1.3) は，次式のようにコイルにおける電圧と電流の関係式となる．

$$v_L(t) = L\frac{di(t)}{dt} \tag{1.5}$$

ここで，上式の意味をもう少し詳しく考えてみよう．いま，磁束鎖交数を $\Psi(= N\Phi)$ とおくと，式 (1.3) は $v_L(t) = d\Psi(t)/dt$ となるので，過去 ($t \to -\infty$) から現在の時刻 t までの磁束鎖交数は，

$$\Psi(t) = \int_{-\infty}^{t} v_L(t)dt \tag{1.6}$$

となる．ここで，スイッチを開閉する瞬間を $t = 0$ とし，スイッチを開閉する直前を $t = 0_-$，スイッチを開閉した直後を $t = 0_+$ とする．過去から $t = 0_-$ までの磁束鎖交数を $\Psi(0_-)$ とすると，上式は，

$$\Psi(t) = \int_{-\infty}^{0_-} v_L(t)dt + \int_{0_-}^{t} v_L(t)dt = \Psi(0_-) + \int_{0_-}^{t} v_L(t)dt \tag{1.7}$$

と書くことができる．スイッチを開閉した直後を考えると，

$$\Psi(0_+) = \Psi(0_-) + \int_{0_-}^{0_+} v_L(t)dt \tag{1.8}$$

となり，右辺第 2 項は，$v_L(t)$ がデルタ関数 (4.4.2 項参照) でなければ 0 となるので，

$$\Psi(0_+) = \Psi(0_-) \tag{1.9}$$

が成り立つ．すなわち，スイッチを開閉する直前と直後で，磁束鎖交数は同じでなければならない．これを**磁束鎖交数保存の理**という．さらに，$\Psi = Li$ であるので，式

(1.9) は
$$i(0_+) = i(0_-) \tag{1.10}$$
と表すこともできる．これは，スイッチを開閉する直前と直後で，コイルに流れる電流は同じでなければならず，急変できないことを示している．ただし，複数のコイルが回路内にある場合や，相互誘導回路のように複数のコイルが磁気的に結合されている場合は，電流の振る舞いは複雑になり，式 (1.10) が成り立たない場合もある．そのような回路の場合でも，磁束鎖交数保存の理は常に成り立つので，それをもとに電流の条件を見いだす必要がある（3.5.1，3.5.2 項で学ぶ）．

図 1.1(c) のコンデンサにおいては，まず，極板の電荷を $\pm q(t)$，極板間の電圧を $v_C(t)$ とする．q は v_C に比例するので，その定数を C とおくと，
$$q(t) = C v_C(t) \tag{1.11}$$
となる．C は静電容量，あるいはキャパシタンスとよばれ，単位は [F/m] である．電荷と電流の関係は，
$$i(t) = \frac{dq(t)}{dt} \tag{1.12}$$
であるので，電圧と電流の関係は，式 (1.11) と上式より，
$$\frac{dv_C(t)}{dt} = \frac{1}{C} i(t) \tag{1.13}$$
と表せる．これを時間 t で積分して，
$$v_C(t) = \frac{1}{C} \int_{-\infty}^{t} i(t) dt \tag{1.14}$$
となる．上式において，時間範囲を $-\infty \sim t$ にとるのは，コンデンサが存在したときから時刻 t までの電荷量を考えるためである．コイルのときと同様に，任意の時刻に $t = 0$ を設定し，
$$q(t) = \int_{-\infty}^{t} i\,dt = \int_{-\infty}^{0_-} i\,dt + \int_{0_-}^{t} i\,dt = q(0_-) + \int_{0_-}^{t} i\,dt \tag{1.15}$$
とおくと，スイッチを開閉した直後の電荷は，
$$q(0_+) = q(0_-) + \int_{0_-}^{0_+} i(t) dt \tag{1.16}$$
となる．右辺第 2 項は 0 であるので，次式が成り立つ．
$$q(0_+) = q(0_-) \tag{1.17}$$
すなわち，スイッチを開閉する直前と直後で，コンデンサの電荷量は同じでなければならない．これを**電荷保存の理**という．また，$q = C v_C$ であるので，上式は，
$$v_C(0_+) = v_C(0_-) \tag{1.18}$$
となり，コンデンサの電圧が急変できないことを示している．

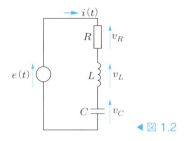

◀ 図 1.2

こうして,例として図 1.2 のように,これら三つの素子を直列に接続し,電源 $e(t)$ を加えたときの回路の電圧方程式は,$v_R(t) + v_L(t) + v_C(t) = e(t)$ であるので,式 (1.1),(1.5),(1.14) を代入して,

$$Ri(t) + L\frac{di(t)}{dt} + \frac{1}{C}\int_{-\infty}^{t} i dt = e(t) \tag{1.19}$$

となる.式 (1.19) やそのほかの抵抗,コイル,コンデンサが組み合わされた回路の方程式の解き方についてはこのあと学んでいくが,その際,スイッチを開閉するときにコイルに電流は流れていたのか,コンデンサに電荷はあったのかなどの情報が必要になる.このように,コイルでの $t = 0_+$ の電流の状態 $i(0_+)$,およびコンデンサでの電荷の状態 $q(0_+)$,あるいは電圧の状態 $v_C(0_+)$ を**初期条件**という.$t = 0_-$,$t = 0_+$ を区別して書かなくともわかる場合は,$t = 0_+$ を単に $t = 0$ と表すこととする.

1.1.2 ▶ 過渡現象が起こる原因

過渡現象を学ぶにあたって,回路のエネルギー関係を知ることは非常に重要である.三つの素子のうち,抵抗では,電流が流れるとジュール熱を発生する.すなわち,抵抗はエネルギーを熱に変えるだけである.一方で,コイルやコンデンサはエネルギーを蓄える性質をもっている.したがって,これらが接続された回路では,スイッチを開閉すると,エネルギーを蓄えたり吐き出したりする現象が起こるので,定常状態に達するまでには時間を要することになる.これが**過渡現象の原因**である.抵抗には,エネルギーを蓄える作用がないので,抵抗のみの回路では過渡現象は起こらない.

コイル,コンデンサいずれか一方だけを含む回路を**単エネルギー回路**といい,コイル,コンデンサ両者が含まれている回路を**複エネルギー回路**という.図 1.2 の RLC 直列回路は複エネルギー回路である.

1.2 ▶▶ 回路方程式を解く

電源には,直流やパルス波,正弦波交流などさまざまな種類がある.これらの電源

を回路に急に加えた場合の過渡現象の解析はどうしたらよいのだろうか．その解法は，大別すると，

 (1) 回路方程式の微分方程式を直接解く方法
 (2) ヘビサイドの演算子法（$d/dt = p$ とおく）
 (3) フーリエ変換法
 (4) ラプラス変換法

などがある．本書では，(1) の微分方程式を直接解く方法，(4) のラプラス変換法の二つの方法について述べる．ラプラス変換法は，時間領域を s 領域とよばれる領域に変換し，代数方程式に置き換えて解くものである．定常状態の交流回路では，複素数を用いると，微分積分を含む方程式を直接解かなくても代数方程式を解けば解が得られたが，ラプラス変換もこれと同様の方法である．(1) については第 2 章，第 3 章で，(4) については第 4 章，第 5 章で詳しく学ぶ．

1.3 ▶▶ 基本回路の過渡現象

微分方程式となる回路方程式の詳しい解き方は次章以降で詳しく学ぶが，ここでは過渡現象の概要を把握するため，比較的簡単に解ける基本回路の解析をしてみよう．

1.3.1 ▶ RL 直列回路

過渡現象の具体例として，まず，図 1.3 の RL 直列回路に $t = 0$ で直流電圧 E を加えたとき，回路に流れる電流 $i(t)$ がどのように時間変化するかを求めてみよう．スイッチ S が閉じられたあとの回路方程式は，

$$Ri(t) + L\frac{di(t)}{dt} = E \tag{1.20}$$

となる．この微分方程式の解は，次のように求めることができる．まず，上式を，

$$\frac{di(t)}{dt} = -\frac{R}{L}\left(i(t) - \frac{E}{R}\right) \tag{1.21}$$

と変形し，さらに左辺が $i(t)$ に関する項に，右辺が t に関する項になるよう，次のよ

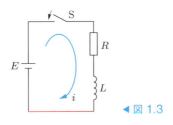

◀ 図 1.3

うに変形する．

$$\frac{di(t)}{i(t) - E/R} = -\frac{R}{L}dt \tag{1.22}$$

ここで，左辺を i に関して，右辺を t に関してそれぞれ積分する．

$$\int \frac{1}{i(t) - E/R} di(t) = -\int \frac{R}{L} dt \tag{1.23}$$

なぜこのようなことができるのかは次章で詳しく説明するので，まずは先に進もう．積分結果は次式となる．

$$\ln\left(i(t) - \frac{E}{R}\right) = -\frac{R}{L}t + k_1 \quad (k_1：積分定数) \tag{1.24}$$

これより，$i(t)$ は，

$$i(t) = \frac{E}{R} + ke^{-\frac{R}{L}t} \tag{1.25}$$

となる．ここで，$e^{k_1} = k$ と新たな定数に置き換えている．この k は，初期条件より求められる．スイッチを閉じる前にはコイルに電流は流れていないので，$t = 0$ でその状態が保存され，初期条件は $i(0) = 0$ である．これを式 (1.25) に代入して k を定めると，

$$k = -\frac{E}{R} \tag{1.26}$$

となる．上式の k を式 (1.25) に代入して，

$$i(t) = \frac{E}{R}\left(1 - e^{-\frac{R}{L}t}\right) \tag{1.27}$$

を得る．したがって，抵抗，コイルでの電圧はそれぞれ

$$v_R(t) = Ri(t) = E\left(1 - e^{-\frac{R}{L}t}\right) \tag{1.28}$$

$$v_L(t) = L\frac{di(t)}{dt} = Ee^{-\frac{R}{L}t} \tag{1.29}$$

となる．$i(t)$，$v_R(t)$，$v_L(t)$ を図示すると図 1.4 のようになる．

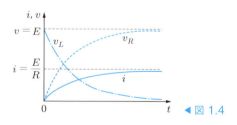

◀ 図 1.4

1.3.2 ▶ RC 直列回路

次に，図 1.5 の RC 直列回路に $t = 0$ で直流電圧 E を加えたとき，回路に流れる電流 $i(t)$ を求めてみよう．ただし，スイッチを閉じる前には，コンデンサに電荷は蓄えられていないとする．

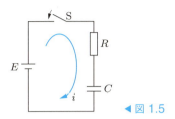

◀ 図 1.5

はじめコンデンサに電荷はないので，

$$\int_{-\infty}^{0_-} i(t)dt = q(0) = 0 \tag{1.30}$$

であり，スイッチを閉じた後の回路方程式は，

$$Ri(t) + \frac{1}{C}\int_0^t i(t)dt = E \tag{1.31}$$

となる．電流 $i(t)$ を電荷 $q(t)$ で表し，

$$i(t) = \frac{dq(t)}{dt} \tag{1.32}$$

これを式 (1.31) に代入すると，次の電荷に関する微分方程式となる．

$$\frac{dq(t)}{dt} + \frac{1}{RC}q(t) = \frac{E}{R} \tag{1.33}$$

この微分方程式を，左辺を $q(t)$ に関する項に，右辺を t に関する項に変形する．

$$\frac{1}{q(t) - CE}dq(t) = -\frac{1}{CR}dt \tag{1.34}$$

両辺を積分すると，

$$\int \frac{1}{q - CE}dq = -\frac{1}{CR}\int dt \tag{1.35}$$

$$\ln(q(t) - CE) = -\frac{t}{CR} + k_1 \quad (k_1：積分定数) \tag{1.36}$$

となる．これより，$e^{k_1} = k$ として

$$q(t) = CE + ke^{-\frac{t}{CR}} \tag{1.37}$$

を得る．ここで，定数 k は，初期条件 $t = 0$ で $q(0) = 0$ より，次のように求められる．

$$k = -CE \tag{1.38}$$

これを式 (1.37) に代入して，求める電荷は，

$$q(t) = CE\left(1 - e^{-\frac{t}{CR}}\right) \tag{1.39}$$

となる．電流は式 (1.32) より，

$$i(t) = \frac{E}{R}e^{-\frac{t}{CR}} \tag{1.40}$$

となり，また，抵抗の両端，コンデンサの両端の電圧はそれぞれ次のようになる．

$$v_R(t) = Ri(t) = Ee^{-\frac{t}{CR}} \tag{1.41}$$

$$v_C(t) = \frac{1}{C}q(t) = E\left(1 - e^{-\frac{t}{CR}}\right) \tag{1.42}$$

$i(t)$, $v_R(t)$, $v_C(t)$ の結果を図示すると図 1.6 のようになる．

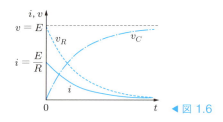

◀図 1.6

1.4 ▶▶ 時定数

式 (1.27)〜(1.29) や式 (1.39)〜(1.42) をみると，$e^{-(R/L)t}$ あるいは $e^{-t/CR}$ の項が含まれている．これは，時間とともに変化し減少する値となっている．そこで，

$$T = \frac{L}{R}, \qquad T = RC \tag{1.43}$$

とおき，それぞれの次元をみてみよう．まず，$T = L/R$ の単位は，L [H]，R [Ω] であるので [H/Ω] となるが，たとえば，式 (1.5) や式 (1.1) から，[H]=[V·s/A]=[Ω·s] であるので，[H/Ω]=[Ω·s/Ω]=[s] となり，時間の次元となっていることがわかる．同様に，$T = RC$ の場合も，C の単位は [F] であるが，式 (1.11)，(1.12) の関係から，[Ω][F]=[Ω][C/V]=[Ω][A·s/V]=[Ω][s/Ω] =[s] と時間の次元となる．そこで，T を**時定数**（じていすう，ときていすう）という．

図 1.4，1.6 の電流に対し，時定数 T の値を倍にした場合の変化を，図 1.7，1.8 に示す．これらからもわかるように，T が大きくなると電流の変化はなだらかになる．このように，時定数によって過渡現象の速さが判定できる．

時定数はまた，次のような意味をもっている．いま，RL 直列回路において，式 (1.27) を t で微分すると，

$$\frac{di}{dt} = \frac{E}{L}e^{-\frac{R}{L}t} \tag{1.44}$$

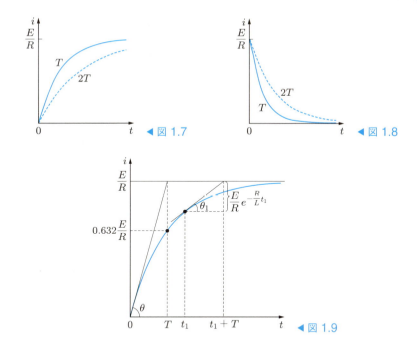

◀ 図 1.7

◀ 図 1.8

◀ 図 1.9

となる．これは図 1.9 に示すように，電流 i の時刻 t における接線の傾きを表している．$t = 0$ における傾きは，接線と t 軸正方向のなす角を θ とすると次式のようになる．

$$\tan\theta = \left.\frac{di}{dt}\right|_{t=0} = \frac{E}{L} \tag{1.45}$$

この接線が $i = E/R$ の直線と交わる点の時刻を求めると，

$$t = \frac{E/R}{\tan\theta} = \frac{L}{R} = T \tag{1.46}$$

となり，時定数に等しいことがわかる．また，式 (1.27) より $t = T$ のときの電流の値は，

$$i = \frac{E}{R}(1 - e^{-1}) \simeq 0.632\frac{E}{R} \tag{1.47}$$

となる．

RC 直列回路においても，式 (1.40) の電流を微分して傾きを求めると，

$$\frac{di}{dt} = -\frac{E}{CR^2}e^{-\frac{t}{CR}} \tag{1.48}$$

となり，$t = 0$ における傾きを考えると，接線と t 軸正方向のなす角を θ として，

$$\tan\theta = \left.\frac{di}{dt}\right|_{t=0} = -\frac{E}{CR^2} \tag{1.49}$$

となる．また，$t=0$ での i は $i=E/R$，これより $t=0$ での接線が $i=0$ の直線と交わる時刻は，図 1.10 のように，

$$t = \frac{E/R}{|\tan\theta|} = \frac{E}{R} \times \frac{CR^2}{E} = CR = T \tag{1.50}$$

となり，この場合も時定数と等しくなる．$t=T$ のときの電流は，式 (1.40) より，

$$i = \frac{E}{R}e^{-1} \simeq 0.368\frac{E}{R} \tag{1.51}$$

となる．

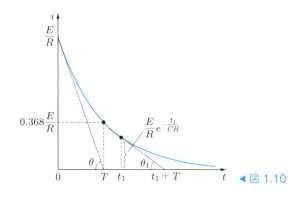

◀ 図 1.10

例題 1.1 RL 直列回路の応答で，電流 i の任意の時刻 t_1 での接線が $i=E/R$ の直線と交わる点の時刻は，t_1+T となることを示せ．

解 時刻 t_1 での電流の接線の傾きは，

$$\tan\theta_1 = \left.\frac{di}{dt}\right|_{t=t_1} = \frac{E}{L}e^{-\frac{R}{L}t_1}$$

と表せる．この接線が $i=E/R$ の直線と交わる時刻を t とすると，図 1.9 から，

$$\tan\theta_1 = \frac{(E/R)\,e^{-\frac{R}{L}t_1}}{t-t_1}$$

となる．これより，

$$t-t_1 = \frac{(E/R)\,e^{-\frac{R}{L}t_1}}{\tan\theta_1} = \frac{(E/R)\,e^{-\frac{R}{L}t_1}}{(E/L)\,e^{-\frac{R}{L}t_1}} = \frac{L}{R} = T$$

を得る．よって，$t=t_1+T$ となる．このことは，電流の任意の時刻での接線が $i=E/R$ の直線と交わる時刻は，常に T 秒後ということを表している．

1.5 ▶▶ 定常解と過渡解

1.1 節で述べたように，回路が安定状態になったときを定常状態というが，理論的

には，$t \to \infty$ となったときを定常状態という．RL 直列回路の結果において，$t \to \infty$ のときの電流や各部の電圧は，式 (1.27)〜(1.29) より，

$$i = \frac{E}{R}, \qquad v_R = E, \qquad v_L = 0 \tag{1.52}$$

となる．すなわち，この回路の定常状態では，電源の電圧はすべて抵抗にかかり，コイルは短絡状態となる．

RC 直列回路の場合は，式 (1.39)〜(1.42) より，

$$i = 0, \qquad q = CE, \qquad v_R = 0, \qquad v_C = E \tag{1.53}$$

となる．すなわち，定常状態でコンデンサは開放状態であり，電源の電圧はすべてコンデンサにかかる．これら $t \to \infty$（定常状態）での値は，**定常解**とよばれる．理論的には，定常状態は $t \to \infty$ のときであるが，実用的には $t = 5T$ くらいでほぼ定常値と考えてよい．今後，「スイッチを閉じて十分時間が経っている」などの表現がよく出てくるが，これは回路が定常状態になっていることを示す（例題 1.2 参照）．

RL 直列回路の電流を示す式 (1.27) は，

$$i(t) = \underbrace{\frac{E}{R}}_{\text{定常解}} \underbrace{- \frac{E}{R} e^{-\frac{R}{L}t}}_{\text{過渡解}} \tag{1.27}$$

となっていた．式 (1.52) から第 1 項は定常解であり，第 2 項は時間とともに変化するので**過渡解**とよばれる．

式 (1.25) や式 (1.37) のように，任意定数 k を含む解を一般解とよぶ．k を含む項が過渡項となり，1.3.1，1.3.2 項でみたように，k を求め過渡解を得るためには初期条件が必要となる．

次章において微分方程式の解法を詳しく学ぶが，定常解は，数学的には特殊解とよばれる．

例題 1.2 RL 直列回路において，$t = T, 2T, 3T, 4T, 5T$ のときの電流の値は，それぞれ定常状態の値の何パーセントになるか．

解 式 (1.27) より，$i(t) = I_s(1 - e^{-t/T})$，$(I_s = E/R)$ であるので，以下の表のようになる．

t	T	$2T$	$3T$	$4T$	$5T$
$1 - e^{-\frac{t}{T}}$	63.2	86.5	95.0	98.2	99.3

実用的な定常状態を表すのに，$t = 5T$ くらいと考えてよいという理由は，この結果からもわかるだろう．

1.6 ▶▶ 回路のエネルギー

1.1.2 項で，過渡現象の原因は，エネルギーが安定するまでの時間にあることを述べた．ここでは，エネルギーの関係を詳しくみてみよう．

回路の電源の電圧を $e(t)$，流れる電流を $i(t)$ とすると，電源からは，

$$W = \int_0^\infty e(t)i(t)dt \tag{1.54}$$

のエネルギーが回路に供給されている．

抵抗に電流が流れると，ジュール熱を発生する．それは，よく知られているようにジュールの法則より，

$$W_R = \int_0^\infty Ri^2(t)dt \tag{1.55}$$

となる．コイルでの電圧は $v_L(t) = L(di(t)/dt)$ であるので，定常状態 $(t \to \infty)$ で電流が I になったとすると，コイルに蓄えられるエネルギー W_L は，

$$W_L = \int_0^\infty v_L(t)i(t)dt = \int_0^\infty L\frac{di(t)}{dt}i(t)dt = L\int_0^I i(t)di = \frac{1}{2}LI^2 \tag{1.56}$$

である．また，コンデンサの電圧は $v_C(t) = q(t)/C$，電流は $i(t) = dq(t)/dt$ であるので，定常状態 $(t \to \infty)$ で電荷が Q になったとすると，コンデンサに蓄えられるエネルギー W_C は，

$$\begin{aligned} W_C &= \int_0^\infty v_C(t)i(t)dt = \frac{1}{C}\int_0^\infty q(t)\frac{dq(t)}{dt}dt = \frac{1}{C}\int_0^Q q(t)dq \\ &= \frac{Q^2}{2C} = \frac{1}{2}CE^2 = \frac{1}{2}QE \end{aligned} \tag{1.57}$$

となる．

具体的に，RL 直列回路のエネルギーの関係を調べてみよう．この回路の電流 $i(t)$ は式 (1.27) で，また，コイルの電圧 $v_L(t)$ は式 (1.29) で与えられた．ここで，それらを用いてコイルに蓄えられるエネルギー W_L を計算する．定常状態の電流は $I = E/R$ であるので，

$$\begin{aligned} W_L &= \int_0^\infty v_L(t)i(t)dt = \frac{E^2}{R}\int_0^\infty e^{-\frac{R}{L}t}\left(1 - e^{-\frac{R}{L}t}\right)dt \\ &= \frac{LE^2}{R^2}\left[-e^{-\frac{R}{L}t} + \frac{1}{2}e^{-\frac{2R}{L}t}\right]_0^\infty = \frac{LE^2}{R^2}\left(1 - \frac{1}{2}\right) = \frac{L}{2}\left(\frac{E}{R}\right)^2 = \frac{1}{2}LI^2 \end{aligned} \tag{1.58}$$

となる．時刻 t においてコイルに蓄えられるエネルギーは，$W_L(t) = Li^2(t)/2$ であ

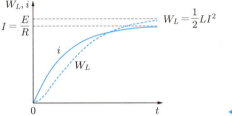

◀図 1.11

るので，その時間変化は図 1.11 のようになる．

次に，RC 直列回路のエネルギー関係を調べよう．電荷 $q(t)$，電流 $i(t)$ は，それぞれ式 (1.39)，(1.40) であったので，まず，電源からの供給エネルギー W は，

$$W = \int_0^\infty Ei(t)dt = \frac{E^2}{R}\int_0^\infty e^{-\frac{t}{CR}}dt = CE^2\left[-e^{-\frac{t}{CR}}\right]_0^\infty = CE^2 \quad (1.59)$$

となる．抵抗でのジュール熱 W_R は，

$$W_R = \int_0^\infty Ri^2(t)dt = \frac{E^2}{R}\int_0^\infty e^{-\frac{2}{CR}t}dt = \frac{E^2}{R}\frac{CR}{2}\left[-e^{-\frac{2}{CR}t}\right]_0^\infty = \frac{1}{2}CE^2 \tag{1.60}$$

となり，また，コンデンサに蓄えられるエネルギー W_C は次式となる．

$$\begin{aligned}W_C &= \int_0^\infty v_C(t)i(t)dt = \frac{1}{C}\int_0^\infty q(t)i(t)dt = \frac{E^2}{R}\int_0^\infty e^{-\frac{t}{CR}}(1-e^{-\frac{t}{CR}})dt \\ &= \frac{E^2}{R}CR\left[-e^{-\frac{t}{CR}} + \frac{1}{2}e^{-\frac{2}{CR}t}\right]_0^\infty = \frac{1}{2}CE^2\end{aligned} \tag{1.61}$$

式 (1.59)〜(1.61) より，

$$W = W_R + W_C \tag{1.62}$$

であり，エネルギーの保存則が成り立つ．抵抗でのジュール熱とコンデンサに蓄えられるエネルギーは，ちょうど半分ずつになる．また，これらのエネルギー関係に，抵抗の要素は現れない．すなわち，抵抗の大小に無関係になる．これをコンデンサのエネルギーの時間変化からみてみると，ある時間までにコンデンサに蓄えられるエネルギーは，

$$W_C(t) = \int_0^t v_C(t)i(t)dt = \frac{CE^2}{2}\left(1 - 2e^{-\frac{t}{CR}} + e^{-\frac{2}{CR}t}\right) \tag{1.63}$$

となるので，抵抗の値を変化させて $W_C(t)$ の変化を描くと，図 1.12 のようになる．この図からもわかるように，R の値が小さいほうが充電時間は短いが，$t = 0 \sim \infty$ では，抵抗の値によらず最終的に $CE^2/2$ のエネルギーになる．

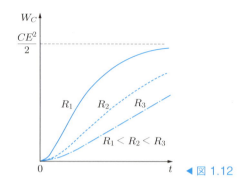

◀ 図 1.12

▶▶ 演習問題

1.1 RC 直列回路の応答で,電流 i の任意の時刻 t_1 での接線が $i=0$ の直線と交わる時刻は t_1+T となることを示せ.T は時定数である.

1.2 RC 直列回路において,$t=T, 2T, 3T, 4T, 5T$ のときの電流の値は,それぞれ $t=0$ のときの値の何パーセントになるか.T は時定数である.

1.3 図 1.3 の RL 直列回路において,抵抗の電圧 v_R とコイルの電圧 v_L の電圧が等しくなるときの時間を求めよ.同様に,図 1.5 の RC 直列回路においても,抵抗の電圧 v_R とコンデンサの電圧 v_C が等しくなるときの時間を求めよ.

1.4 図 1.3 の RL 直列回路,図 1.5 の RC 直列回路において,過渡項が最初の値の $x[\%]$ になるまでの時間を求めよ.

1.5 抵抗 R に $i(t)=I_m e^{-\alpha t}$ (α:定数) の電流が流れるとき,$t=0 \sim T$ の時間で発生するジュール熱はいくらか.

Chapter 2

微分方程式の解法

> 微分方程式にはいろいろな形があるが，本書で解析する集中定数電気回路に現れる回路方程式は，1階あるいは2階の定係数線形微分方程式であるので，ここではそれらの言葉の意味や方程式の解法を中心に学ぶ．
>
> 本章で学ぶ微分方程式の直接解法は，次章で電気回路の過渡解析に適用されるので，ここでしっかり理解することが大事である．

2.1 ▶ 電気回路の過渡現象で扱う微分方程式の形

前章でみたように，RC 直列回路の回路方程式は，一般的な電圧 $e(t)$ を用いて

$$Ri(t) + \frac{1}{C}\int i(t)dt = e(t) \tag{2.1}$$

で表される．上式を電流 $i(t)$ ではなく電荷 $q(t)$ で表すと，$i(t) = dq(t)/dt$ の関係より，

$$\frac{dq(t)}{dt} + \frac{1}{CR}q(t) = \frac{1}{R}e(t) \tag{2.2}$$

となる．RL 直列回路の場合は，

$$Ri(t) + L\frac{di(t)}{dt} = e(t) \tag{2.3}$$

であり，電荷 $q(t)$ の式に直すと次式となる．

$$\frac{d^2q(t)}{dt^2} + \frac{R}{L}\frac{dq(t)}{dt} = \frac{1}{L}e(t) \tag{2.4}$$

また，RLC 直列回路の回路方程式は，

$$Ri(t) + L\frac{di(t)}{dt} + \frac{1}{C}\int i(t)dt = e(t) \tag{2.5}$$

である．電荷 $q(t)$ の方程式に直すと，

$$\frac{d^2q(t)}{dt^2} + \frac{R}{L}\frac{dq(t)}{dt} + \frac{1}{LC}q(t) = \frac{1}{L}e(t) \tag{2.6}$$

という形になる．

ここで，$dq/dt = q'$ のように表し，変数 t を x として，また未知関数 $i(t)$ や $q(t)$

を $y(x)$ として一般的に表すと，上記の方程式は，

$$y'(x) + ay(x) = Q(x) \quad (\leftarrow \text{式 (2.2), (2.3)}) \tag{2.7}$$

$$y''(x) + ay'(x) + b = Q(x) \quad (\leftarrow \text{式 (2.4), (2.6)}) \tag{2.8}$$

となる．このような微分方程式は，定数係数線形非同次微分方程式とよばれる．まず，それらの言葉の意味について説明しよう．

2.1.1 ▶ 常微分方程式

y の n 次導関数を $d^{(n)}y/dx^{(n)}$ あるいは $y^{(n)}$ のように表す．そのとき，未知の一変数関数 $y(x)$ とその導関数 $y', y'' = y^{(2)}, \cdots, y^{(n)}$ を含む方程式を，**常微分方程式**という．以下，本書では常微分方程式しか出てこないので，常微分方程式のことを単に「微分方程式」とよぶ．

2.1.2 ▶ 微分方程式の階数

最大 n 階の導関数が現れる微分方程式を，n 階の微分方程式という．たとえば，$y' = 3$ は 1 階の微分方程式，$y'' = -cy$，$y^{(3)} = x^3 y'$ は，それぞれ 2 階，3 階の微分方程式という．y は $y = y^{(0)}$ のようにも書き，0 階として取り扱う．

2.1.3 ▶ 線形の微分方程式

式 (2.7) や式 (2.8) を拡張した以下の微分方程式を，n 階の線形の微分方程式という．

$$P_n(x)y^{(n)} + P_{n-1}(x)y^{(n-1)} + \cdots + P_1(x)y' + P_0(x)y = Q(x) \tag{2.9}$$

線形とは，y^2 や yy' のような未知関数どうしの積の項を含まず，$y^{(n)}, \cdots, y', y$ が 1 次結合になっているものをいう．上式で，$P_i(x)$ は x に関してどのように複雑であってもよいし，0 であってもよい．また，$P_i(x)$ がすべて定数の場合は，**定数係数線形微分方程式**という．

線形微分方程式では，$y_1(x)$ が解なら，その定数倍 $ky_1(x)$ も解であり，さらに別の解 $y_2(x)$ があったとすると，それらを加え合わせた $k_1 y_1(x) + k_2 y_2(x)$ も解である．すなわち，線形の微分方程式では，重ねの理が成り立つ．

例題 2.1 次の微分方程式は線形か非線形か．
(1) $x^2 y' + y = x^4$ (2) $xy' + yy' = 0$ (3) $y^{(3)} + 4y'' + 3y = \cos x$

解 (1) 線形 (2) 非線形 (3) 線形（定数係数）

2.1.4 ▶ 同次，非同次微分方程式

式 (2.9) の線形微分方程式において，$Q(x) = 0$ の場合を**同次**の線形微分方程式といい，$Q(x) \neq 0$ の場合の方程式を**非同次**の線形微分方程式という．別のいい方をすれば，未知関数 $y(x)$ を定数倍すると，その導関数も定数倍になるが，それらをもとの方程式に代入したとき，式全体が定数倍になる方程式を**同次微分方程式**といい，その性質をもたないものを**非同次微分方程式**という．たとえば，式 (2.7) や式 (2.8) のような，右辺が 0 でない微分方程式

$$y'(x) + P_0(x)y(x) = Q(x) \tag{2.10}$$

$$y''(x) + P_1(x)y'(x) + P_0(x)y(x) = Q(x) \tag{2.11}$$

は非同次であり，右辺が 0 である微分方程式

$$y'(x) + P_0(x)y(x) = 0 \tag{2.12}$$

$$y''(x) + P_1(x)y'(x) + P_0(x)y(x) = 0 \tag{2.13}$$

は同次である．1 次の微分方程式で確認してみよう．まず，式 (2.12) の未知関数 $y(x)$ を定数倍 $ky(x)$ としてみると，

$$ky' + kP_0 y = 0 \quad \rightarrow \quad k(y' + P_0 y) = 0 \quad \rightarrow \quad y' + P_0 y = 0$$

となり，もとの方程式と同じになる．一方，式 (2.10) の場合は，

$$ky' + kP_0 y = Q \quad \rightarrow \quad k(y' + P_0 y) = Q \quad \rightarrow \quad y' + P_0 y = \frac{Q}{k}$$

となり，定数倍する前とは異なる方程式になってしまう．同次，非同次はそれぞれ**斉次**（せいじ），**非斉次**ともよばれる．

工学の分野で現れる微分方程式は，線形同次か線形非同次の場合がほとんどである．

例題 2.2 次の微分方程式の種類は何か．
 (1) ばねの運動方程式 $mx'' = -kx$
 (2) 強制振動 $mx'' + kx = F\cos\omega t$
 (3) RL 直列回路 $Ri(t) + L\dfrac{di(t)}{dt} = E$

解 (1) 2 階，定数係数線形，同次 (2) 2 階，定数係数線形，非同次 (3) 1 階，定数係数線形，非同次

2.1.5 ▶ 一般解と特殊解

一般に，n 階の微分方程式は，任意定数を n 個含む解をもつ．たとえば，式 (2.10) や式 (2.12) であれば，その解は 1 個の任意定数を含み，式 (2.11) や式 (2.13) であれば，2 個の任意定数を含む．そのような任意定数を含む解を**一般解**という．その任意

定数に，ある特殊な値を与えて得られる解を**特殊解**あるいは**特解**という．

2.2 ▶▶ 微分方程式の解法

2.2.1 ▶ 変数分離法

前章で式 (1.21) から式 (1.25) を導いた過程や，式 (1.37) を導いた過程を詳しく説明しよう．いま，微分方程式の中で，

$$\frac{dy}{dx} = f(x)g(y) \tag{2.14}$$

の形のものがあったとする．$f(x)$ は x のみの関数で，$g(y)$ は y のみの関数であり，式 (2.14) は，微分方程式の中でもっとも基本的な形である．これを解くために，まず式 (2.14) を次のように変形する．

$$\frac{1}{g(y)}dy = f(x)dx \tag{2.15}$$

上式の左辺は y のみで表され，右辺は x のみで表される．すなわち，変数を左辺，右辺に分離できるので，式 (2.14) は**変数分離型の微分方程式**とよばれる．式 (1.22) は $y \to i$，$x \to t$，$f(x) \to -R/L$，$g(y) \to i - E/R$ の場合である．

このあとは，左辺は y で，右辺は x で積分すればよいのであるが，それができるのは，次のような理由による．まず，y も x の関数であるので，式 (2.14) を書き直すと，

$$\frac{1}{g(y(x))}\frac{dy(x)}{dx} = f(x)$$

となる．両辺を x で積分すると，

$$\int \frac{1}{g(y(x))}\frac{dy(x)}{dx}dx = \int f(x)dx \tag{2.16}$$

となり，左辺に置換積分の公式

$$u = u(x) \text{ のとき，} \int h(u)\frac{du}{dx}dx = \int h(u)du$$

を適用して式 (2.16) を書き直すと，

$$\int \frac{1}{g(y)}dy = \int f(x)dx \tag{2.17}$$

となる．以上より，左辺は y で積分し，右辺は x で積分してよいことがわかる．このようにして $y(x)$ を得る手法を変数分離法という．

例題 2.3 次の積分を置換積分法により求めよ．
$$\int \frac{x}{x^2+3} dx$$

解 $u(x) = x^2 + 3$ とおくと，$du/dx = 2x$ $(xdx = (1/2)\,du)$ であるので，
$$\int \frac{x}{x^2+3} dx = \frac{1}{2}\int \frac{1}{u}\frac{du}{dx}dx = \frac{1}{2}\int \frac{1}{u}du = \frac{1}{2}\ln u + k = \frac{1}{2}\ln(x^2+3) + k$$
となる．k は積分定数である．

例題 2.4 次の微分方程式の解を求めよ．
$$\frac{dy}{dx} = xy$$

解 上式を変形し，両辺を積分して，解は次のようになる．
$$\frac{1}{y}dy = xdx \quad \rightarrow \quad \int \frac{dy}{y} = \int xdx \quad \rightarrow \quad \ln y = \frac{x^2}{2} + k_1$$
$$\rightarrow \quad y = e^{\left(\frac{x^2}{2}+k_1\right)} = ke^{\frac{x^2}{2}}$$

k は定数である．

2.2.2 ▶ 定数変化法と 1 次微分方程式の一般解

ここではまず，例として，次の微分方程式を解くことを考えてみよう．
$$y' + ay = x \tag{2.18}$$
上式の同次方程式は，
$$y' + ay = 0 \tag{2.19}$$
であり，この解は変数分離法より，
$$y(x) = ke^{-ax} \tag{2.20}$$
となる．k は定数である．では，式 (2.18) の解はどのようになるのだろうか．ここで，k を定数ではなく，x の未知関数 $k(x)$ であるとして，それが式 (2.18) の解であると考えてみる．すなわち，
$$y(x) = k(x)e^{-ax} \tag{2.21}$$
が式 (2.18) の解と考える．これと，
$$y'(x) = k'(x)e^{-ax} - k(x)ae^{-ax} \tag{2.22}$$
を式 (2.18) に代入すると，
$$k'(x) = xe^{ax} \tag{2.23}$$
となる．$k(x)$ を得るため，部分積分法を用いて上式を積分する．$u = x$, $v' = e^{ax}$ と

して，$u' = 1$, $v = e^{ax}/a$ なので，$(uv)' = u'v + uv'$ より，
$$k(x) = \int xe^{ax}dx = \frac{1}{a}xe^{ax} - \frac{1}{a}\int e^{ax}dx = \frac{1}{a}xe^{ax} - \frac{1}{a^2}e^{ax} + k_0$$
$$= \frac{e^{ax}}{a}\left(x - \frac{1}{a}\right) + k_0$$

となる．k_0 は積分定数である．得られた $k(x)$ を式 (2.21) に代入して次式を得る．
$$y(x) = k(x)e^{-ax} = \frac{1}{a}\left(x - \frac{1}{a}\right) + k_0 e^{-ax} \tag{2.24}$$

これで，式 (2.18) の一般解が求められたことになる．

上で述べたことをより一般的に述べるため，式 (2.10) と式 (2.12) を再記する．
$$y'(x) + P_0(x)y(x) = Q(x) \tag{2.10}$$
$$y'(x) + P_0(x)y(x) = 0 \tag{2.12}$$

まず，式 (2.10) の一般解を得るため，式 (2.12) の同次の微分方程式の解を考える．2.2.1 項で説明したように，式 (2.12) は
$$\frac{dy}{dx} = -P_0 y \tag{2.25}$$

の変数分離型なので，解は容易に求めることができる．
$$\frac{dy}{y} = -P_0 dx \quad \rightarrow \quad \ln y = -\int P_0 dx$$

であるので，式 (2.10) の解と区別するため，同次方程式の解を $y_1(x)$ と書くと，
$$y_1(x) = e^{-\int P_0(x)dx} \tag{2.26}$$

となる．積分定数は最後の結果で考慮するのでここでは省略している．これに未知関数 $u(x)$ を掛けた $u(x)y_1(x)$ が式 (2.10) の一般解と考える．
$$y(x) = u(x)y_1(x) \tag{2.27}$$

ここで，
$$y' = (uy_1)' = u'y_1 + uy_1'$$

を式 (2.10) に適用すると，
$$y' + P_0 y = u'y_1 + uy_1' + P_0 uy_1 = u'y_1 + u(y_1' + P_0 y_1) = Q \tag{2.28}$$

となり，$y_1(x)$ は同次方程式の解であるので，$y_1' + P_0 y_1 = 0$ である．したがって，上式は
$$u'(x)y_1(x) = Q(x) \tag{2.29}$$

となる．$u(x)$ は，

$$u(x) = \int \frac{Q(x)}{y_1(x)} dx \tag{2.30}$$

となり，式 (2.10) の方程式の解は式 (2.27) であると考えたので，次式となる．

$$y(x) = y_1(x) \left(\int \frac{Q(x)}{y_1(x)} dx + k \right) \tag{2.31}$$

k は積分定数である．この $y(x)$ は，1 次の微分方程式の一般解を与えるものである．ここで述べた解法は，ラグランジュが発見した方法で，**定数変化法**とよばれる．

> **例題 2.5** 次の微分方程式の解を式 (2.31) の公式より求めよ．
> $$y' + 2y = e^x$$
>
> **解** 式 (2.10) にあてはめて考えると，$P_0(x) = 2$，$Q(x) = e^x$ であるので，式 (2.26)，(2.31) より
> $$y_1(x) = e^{-\int P_0(x)dx} = e^{-\int 2dx} = e^{-2x}$$
> $$y(x) = e^{-2x} \left(\int \frac{e^x}{e^{-2x}} dx + k \right) = e^{-2x} \left(\int e^{3x} dx + k \right)$$
> $$= e^{-2x} \left(\frac{1}{3} e^{3x} + k \right) = \frac{1}{3} e^x + k e^{-2x}$$
> となる．k は定数である．

2.2.3 ▶ 特殊解と同次微分方程式の解より非同次微分方程式の解を得る

まず，非同次微分方程式の一般解は，

「非同次微分方程式の一般解」＝「特殊解」＋「同次微分方程式の一般解」

で得られることを示そう．

いま，式 (2.10) の 1 次の微分方程式において，特殊解が何らかの形で求められたとして，それを $y_s(x)$ とする（特殊解の求め方については次節で説明する）．また，式 (2.10) の一般解を $y(x)$ とし，特殊解との差を考えると，$y(x) - y_s(x)$ となる．$y(x) - y_s(x) = y_t(x)$ とおき，$y(x) = y_s(x) + y_t(x)$ を式 (2.10) に代入すると，

$$y'_s + y'_t + P_0 y_s + P_0 y_t = Q \tag{2.32}$$

となり，整理して，

$$(y'_s + P_0 y_s) + (y'_t + P_0 y_t) = Q \tag{2.33}$$

となる．左辺第 1 項の括弧内は，もとの方程式に特殊解を代入したものであるので，$y'_s + P_0 y_s = Q$ である．よって，

$$y'_t + P_0 y_t = 0 \tag{2.34}$$

となるが，これは式 (2.12) の同次方程式にほかならない．

2階の場合も同様に，式 (2.11) の特殊解を $y_s(x)$ とし，式 (2.11) の一般解を $y(x)$ とすると，特殊解との差は $y(x) - y_s(x) = y_t(x)$ となる．$y(x) = y_s(x) + y_t(x)$ を式 (2.11) に代入すると，

$$y_s'' + y_t'' + P_1 y_s' + P_1 y_t' + P_0 y_s + P_0 y_t = Q \tag{2.35}$$

となり，整理して，

$$(y_s'' + P_1 y_s' + P_0 y_s) + (y_t'' + P_1 y_t' + P_0 y_t) = Q \tag{2.36}$$

となる．左辺第1項の括弧内はもとの方程式に特殊解を代入したものであり，それは Q に等しいので，式 (2.36) は

$$y_t'' + P_1 y_t' + P_0 y_t = 0 \tag{2.37}$$

となる．すなわち，求めるべき $y_t(x)$ は，式 (2.13) の同次方程式の解となる．こうして，

$$y(x) = y_s(x) + y_t(x) \tag{2.38}$$

のように，式 (2.10) や式 (2.11) の非同次方程式の一般解は，特殊解と同次方程式の一般解の和で得られることがわかる．今後，この手法を用いる場合，特殊解には添字 s を，同次方程式の解には添字 t を付けて区別する．ただし，混乱が生じない場合は，同次方程式の解に添字 t は付けないとする．

2.3 ▶▶ 2階の定数係数非同次線形微分方程式

2階の線形微分方程式の解法は，1階に比べるとやや複雑である．2.2.2項で述べた定数変化法を2階の場合に適用して一般解を求める手法も存在するが，計算はきわめて複雑になり，あまり実用的ではない．したがって，2階の微分方程式の解法としては，2.2.3項の，特殊解と同次方程式の一般解を求めて加える手法が多く用いられる．この手法は，問題ごとに特殊解を試行で求めなければならないが，解が満たすべき性質は知られているので，それを活用して比較的容易に求めることができる．いま，次式の定数係数非同次線形微分方程式の一般解を求めることを考える．

$$y'' + ay' + by = Q(x) \tag{2.39}$$

2.3.1 ▶ 2階の同次方程式の一般解

まず，式 (2.39) に対する同次方程式は，

$$y'' + ay' + by = 0 \tag{2.40}$$

であるので，その一般解から求めよう．式 (2.40) は $y' = u$ とおくと，

$$u' + au + b\int u dx = 0 \tag{2.41}$$

となる．この等式が成り立つための u，すなわち y の関数を考えたとき，各項が比較しやすい関数だとよいことは容易に想像できる．その一つの可能性として，指数関数 $e^{\lambda x} (\neq 0)$ は，微分しても積分しても $e^{\lambda x}$ の項が現れるので，式 (2.40) の同次方程式の解になるだろうと考えられる．そこで，式 (2.40) の解を，

$$y(x) = ke^{\lambda x} \tag{2.42}$$

としてみる．これを式 (2.40) に代入すると，

$$k\lambda^2 e^{\lambda x} + ak\lambda e^{\lambda x} + bke^{\lambda x} = 0$$
$$k(\lambda^2 + a\lambda + b)e^{\lambda x} = 0$$

となる．ここで，$e^{\lambda x} \neq 0$ であるので，

$$\lambda^2 + a\lambda + b = 0 \tag{2.43}$$

でなければならない．この 2 次方程式は，**特性方程式**とよばれ，2 次式であるので根は二つ存在する．それらを λ_1，λ_2 とすると，式 (2.42) は $k_1 e^{\lambda_1 x}$ と $k_2 e^{\lambda_2 x}$ になり，それぞれが式 (2.40) の解となる．しかしながら，これらの解は，単独では式 (2.40) の一般解とはならない．2 階の微分方程式の解には，二つの任意定数が含まれなければならないからである．そこで，線形性を表す次の重要な性質を使う．

> 2 階の線形微分方程式において，何らかの方法で解が二つみつかれば，それらを重ね合わせることで一般解となる．

この性質を用いて，式 (2.40) の一般解は，

$$y(x) = k_1 e^{\lambda_1 x} + k_2 e^{\lambda_2 x} \tag{2.44}$$

となる．

上に述べたことは，n 階の同次微分方程式でも成り立つ．そのとき，特性方程式は n 次になり，式 (2.44) は n 項になる．

さて，式 (2.40) の解は，式 (2.43) の特性方程式から根を二つみつければよいことがわかったが，特性方程式の根は，

$$\lambda = \frac{1}{2}\left(-a \pm \sqrt{a^2 - 4b}\right)$$

であるので，a^2 と $4b$ の大小関係で，以下の三つの場合に分けて考える必要がある．

(ⅰ) 特性方程式が二つの実根をもつ場合（$a^2 - 4b > 0$）
　この場合は，二つの実根であるので，それらを

$$\lambda_1 = -\frac{a}{2} + \frac{1}{2}\sqrt{a^2 - 4b}, \qquad \lambda_2 = -\frac{a}{2} - \frac{1}{2}\sqrt{a^2 - 4b}$$

とすると，式 (2.44) より一般解は，

$$y(x) = k_1 e^{\lambda_1 x} + k_2 e^{\lambda_2 x} \tag{2.45}$$

となる．

> **例題 2.6** $y'' - y' - 6y = 0$ の一般解を求めよ．
> **解** 特性方程式は $\lambda^2 - \lambda - 6 = (\lambda + 2)(\lambda - 3) = 0$．これより根は $\lambda_1 = -2$，$\lambda_2 = 3$ である．よって，式 (2.45) より一般解は次式となる．
> $$y(x) = k_1 e^{-2x} + k_2 e^{3x}$$

(ii) 特性方程式が二つの複素根をもつ場合 $(a^2 - 4b < 0)$

この場合，二つの複素根は，

$$\lambda_1 = -\frac{a}{2} + j\frac{1}{2}\sqrt{4b - a^2}, \qquad \lambda_2 = -\frac{a}{2} - j\frac{1}{2}\sqrt{4b - a^2}$$

すなわち共役複素根となる．これらを $\lambda_1 = \alpha + j\beta$，$\lambda_2 = \alpha - j\beta$ と書くと，一般解は

$$y(x) = k_1 e^{\lambda_1 x} + k_2 e^{\lambda_2 x} = e^{\alpha x}\left(k_1 e^{j\beta x} + k_2 e^{-j\beta x}\right) \tag{2.46}$$

となる．ここで，オイラーの公式

$$e^{\pm j\beta x} = \cos\beta x \pm j\sin\beta x$$

を使うと，式 (2.46) は，

$$y(x) = e^{\alpha x}\{k_1(\cos\beta x + j\sin\beta x) + k_2(\cos\beta x - j\sin\beta x)\}$$

となり，$k_1 + k_2$，$j(k_1 - k_2)$ を新たに k_1，k_2 とおいて，

$$y(x) = e^{\alpha x}(k_1 \cos\beta x + k_2 \sin\beta x) \tag{2.47}$$

となる．この形も解となる．

> **例題 2.7** $y'' - 4y' + 5y = 0$ の一般解を求めよ．
> **解** 特性方程式 $\lambda^2 - 4\lambda + 5 = 0$ の根は，$\lambda = 2 \pm j$ ($\lambda_1 = 2 + j$，$\lambda_2 = 2 - j$) であるので $\alpha = 2$，$\beta = 1$ となる．よって，式 (2.46)，(2.47) より，一般解は次式となる．
> $$y(x) = e^{2x}(k_1 e^{jx} + k_2 e^{-jx}), \quad \text{あるいは} \quad y(x) = e^{2x}(k_1 \cos x + k_2 \sin x)$$

(iii) 特性方程式が重根をもつ場合 $(a^2 - 4b = 0)$

この場合は，根が

$$\lambda = -\frac{a}{2}$$

と一つであるので，それを λ_0 とすると，
$$y(x) = ke^{\lambda_0 x} \tag{2.48}$$
となり，式 (2.40) の解は一つしか求められない．したがって，式 (2.40) を満たす解をもう一つみつける必要がある．ここで，2.2.2 項で学んだ定数変化法を思い出そう．それは，$y(x) = ke^{\lambda_0 x}$ において，k を x の関数とする手法であった．
$$y(x) = k(x)e^{\lambda_0 x} \tag{2.49}$$
とすると，y'，y'' は
$$y' = k'e^{\lambda_0 x} + k\lambda_0 e^{\lambda_0 x}, \qquad y'' = k''e^{\lambda_0 x} + k'\lambda_0 e^{\lambda_0 x} + k'\lambda_0 e^{\lambda_0 x} + k\lambda_0^2 e^{\lambda_0 x}$$
である．これらを式 (2.40) に代入すると，
$$k''e^{\lambda_0 x} + k'\lambda_0 e^{\lambda_0 x} + k'\lambda_0 e^{\lambda_0 x} + k\lambda_0^2 e^{\lambda_0 x} + a(k'e^{\lambda_0 x} + k\lambda_0 e^{\lambda_0 x}) + bke^{\lambda_0 x} = 0$$
となり，整理して，
$$k'' + k'(2\lambda_0 + a) + k(\lambda_0^2 + a\lambda_0 + b) = 0$$
を得る．λ_0 は特性方程式の重根であるので，左辺第 3 項の括弧内は 0．また，$b = a^2/4$ であるので，
$$\lambda_0^2 + a\lambda_0 + \frac{a^2}{4} = 0 \quad \rightarrow \quad \left(\lambda_0 + \frac{a}{2}\right)^2 = 0 \quad \rightarrow \quad \lambda_0 + \frac{a}{2} = 0$$
$$\rightarrow \quad 2\lambda_0 + a = 0$$
となり，左辺第 2 項の括弧内も 0 となる．よって，
$$k''(x) = 0 \tag{2.50}$$
を満たせばよいことがわかる．この解は 2 回積分をして，
$$k(x) = k_1 + k_2 x \tag{2.51}$$
となる．これを式 (2.49) に代入して，
$$y(x) = (k_1 + k_2 x)e^{\lambda_0 x} \tag{2.52}$$
を得る．

例題 2.8 $y'' - 4y' + 4y = 0$ の一般解を求めよ．

解 特性方程式は $\lambda^2 - 4\lambda + 4 = (\lambda - 2)^2 = 0$，これより根は $\lambda_0 = 2$ である．よって，式 (2.52) より一般解は次式となる．
$$y(x) = (k_1 + k_2 x)e^{2x}$$

以上，三つの場合の結果をまとめると，表 2.1 のようになる．

表 2.1 2 階の定数係数同次線形微分方程式の一般解の分類

2 階の定数係数同次線形微分方程式 $y'' + ay' + by = 0$		
特性方程式 $\lambda^2 + a\lambda + b = 0$ → $\lambda = \dfrac{1}{2}\left(-a \pm \sqrt{a^2 - 4b}\right)$		
判別	特性方程式の根	同次微分方程式の一般解 y
$a^2 - 4b > 0$	異なる実根 $\lambda_1 \neq \lambda_2$	$k_1 e^{\lambda_1 x} + k_2 e^{\lambda_2 x}$
$a^2 - 4b < 0$	共役複素根 $\lambda_1 = \alpha + j\beta$, $\lambda_2 = \alpha - j\beta$	$e^{\alpha x}(k_1 \cos\beta x + k_2 \sin\beta x)$
$a^2 - 4b = 0$	重根 λ_0	$(k_1 + k_2 x)e^{\lambda_0 x}$

2.3.2 ▶ 特殊解の求め方

特殊解を求める方法として微分演算子法によるものもあるが，ここでは比較的簡単にそれを得る方法について述べる．特殊解は，たまたまみつかった解でよいのであるが，経験上可能性が高い手法があるのでそれを学ぼう．

式 (2.39) の定数係数非同次線形微分方程式を再記する．

$$y''(x) + ay' + by = Q(x) \tag{2.39}$$

式 (2.39) において，未知の関数 $y(x)$ とその導関数 $y'(x)$ や $y''(x)$ を定数倍して加えたものは，$y(x)$ の形を反映している．また，それらを加えたものが $Q(x)$ に等しくなるためには，$y(x)$ が $Q(x)$ の形と何かしらの関係があるだろうことは容易に想像できる．このように，$Q(x)$ の形から特殊解の形をある関数（試行関数）と仮定して求め

表 2.2 特殊解の試行関数（C, A, B, A_n, B_n は定数）

2 階の定数係数非同次線形微分方程式 $y''(x) + ay' + by = Q(x)$				
		$Q(x)$		特殊解 $y_s(x)$ の試行関数
1	定数	c		A
2	多項式	cx^n		$A_n x^n + A_{n-1} x^{n-1} + \cdots + A_0$
3	指数関数	$ce^{\alpha x}$		$Ae^{\alpha x}$
4	三角関数	$c \sin\beta x$		$A\cos\beta x + B\sin\beta x$
		$c \cos\beta x$		
5	1〜4 の組合せ関数	①	$cx^n e^{\alpha x} \cos\beta x$	$(A_n x^n + A_{n-1} x^{n-1} + \cdots + A_0)e^{\alpha x}\cos\beta x$
		②	$cx^n e^{\alpha x} \sin\beta x$	$+(B_n x^n + B_{n-1} x^{n-1} + \cdots + B_0)e^{\alpha x}\sin\beta x$
		③ $\beta = 0$	$cx^n e^{\alpha x}$	$(A_n x^n + A_{n-1} x^{n-1} + \cdots + A_0)e^{\alpha x}$
		④ $n = 0$	$ce^{\alpha x} \cos\beta x$	$Ae^{\alpha x}\cos\beta x + Be^{\alpha x}\sin\beta x$
		⑤	$ce^{\alpha x} \sin\beta x$	
		⑥ $\alpha = 0$	$cx^n \cos\beta x$	$(A_n x^n + A_{n-1} x^{n-1} + \cdots + A_0)\cos\beta x$
		⑦	$cx^n \sin\beta x$	$+(B_n x^n + B_{n-1} x^{n-1} + \cdots + B_0)\sin\beta x$

（注）表 2.2 中の試行関数が表 2.1 の同次方程式 $y''(x) + ay' + by = 0$ の一般解に含まれている場合は，試行関数が定まらない．その場合は，表中の試行関数に重複がなくなるように，最低の x のべき数を掛ける（例題 2.15，例題 2.16 参照）．

2.3 2階の定数係数非同次線形微分方程式

る方法を**未定係数法**という．特殊解の試行関数を表 2.2 に示した．これを用いて，さまざまな $Q(x)$ の場合について特殊解を求めてみよう．

(ⅰ) $Q(x)$ が多項式の場合

例題 2.9 $y'' + 3y' - 4y = x$ の特殊解を求めよ．

解 右辺の多項式は 1 次式であるので，表 2.2 の 2 の試行関数より $y_s(x) = Ax + B$ と仮定してみる．$y_s'(x) = A$, $y_s''(x) = 0$ をもとの方程式に代入すると，
$$3A - 4Ax - 4B = x$$
となり，この係数を比較して，
$$A = -\frac{1}{4}, \quad B = -\frac{3}{16}$$
が求められる．よって，次の特殊解を得る．
$$y_s(x) = -\frac{1}{4}x - \frac{3}{16}$$

(ⅱ) $Q(x)$ が指数関数の場合

例題 2.10 $y'' + 3y' - 2y = e^{2x}$ の特殊解を求めよ．

解 右辺は指数関数であるので，表 2.2 の 3 の試行関数より $y_s(x) = Ae^{2x}$ とおいてみる．$y_s'(x) = 2Ae^{2x}$, $y_s''(x) = 4Ae^{2x}$ であるので，もとの方程式に代入して
$$4Ae^{2x} + 6Ae^{2x} - 2Ae^{2x} = e^{2x}$$
となり，$8A = 1 \to A = 1/8$ が求められる．よって，次の特殊解を得る．
$$y_s(x) = \frac{e^{2x}}{8}$$

(ⅲ) $Q(x)$ が三角関数の場合

$\sin x$ の 1 階微分は $\cos x$, 2 階微分は $-\sin x$ になるので，$y_s(x)$ としては $\sin x$ と $\cos x$ の組合せを考える．

例題 2.11 $y'' + 2y' - 3y = 6\cos 3x$ の特殊解を求めよ．

解 右辺は三角関数であるので，表 2.2 の 4 の試行関数より $y_s(x) = A\sin 3x + B\cos 3x$ とおいてみる．
$$y_s'(x) = 3A\cos 3x - 3B\sin 3x$$
$$y_s''(x) = -9A\sin 3x - 9B\cos 3x$$
であるので，これらをもとの方程式に代入すると，
$$(-12A - 6B)\sin 3x + (6A - 12B)\cos 3x = 6\cos 3x$$
となる．両辺の係数を比較して，
$$-12A - 6B = 0, \quad 6(A - 2B) = 6$$

より，$A = 1/5$, $B = -2/5$ を得る．こうして，次の特殊解を得る．
$$y_s(x) = \frac{1}{5}\sin 3x - \frac{2}{5}\cos 3x$$

(iv) $Q(x)$ が多項式や指数関数，三角関数の和や差，定数倍の組合せの場合

この場合は，$Q(x)$ に含まれるそれぞれの項に対する特殊解を求め，それらの和や差，定数倍をとると，もとの非同次微分方程式の特殊解となる．すなわち，
$$y''(x) + ay' + by = Q_1(x) + Q_2(x)$$
の特殊解は，右辺の項それぞれの非同次方程式
$$y_1''(x) + ay_1' + by_1 = Q_1(x)$$
$$y_2''(x) + ay_2' + by_2 = Q_2(x)$$
を考え，それぞれから得られた特殊解 $y_{1s}(x)$，$y_{2s}(x)$ を用いて次式で得られる．
$$y_s(x) = y_{1s}(x) + y_{2s}(x)$$

例題 2.12 $y'' + 2y' - 4y = 5x + 2e^{2x}$ の特殊解を求めよ．

解 $y_1'' + 2y_1' - 4y_1 = 5x$ と $y_2'' + 2y_2' - 4y_2 = 2e^{2x}$ の二つの方程式に分けて考える．まず，$y_1'' + 2y_1' - 4y_1 = 5x$ の特殊解を求めると，(i) のようにして，
$$y_{1s}(x) = -\frac{5}{4}x - \frac{5}{8}$$
を得る．次に，$y_2'' + 2y_2' - 4y_2 = 2e^{2x}$ の特殊解を求めると，(ii) のようにして，
$$y_{2s}(x) = \frac{1}{2}e^{2x}$$
が得られる．こうして，もとの方程式の特殊解は次式となる．
$$y_s(x) = -\frac{5}{4}x - \frac{5}{8} + \frac{1}{2}e^{2x}$$
あるいは，最初から $y_s(x) = Ax + B + Ce^{2x}$ として求めてもよい．

例題 2.13 $y'' + y = e^x \sin x$ の特殊解を求めよ．

解 表 2.2 の 5 の⑤の試行関数を用いて，$y_s = Ae^x \cos x + Be^x \sin x$ とおく．
$$y_s'' = 2Be^x \cos x - 2Ae^x \sin x$$
だから，もとの方程式に代入して係数を比較すると，
$$-2A + B = 1, \quad 2B + A = 0$$
より，$A = -2/5$, $B = 1/5$ を得る．こうして，次の特殊解を得る．
$$y_s = \frac{1}{5}e^x(-2\cos x + \sin x)$$

(v) 上記の方法では特殊解が定まらない場合

以上のようにして多くの場合の特殊解は求められるが，$Q(x)$ の形だけをみて，表 2.2 の試行関数を選んでも，うまく求められない場合もある．その例と解決法をいくつか示そう．

> **例題 2.14** $y'' + y' = x + 3$ の特殊解を求めよ．
>
> **解** 表 2.2 の 2 から $y_s = Ax + B$ とすると，$y'_s = A$, $y''_s = 0$ となり，これを方程式の左辺に代入しても x の項が現れない．したがって，この場合は，はじめ考えた試行関数に x を掛けて $y_s = x(Ax + B)$ としてみる．
> $$y'_s = 2Ax + B$$
> $$y''_s = 2A$$
> これをもとの方程式に代入して係数を比較すると，
> $$2A = 1, \quad 2A + B = 3$$
> より，$A = 1/2$, $B = 2$ を得る．こうして，次の特殊解が求められる．
> $$y_s(x) = \frac{1}{2}x(x + 4)$$

> **例題 2.15** $y'' - 3y' - 4y = e^{4x}$ の特殊解を求めよ．
>
> **解** 表 2.2 の 3 の試行関数より $y_s(x) = Ae^{4x}$ とすると，$y'_s(x) = 4Ae^{4x}$, $y''_s(x) = 16Ae^{4x}$ であるので，もとの方程式に代入すると $16Ae^{4x} - 12Ae^{4x} - 4Ae^{4x} = e^{4x}$ となり，A が定まらない結果となる．これを一般的に書くと，
> $$y'' + ay' + by = ce^{mx}$$
> の微分方程式において，$y_s(x) = Ae^{mx}$ とおいた場合，$y'_s(x) = mAe^{mx}$, $y''_s(x) = m^2 Ae^{mx}$ から，
> $$A(m^2 + am + b) = c$$
> となる．ここで A が定まるためには，
> $$m^2 + am + b \neq 0$$
> でなければならない．この例題で与えられた微分方程式では，この値が 0 になっている．
>
> このことは，次のように考えることができる．いま，与えられた微分方程式の同次方程式 $y'' - 3y' - 4y = 0$ の一般解を求めると，特性方程式は $\lambda^2 - 3\lambda - 4 = (\lambda - 4)(\lambda + 1) = 0$, したがって $\lambda = 4, -1$ の異なる実根をもつので，一般解は $y_t(x) = k_1 e^{4x} + k_2 e^{-x}$ となる．ここで，特殊解と仮定した $y_s(x) = Ae^{4x}$ をみてみると，同次方程式の一般解の第 1 項と同じ関数であり，特殊解にならないことになる．
>
> このような場合は，最初に仮定した特殊解の形 $y_s(x) = Ae^{4x}$ に x を乗じた形を仮定してみる．すなわち，$y_s(x) = Axe^{4x}$ と仮定する．こうすると，
> $$y'_s = A\left(e^{4x} + 4xe^{4x}\right) = Ae^{4x}(1 + 4x)$$
> $$y''_s = A\left\{4e^{4x}(1 + 4x) + 4e^{4x}\right\} = 4Ae^{4x}(2 + 4x)$$

であるので，もとの方程式に代入して $5Ae^{4x} = e^{4x}$ となり，$5A = 1$ すなわち $A = 1/5$ を得る．こうして，次の特殊解が求められる．

$$y_s(x) = \frac{1}{5}xe^{4x}$$

例題 2.16 $y'' + 2y' + y = 4e^{-x}$ の特殊解を求めよ．

解 はじめに同次方程式の一般解を調べると，特性方程式は $\lambda^2 + 2\lambda + 1 = (\lambda + 1)^2 = 0$．したがって $\lambda = -1$ の重根をもつので，$y_t = (k_1 + k_2 x)e^{-x}$ となる．よって，特殊解として，表 2.2 の 3 より試行関数を $y_s = Ae^{-x}$ とすると，これは y_t の第 1 項に含まれている．

次に，これに x を乗じた $y_s = Axe^{-x}$ の試行関数を考えると，これも y_t の第 2 項に含まれておりうまくいかない．

そこで，さらに x を乗じて $y_s = Ax^2 e^{-x}$ とおく．こうすると，

$$y'_s = A(2xe^{-x} - x^2 e^{-x})$$

$$y''_s = 2Ae^{-x} - 4Axe^{-x} + 2Ax^2 e^{-x}$$

であるので，これをもとの方程式に代入して $A = 2$ が求められる．こうして，次の特殊解が得られる．

$$y_s(x) = 2x^2 e^{-x}$$

このように，もし表 2.2 の試行関数で定まらない場合は，最初に仮定した試行関数に x あるいは x^2 など，同次方程式の一般解と重複しないよう最低の x のべき数を乗じた関数を仮定してみると，解が得られる．

2.4 ▶ 初期条件

これまでに得た微分方程式の一般解には，任意定数が含まれているため，任意定数の値によって解は無数にあることになる．それを一意に決めるためには，ある条件が必要となり，このような条件は**初期条件**とよばれる．解を一意にするには，1 階の微分方程式の場合は任意定数が一つであるので，初期条件は一つ，2 階の微分方程式の場合は，任意定数が二つであるので，二つの初期条件が必要になる．

例題 2.17 $y' + 2y = 4$ を初期条件 $y(0) = 1$ のもとで解け．

解 一般解は $y(x) = 2 + ke^{-2x}$ であるので，初期条件 $x = 0$ で $y(0) = 1$ を代入して $1 = 2 + k$，すなわち $k = -1$ が得られる．よって，$y(x) = 2 - e^{-2x}$ が解となる．

例題 2.18 $y'' - 4y' + 5y = 0$ を初期条件 $y(0) = 1$, $y'(0) = 0$ のもとで解け.

解 特性方程式は $\lambda^2 - 4\lambda + 5 = 0$, したがって根は $\lambda = 2 \pm j$ だから, 一般解は
$$y(x) = e^{2x}(k_1 \cos x + k_2 \sin x)$$
である. また,
$$y'(x) = e^{2x}\{(2k_1 + k_2)\cos x + (2k_2 - k_1)\sin x\}$$
であるので, 初期条件を代入し, $1 = k_1$, $0 = 2k_1 + k_2$ から $k_2 = -2$ が得られる.

こうして, 解は $y(x) = e^{2x}(\cos x - 2\sin x)$ となる.

例題 2.19 $y'' - 3y' - 4y = e^{4x}$ を初期条件 $y(0) = 0$, $y'(0) = 1$ のもとで解け.

解 この方程式の特殊解は, 例題 2.15 より
$$y_s = \frac{1}{5}xe^{4x}$$
であった. 同次方程式の一般解は, 特性方程式 $\lambda^2 - 3\lambda - 4 = (\lambda + 1)(\lambda - 4) = 0$ より, 根は $\lambda = -1$, $\lambda = 4$ だから,
$$y_t = k_1 e^{-x} + k_2 e^{4x}$$
となる. よって, もとの非同次方程式の一般解は
$$y = y_s + y_t = \frac{1}{5}xe^{4x} + k_1 e^{-x} + k_2 e^{4x}$$
となり, また,
$$y' = \frac{4}{5}xe^{4x} + \left(\frac{1}{5} + 4k_2\right)e^{4x} - k_1 e^{-x}$$
なので, 初期条件 $y(0) = 0$ より $0 = k_1 + k_2$, $y'(0) = 1$ より $1 = 1/5 + 4k_2 - k_1$ となり, これらより $k_1 = -4/25$, $k_2 = 4/25$ が得られる. こうして, 解は次式となる.
$$y(x) = \frac{1}{5}xe^{4x} - \frac{4}{25}e^{-x} + \frac{4}{25}e^{4x}$$

2.5 ▶▶ 連立微分方程式

電気回路の過渡現象解析において, 回路の枝が複数存在すると, 未知の電流も複数になり, キルヒホッフの法則に基づく連立微分方程式を解く必要が生じる.

例題 2.20 次の $w(x)$, $y(x)$ に関する連立微分方程式を, 初期条件 $w(0) = 1$, $y(0) = -1$ のもとで解け.
$$\frac{dw}{dx} + w + y = 0, \qquad \frac{dy}{dx} - 10w - 5y = 0$$

解 第1式より $y = -dw/dx - w$, これを微分すると $dy/dx = -d^2w/dx^2 - dw/dx$ となる. これらを第2式に代入して整理すると,

$$\frac{d^2w}{dx^2} - 4\frac{dw}{dx} + 5w = 0$$

となり，$w(x)$ のみの微分方程式となる．上式の特性方程式は $\lambda^2 - 4\lambda + 5 = 0$，根は $\lambda = 2 \pm j$ であるので，一般解は

$$w(x) = e^{2x}(k_1 \cos x + k_2 \sin x)$$

である．$y(x)$ は $y = -dw/dx - w$ を計算して，

$$y(x) = e^{2x}\{-(3k_1 + k_2)\cos x + (k_1 - 3k_2)\sin x\}$$

となる．初期条件 $w(0) = 1$，$y(0) = -1$ より，$1 = k_1$，$-1 = -(3k_1 + k_2)$ だから，

$$k_1 = 1, \qquad k_2 = -2$$

を得る．こうして，次の結果となる．

$$w(x) = e^{2x}(\cos x - 2\sin x), \qquad y(x) = e^{2x}(-\cos x + 7\sin x)$$

▶ 演習問題 ─────────────────────────────

2.1 次の微分方程式を変数分離法で解け．
  (1) $ay' + by = 0$
  (2) $y' + ay = b$

2.2 次の同次微分方程式の一般解を求めよ．
  (1) $y'' - 3y' + 2y = 0$
  (2) $y'' + 4y' + 4y = 0$
  (3) $y'' + \dfrac{3}{5}y' + \dfrac{1}{10}y = 0$

2.3 次の微分方程式の特殊解を求めよ．
  (1) $y'' - y' - 2y = \sin x$
  (2) $y'' + 2y' + 2y = e^x \cos x$
  (3) $y'' - 2y' + y = e^{3x}x^2$
  (4) $y'' - 2y' = 3x - 4$
  (5) $y'' + y = \cos x$
  (6) $y'' - 2y' + 5y = e^x \cos 2x$
  (7) $y'' + 4y = 2\cos x \cos 3x$

2.4 次の微分方程式の一般解を求めよ．
  (1) $y' + ay = x$
  (2) $y' - y = e^{2x}$
  (3) $y' + y = x + e^x$
  (4) $y'' - y = 2$
  (5) $y'' - 2y' - 8y = e^{2x}$
  (6) $y'' + ay = b\cos\omega t$
  (7) $y'' + y' - 6y = x + e^{2x}$

2.5 次の微分方程式を与えられた初期条件のもとで解け．
  (1) $y' + 3y = 1$ $\qquad y(0) = 0$
  (2) $y'' - \dfrac{2}{3}y' - \dfrac{1}{3}y = 0$ $\qquad y(0) = 1,\ y'(0) = 0$
  (3) $y'' + 2y' + 2y = 0$ $\qquad y(0) = 1,\ y'(0) = 0$
  (4) $y'' + 9y = 0$ $\qquad y(0) = 2,\ y'(0) = 0$
  (5) $y'' + 6y' + 9y = 0$ $\qquad y(0) = 0,\ y'(0) = 3$
  (6) $y'' + 3y' - 4y = x$ $\qquad y(0) = 0,\ y'(0) = 0$

(7) $y'' + 4y' + 3y = 4e^{-x}$ $\quad\quad y(0) = 0,\ y'(0) = 2$
(8) $y'' + 4y = \sin x$ $\quad\quad y(0) = 0,\ y'(0) = 0$
(9) $y'' - 4y' + 3y = e^{2x}\sin x$ $\quad\quad y(0) = 0,\ y'(0) = 2$

2.6 $w(x),\ y(x)$ に関する次の連立微分方程式を，初期条件 $w(0) = \sqrt{6},\ y(0) = 1$ のもとで解け．

$$\frac{dw}{dx} + 3y = 0, \qquad \frac{dy}{dx} - 2w = 0$$

Chapter 3 微分方程式の解法を用いた電気回路の過渡現象解析

前章までに，回路方程式が微分方程式になることやその解き方を学んだので，ここではそれらを応用して，いくつかの電気回路について電流などの過渡現象を解析する．回路の過渡解析においては，電流や電荷，あるいは電圧の初期値が重要であり，それらを回路の状態から見いだすことも学ぶ．加えて，回路のエネルギー状態についても理解する．

3.1 ▶▶ 種々の微分方程式の解法による過渡解析

ここで，1.3.2 項で取り上げた図 3.1 の RC 直列回路に $t=0$ で直流電源 E を加える場合を例として，これまで学んだ微分方程式のいろいろな解法を整理してみよう．この回路の電荷 $q(t)$ に関する微分方程式は，

$$\frac{dq}{dt} + \frac{1}{CR}q = \frac{E}{R} \tag{3.1}$$

であった．この 1 次の微分方程式は，次の三つの手法で解くことができた．

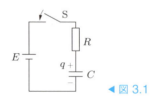

◀ 図 3.1

(1) 変数分離法で解く

これは第 1 章で示した．

(2) 定数変化法に基づく公式で解く

第 2 章の式 (2.31) を用いる．式 (3.1) において，

$$P_0(t) = \frac{1}{CR}, \qquad Q(t) = \frac{E}{R} \tag{3.2}$$

とおくと，

$$\int P_0(t)dt = \frac{t}{CR}, \qquad y_1(t) = e^{-\frac{t}{CR}}, \qquad \frac{Q(t)}{y_1(t)} = \frac{E}{R}e^{\frac{t}{CR}}$$

であるので，式 (2.31) より

$$q(t) = e^{-\frac{t}{CR}} \left(\int \frac{E}{R} e^{\frac{t}{CR}} dt + k \right) = e^{-\frac{t}{CR}} \left(CEe^{\frac{t}{CR}} + k \right)$$
$$= CE + ke^{-\frac{t}{CR}} \tag{3.3}$$

となる．ここで，初期条件より k を定める．$t = 0$ のとき $q(0) = 0$ であるので，$k = -CE$ となり，

$$q(t) = CE \left(1 - e^{-\frac{t}{CR}} \right) \tag{3.4}$$

を得る．これは，(1) で直接変数分離法で求めた結果と一致する．

ここで述べた方法は，$Q(t)$ が t の関数であっても適用できる（演習問題 3.10 参照）．

(3) 定常解（特殊解）と過渡解（同次方程式の一般解）に分けて解く

まず，式 (3.1) の特殊解 q_s を考えてみよう．右辺が定数であるので，$q_s = A$ と仮定し，式 (3.1) に代入すると，簡単に $A = CE$ が得られ，

$$q_s = CE \tag{3.5}$$

となる．また，次の同次方程式

$$\frac{dq}{dt} + \frac{1}{CR} q = 0 \tag{3.6}$$

の一般解は，変数分離法により，

$$\frac{dq}{dt} = -\frac{q}{CR} \quad \rightarrow \quad \frac{dq}{q} = -\frac{dt}{CR}$$

両辺を積分して，

$$\ln q = -\frac{t}{RC} + k_1$$

となるので，これより，

$$q_t = ke^{-\frac{t}{CR}} \tag{3.7}$$

となる．$k = e^{k_1}$ は任意定数である．こうして，式 (3.1) の方程式の一般解として，

$$q(t) = q_s + q_t = CE + ke^{-\frac{t}{CR}} \tag{3.8}$$

が得られる．$t = 0$ で $q(0) = 0$ より，$k = -CE$ が得られ，

$$q(t) = CE \left(1 - e^{-\frac{t}{CR}} \right) \tag{3.9}$$

となり，(1)，(2) の手法で得た結果と一致する．

1.5 節で言及したように，式 (3.5) の特殊解 q_s は，式 (3.9) において $t \to \infty$ としたときの電荷，すなわち定常解と同じである．q_t は，時間に関する項なので過渡解である．定常解は，図 3.1 の回路においてスイッチ S を閉じて十分時間が経つと，電流は流れず，電源の電圧 E がそのままコンデンサにかかるので，コンデンサの電荷が

$q_s = CE$ となることを表している．このように，回路解析において定常解は特殊解であるので，定常解が容易にわかる場合は，わざわざ試行関数を用いて特殊解を計算する必要はない．再度，この手法を説明すると，次の式 (3.1) の微分方程式

$$\frac{dq}{dt} + \frac{1}{CR}q = \frac{E}{R}$$

の一般解は，$q = q_s + q_t$ と考え，これを解くべき方程式に代入すると，

$$\frac{d(q_s+q_t)}{dt} + \frac{1}{CR}(q_s+q_t) = \frac{E}{R} \quad \to \quad \left(\frac{dq_s}{dt} + \frac{1}{CR}q_s\right) + \left(\frac{dq_t}{dt} + \frac{1}{CR}q_t\right) = \frac{E}{R}$$

となる．これより，定常解（特殊解）は，

$$\frac{dq_s}{dt} + \frac{1}{CR}q_s = \frac{E}{R}$$

より，過渡解は，次の同次方程式から得られることになる．

$$\frac{dq_t}{dt} + \frac{1}{CR}q_t = 0$$

以上 (1)～(3) に示したように，1 次の微分方程式の解き方はいくつかあるが，問題に応じて便利なものを使えばよい．

例題 3.1 図 3.1 の RC 直列回路で，コンデンサにはじめ Q_0 の電荷があった場合の電荷，電流の過渡現象を求めよ．

解 (1)～(3) のいずれの方法でも，電荷の一般解は同じである．初期電荷がない場合との違いは $t = 0$ で $q(0) = Q_0$ となることだけである．したがって，式 (3.3) や式 (3.8) に与えられた初期条件を代入し，

$$Q_0 = CE + k \quad \to \quad k = Q_0 - CE$$

となるので，

$$q(t) = CE + (Q_0 - CE)e^{-\frac{t}{CR}}, \qquad i(t) = \frac{dq(t)}{dt} = \frac{CE - Q_0}{CR}e^{-\frac{t}{CR}}$$

を得る．$q(t)$, $i(t)$ の結果を図 3.2 に示した．同図には $Q_0 = 0$ の場合の結果も示している．初期条件によらず，定常状態で電流は 0 となる．

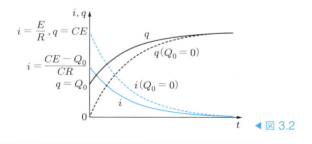

◀ 図 3.2

3.2 ▶▶ 単エネルギー回路

3.2.1 ▶ 直流電源と抵抗，コイルから構成される回路

〈A〉 図 3.3(a) の回路において，スイッチ S を開いた後の電流がどうなるか調べよう．スイッチを開いた後の回路は，同図 (b) のようになるので，回路方程式は，

$$(R_1 + R_2)i(t) + L\frac{di(t)}{dt} = 0 \tag{3.10}$$

となる．この形は変数分離法で解けるので，式を変形し，

$$\frac{di}{i} = \frac{R_1 + R_2}{L}dt \tag{3.11}$$

式 (3.11) の両辺を積分して次式となる．

$$\ln i(t) = -\frac{R_1 + R_2}{L}t + k_1 \tag{3.12}$$

k_1 は積分定数である．$k = e^{k_1}$ と新たな定数に置き換えて，式 (3.12) は，

$$i(t) = ke^{-\frac{R_1 + R_2}{L}t} \tag{3.13}$$

となる．ここで，k を定めるために電流の初期条件を求める．図 3.3(a) の回路において，スイッチを開く前の回路では，同図 (c) のようにコイルは短絡状態であり，コイルには，

$$i_2(0_-) = \frac{E}{R_2} \tag{3.14}$$

の電流が流れていた．第 1 章でみたように，この電流は急変できないので，スイッチを開いた直後も保存されている．すなわち，$t = 0_+$ で

$$i(0_+) = i_2(0_-) = \frac{E}{R_2} \tag{3.15}$$

となる．

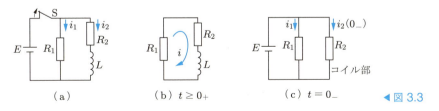

◀ 図 3.3

このように，初期条件は必ずしも一目瞭然ではなく，多くの場合 $t = 0_-$ のときの回路の状態から求めなくてはならない．

式 (3.15) を式 (3.13) に代入すると，

$$k = \frac{E}{R_2} \tag{3.16}$$

が得られる．よって，
$$i(t) = \frac{E}{R_2} e^{-\frac{R_1+R_2}{L}t} \tag{3.17}$$
となる．

次に，回路のエネルギーを調べてみよう．スイッチが閉じられていたとき，コイルにはエネルギーが蓄えられており，そのエネルギー W_L は，
$$W_L(0) = \frac{1}{2} L i_2^2(0_-) = \frac{LE^2}{2R_2^2} \tag{3.18}$$
である．このエネルギーは，スイッチを開いた後，図 3.3(b) の回路において，次式で示すように，抵抗でジュール熱となって放出（消費）される．
$$\begin{aligned} W_R &= \int_0^\infty (R_1+R_2) i^2(t) dt = \int_0^\infty (R_1+R_2) \frac{E^2}{R_2^2} e^{-2\frac{R_1+R_2}{L}t} dt \\ &= -\frac{E^2}{R_2^2} \frac{L}{2} \left[e^{-2\frac{R_1+R_2}{L}t} \right]_0^\infty = \frac{LE^2}{2R_2^2} = W_L(0) \end{aligned} \tag{3.19}$$

〈B〉 図 3.4(a) の回路において $t=0$ でスイッチ S を閉じたとき，$i_1(t)$ と $i_2(t)$ がどのように変化するか調べよう．S を閉じた後の回路方程式は，キルヒホッフの電圧則より，ループ①，ループ②に対し次式となる．
$$E = R_1(i_1+i_2) + R_2 i_1 \tag{3.20}$$
$$L \frac{di_2}{dt} - R_2 i_1 = 0 \tag{3.21}$$
式 (3.21) より，$i_1(t) = (L/R_2) di_2/dt$ となり，これを式 (3.20) に代入して整理すると，
$$\frac{di_2}{dt} + \frac{R_1 R_2}{L(R_1+R_2)} i_2 = \frac{R_2 E}{L(R_1+R_2)} \tag{3.22}$$
となる．ここで，$i_2(t)$ の定常解，すなわち $t \to \infty$ のときの値を回路より求めてみよう．まだ $i_2(t)$ が求められていないのにと思われるかもしれないが，1.5 節で述べたように，定常状態では，コイルは短絡状態であるので，そこに流れる定常電流は，図 3.4(b) からただちに求めることができ，

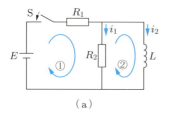 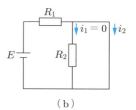

(a)　　　　　　　　　　　(b)　　　　　◀ 図 3.4

$$i_{2s} = \frac{E}{R_1} \tag{3.23}$$

となる.

次に，式 (3.22) の右辺を 0 とおいた次の同次方程式の一般解を求める.

$$\frac{di_2}{dt} + \frac{R_1 R_2}{L(R_1 + R_2)} i_2 = 0 \tag{3.24}$$

一般解は，変数分離法より次式となる.

$$i_{2t} = k e^{-\frac{R_1 R_2}{L(R_1 + R_2)} t} \tag{3.25}$$

よって，$i_2 = i_{2s} + i_{2t}$ より，

$$i_2(t) = \frac{E}{R_1} + k e^{-\frac{R_1 R_2}{L(R_1 + R_2)} t} \tag{3.26}$$

となる．スイッチを閉じる直前には，コイルには電流は流れていなかったので，初期条件は $t = 0$ で $i_2(0) = 0$ となる．これを式 (3.26) に代入し，

$$k = -\frac{E}{R_1} \tag{3.27}$$

となる．こうして，次式を得る.

$$i_2(t) = \frac{E}{R_1} \left\{ 1 - e^{-\frac{R_1 R_2}{L(R_1 + R_2)} t} \right\} \tag{3.28}$$

また，式 (3.21) より，$i_1(t) = (L/R_2) di_2/dt$ であるので，

$$i_1(t) = \frac{E}{R_1 + R_2} e^{-\frac{R_1 R_2}{L(R_1 + R_2)} t} \tag{3.29}$$

となる．$i_1(t)$ と $i_2(t)$ を図示すると，図 3.5 となる.

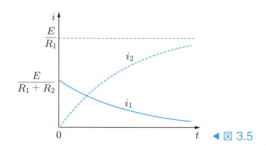

◀ 図 3.5

例題 3.2 図 3.4(a) の回路で，$i_1(t)$ と $i_2(t)$ が等しくなる時間を求めよ.

解 式 (3.28) および式 (3.29) を用いて，$i_1(t) = i_2(t)$ より，

$$a e^{-mx} = b \quad \rightarrow \quad e^{mx} = \frac{a}{b} \quad \rightarrow \quad x = \frac{1}{m} \ln \frac{a}{b}$$

の関係を適用し，以下のように求められる.

$$t = \frac{L(R_1+R_2)}{R_1 R_2} \ln \frac{2R_1+R_2}{R_1+R_2}$$

3.2.2 ▶ 直流電源と抵抗，コンデンサから構成される回路

〈A〉 図 3.6(a) に示す回路の過渡現象を考える．はじめスイッチ S は①側に閉じられていて，十分時間は経っているとする．次に，S を②側に閉じると電流はどうなるかを調べる．S が①側に閉じられていた場合，コンデンサには $Q_0 = CE$ の電荷が蓄えられていた．②側に閉じた状態の回路方程式は，

$$Ri(t) + \frac{1}{C}\int i(t)dt = 0 \tag{3.30}$$

である．これを電荷で表すと，同図 (b) の電荷の符号と電流の向きを考慮して，$i(t) = -dq/dt$ より，

$$R\frac{dq(t)}{dt} + \frac{1}{C}q(t) = 0 \tag{3.31}$$

となる．この方程式の一般解は，何度も出てきているように，

$$q(t) = ke^{-\frac{t}{CR}} \tag{3.32}$$

であり，$t=0$ で $q(0) = Q_0 = CE$ を代入して，$k = CE$ を得る．よって，電荷の変化は，

$$q(t) = CEe^{-\frac{t}{CR}} \tag{3.33}$$

となり，電流 $i(t)$ は，

$$i(t) = -\frac{dq(t)}{dt} = \frac{E}{R}e^{-\frac{t}{CR}} \tag{3.34}$$

となる．

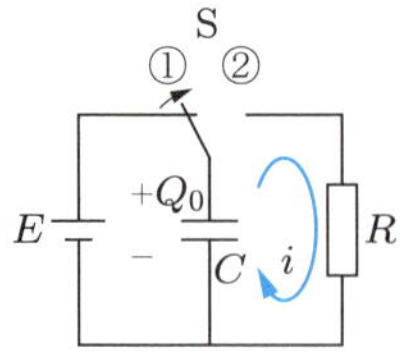

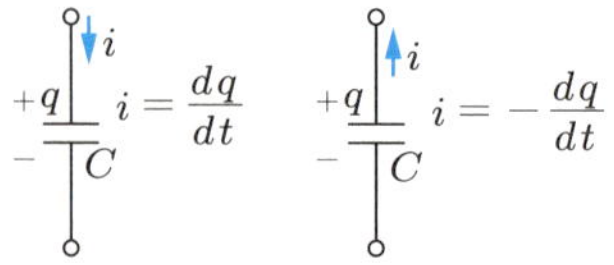

◀ 図 3.6

次にエネルギーの関係をみてみると，S が①側にあったときのコンデンサには，

$$W_0 = \frac{1}{2}CE^2 \tag{3.35}$$

のエネルギーが蓄えられていた．S を②側にしてからの抵抗でのジュール熱を計算してみると，

$$W_R = \int_0^\infty Ri^2(t)dt = \frac{E^2}{R}\int_0^\infty e^{-\frac{2}{CR}t}dt = -\frac{1}{2}CE^2\left[e^{-\frac{2}{CR}t}\right]_0^\infty$$
$$= \frac{1}{2}CE^2 = W_0 \tag{3.36}$$

となり，コンデンサに蓄えられていたエネルギーは，すべて抵抗でのジュール熱になることがわかる．

〈B〉 図 3.7(a) の回路において，スイッチ S は閉じられ，十分時間が経っている．$t=0$ で S を開いたときの $v_C(t)$ を求めてみよう．S が閉じられているとき，コンデンサは開放であるので，同図 (c) の ab 間の電圧は，

$$V_{\mathrm{ab}} = \frac{R_2}{R_1 + R_2}E \tag{3.37}$$

となっており，コンデンサには，

$$Q_0 = CV_{\mathrm{ab}} = \frac{CR_2 E}{R_1 + R_2} \tag{3.38}$$

の電荷が蓄えられている．これが初期条件となる．S を開いた回路の方程式は，同図 (b) より，

$$R_1 i + \frac{1}{C}\int i\,dt = E \tag{3.39}$$

であり，電荷で表して，

$$R_1 \frac{dq}{dt} + \frac{q}{C} = E \tag{3.40}$$

となる．直接，変数分離法で解くと，

$$\int \frac{dq}{q - CE} = -\int \frac{dt}{R_1 C}$$

より，

$$q = CE + ke^{-\frac{t}{R_1 C}} \tag{3.41}$$

となる．$t=0$ で $q(0) = Q_0$ であるので，$Q_0 = CE + k$ より，

$$k = -CE\frac{R_1}{R_1 + R_2} \tag{3.42}$$

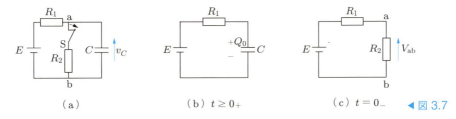

(a)　　　　(b) $t \geq 0_+$　　　　(c) $t = 0_-$　　◀ 図 3.7

を得る．こうして，
$$q(t) = CE\left(1 - \frac{R_1}{R_1+R_2}e^{-\frac{t}{R_1C}}\right) \tag{3.43}$$
となる．また，$v_C(t) = q(t)/C$ であるので，
$$v_C(t) = E\left(1 - \frac{R_1}{R_1+R_2}e^{-\frac{t}{R_1C}}\right) \tag{3.44}$$
となる．

〈C〉 図 3.8 に示す回路において，はじめ C_1 のコンデンサには電荷 Q_0 が蓄えられており，C_2 のコンデンサには電荷はないとする．$t=0$ でスイッチ S を閉じたとき，それぞれのコンデンサの電荷の変化と電流の変化を調べてみよう．

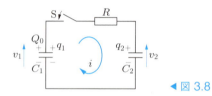

◀ 図 3.8

図 3.6(b) の電荷と電流の向きに注意して，それぞれのコンデンサにおける電流と電荷の関係を表すと，
$$i = -\frac{dq_1}{dt}, \qquad i = \frac{dq_2}{dt} \tag{3.45}$$
となる．また，それぞれのコンデンサの電圧を v_1, v_2 とすると，$v_1 = Ri + v_2$ が成り立つ．v_1, v_2 を電荷で表して，
$$\frac{q_1}{C_1} = Ri + \frac{q_2}{C_2} \tag{3.46}$$
を得る．式 (3.45) の第 2 式を代入して，
$$\frac{q_1}{C_1} = R\frac{dq_2}{dt} + \frac{q_2}{C_2} \tag{3.47}$$
となり，さらに両辺を t で微分して次式となる．
$$\frac{1}{C_1}\frac{dq_1}{dt} = R\frac{d^2q_2}{dt^2} + \frac{1}{C_2}\frac{dq_2}{dt} \tag{3.48}$$
式 (3.45) より，$-dq_1/dt = dq_2/dt$ であるので，これを式 (3.48) の左辺に代入し整理すると，
$$\frac{d^2q_2}{dt^2} + \frac{1}{RC_0}\frac{dq_2}{dt} = 0 \qquad \left(C_0 = \frac{C_1C_2}{C_1+C_2}\right) \tag{3.49}$$
となる．この微分方程式の特性方程式は

$$\lambda^2 + \frac{1}{RC_0}\lambda = 0 \tag{3.50}$$

であるので,根は $\lambda = 0$, $1/RC_0$ となり,式 (3.49) の一般解は,

$$q_2 = k_1 + k_2 e^{-\frac{t}{RC_0}} \tag{3.51}$$

となる.k_1, k_2 は任意定数である.電流は,

$$i = \frac{dq_2}{dt} = -\frac{k_2}{RC_0}e^{-\frac{t}{RC_0}} \tag{3.52}$$

となる.次に,これらを式 (3.46) に代入して q_1 を求めると,次式となる.

$$q_1 = \frac{C_1}{C_2}k_1 + C_1 k_2 \left(\frac{1}{C_2} - \frac{1}{C_0}\right)e^{-\frac{t}{RC_0}} \tag{3.53}$$

ここで,初期条件「$t=0$ で $q_1(0) = Q_0$, $q_2(0) = 0$」より k_1, k_2 を求めると,

$$k_1 = \frac{C_2}{C_1 + C_2}Q_0, \qquad k_2 = -\frac{C_2}{C_1 + C_2}Q_0 \tag{3.54}$$

となる.よって,これらを式 (3.51)〜(3.53) に代入し整理すると,

$$q_1(t) = \frac{C_1}{C_1 + C_2}Q_0 + \frac{C_2}{C_1 + C_2}Q_0 e^{-\frac{t}{RC_0}} \tag{3.55}$$

$$q_2(t) = \frac{C_2}{C_1 + C_2}Q_0\left(1 - e^{-\frac{t}{RC_0}}\right) \tag{3.56}$$

$$i(t) = \frac{Q_0}{RC_1}e^{-\frac{t}{RC_0}} \tag{3.57}$$

となる.電荷保存の理より,時間に関係なく $q_1(t) + q_2(t) = Q_0$ である.$q_1(t)$, $q_2(t)$, $i(t)$ を図示すると,図 3.9 のようになる.

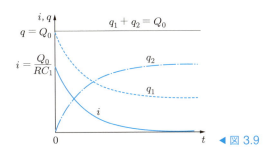

◀ 図 3.9

次に,回路のエネルギーの関係をみてみよう.スイッチ S を閉じる前,C_1, C_2 のコンデンサに蓄えられている静電エネルギー $W_1(0_-)$, $W_2(0_-)$ はそれぞれ,

$$W_1(0_-) = \frac{Q_0^2}{2C_1}, \qquad W_2(0_-) = 0 \tag{3.58}$$

である.S を閉じ時間が十分経った定常状態では,式 (3.55), (3.56) において $t \to \infty$

より，
$$q_{1s} = \frac{C_1}{C_1+C_2}Q_0, \qquad q_{2s} = \frac{C_2}{C_1+C_2}Q_0 \tag{3.59}$$
であるので，静電エネルギーは，
$$W_{1s} = \frac{q_{1s}^2}{2C_1} = \frac{C_1 Q_0^2}{2(C_1+C_2)^2}, \qquad W_{2s} = \frac{q_{2s}^2}{2C_2} = \frac{C_2 Q_0^2}{2(C_1+C_2)^2} \tag{3.60}$$
となる．これらの和は次のようになる．
$$W_{1s} + W_{2s} = \frac{Q_0^2}{2(C_1+C_2)} \tag{3.61}$$
一方，抵抗 R でのジュール熱は，
$$W_R = \int_0^\infty Ri^2 dt = \frac{Q_0^2}{RC_1^2}\int_0^\infty e^{-\frac{2}{RC_0}t}dt = \frac{C_2 Q_0^2}{2C_1(C_1+C_2)} \tag{3.62}$$
であるので，式 (3.61), (3.62) の和をとると，
$$W_{1s} + W_{2s} + W_R = \frac{Q_0^2}{2(C_1+C_2)}\left(1 + \frac{C_2}{C_1}\right) = \frac{Q_0^2}{2C_1} \tag{3.63}$$
となり，$W_{1s} + W_{2s} + W_R = W_1(0_-)$，すなわちエネルギー保存則が成り立っている．

> **例題 3.3** 上の問題で，抵抗を介さず直接二つのコンデンサを接続した場合の現象を議論せよ．
>
> **解** コンデンサの両端の電圧は等しいので $q_1/C_1 = q_2/C_2$，一方，電荷は常に保存されるので $Q_0 = q_1 + q_2$ であり，両式より q_1, q_2 を求めると，
> $$q_1 = \frac{C_1}{C_1+C_2}Q_0, \qquad q_2 = \frac{C_2}{C_1+C_2}Q_0$$
> となる．これは式 (3.59) の結果と同じである．すなわち，つないだ瞬間に定常状態になることになる．そのとき流れる電流は，式 (3.57) において $R = 0$ であるので，理論的にはその瞬間だけ無限大になる．
>
> 次に，エネルギーはどうだろうか．それぞれのコンデンサの静電エネルギーは式 (3.60) と同じであり，それらの和も式 (3.61) と同じになり，
> $$W_1 + W_2 = \frac{Q_0^2}{2(C_1+C_2)}$$
> となる．明らかに，二つを接続する前のエネルギー $W_1(0_-) = Q_0^2/2C_1$ と一致しない．この差 $W_1(0_-) - (W_1 + W_2) > 0$ はどう考えればよいのだろうか．二つのコンデンサをつないだ瞬間，電流が無限大となるために使われたと考えざるを得ないのである．
>
> 実際には，コンデンサにも若干の抵抗があるし，導線の抵抗，スイッチを入れるときの接触抵抗もあるので，実用回路ではこのようなことは起こらないが，それらの抵抗の値は一般に非常に小さいので，短い時間に大電流が流れることになり，注意が必要である．

3.3 ▶▶ パルス電圧を加えた場合

3.3.1 ▶ RL 直列回路

これまでは直流電源を加えた場合の過渡現象をみてきたが，ここでは図 3.10 右に示す RL 直列回路に，同図左に示すパルス電圧を加えた場合を解析してみよう．パルス幅を τ とすると，回路には電圧が加わっている区間 $0 \leq t \leq \tau$ と電圧が 0 となる区間 $t > \tau$ があるので，これらを分けて考える必要がある．

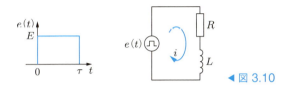

◀ 図 3.10

まず，$0 \leq t \leq \tau$ の区間は 1.3.1 項で示した回路と同じであるので，電流は式 (1.27) で与えられる．

$$i(t) = \frac{E}{R}\left(1 - e^{-\frac{R}{L}t}\right) \quad (0 \leq t \leq \tau) \tag{3.64}$$

次に区間 $t > \tau$ では，時間軸を新たに $t' = t - \tau$，すなわち，$t = \tau$ のとき $t' = 0$ となるようにすると，回路方程式は

$$Ri(t') + L\frac{di(t')}{dt'} = 0 \tag{3.65}$$

であるので，変数分離法を用いて，電流は，

$$i(t') = ke^{-\frac{R}{L}t'} \tag{3.66}$$

となる．ここで，電流は急変できないことから，$t' = 0$ $(t = \tau)$ のとき，

$$i(t' = 0) = i(t = \tau) = \frac{E}{R}\left(1 - e^{-\frac{R}{L}\tau}\right) \tag{3.67}$$

であるので，式 (3.66) の k は次のように求められる．

$$k = \frac{E}{R}\left(1 - e^{-\frac{R}{L}\tau}\right) \tag{3.68}$$

よって，$t > \tau$ における電流は，

$$i(t') = \frac{E}{R}\left(1 - e^{-\frac{R}{L}\tau}\right)e^{-\frac{R}{L}t'} \tag{3.69}$$

となり，$t' = t - \tau$ を代入して次式となる．

$$i(t) = \frac{E}{R}\left(1 - e^{-\frac{R}{L}\tau}\right)e^{-\frac{R}{L}(t-\tau)} = \frac{E}{R}\left(e^{\frac{R}{L}\tau} - 1\right)e^{-\frac{R}{L}t} \quad (t > \tau) \tag{3.70}$$

式 (3.64) および式 (3.70) を図示すると，図 3.11 のようになる．同図には，時定数が

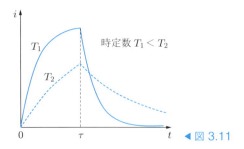
◀ 図 3.11

異なる場合の変化も示した．1.4 節でも述べたように，時定数 T が大きいほうがなだらかな変化となる．

これをエネルギーの観点からみてみよう．電源から回路に供給されたエネルギー W は，$0 \leq t \leq \tau$ の区間のみであるので，次のようになる．

$$W = \int_0^\tau Ei(t)dt = \frac{E^2}{R}\int_0^\tau \left(1 - e^{-\frac{R}{L}t}\right)dt = \frac{E^2}{R}\left[t + \frac{L}{R}e^{-\frac{R}{L}t}\right]_0^\tau$$

$$= \frac{E^2}{R}\left(\tau + \frac{L}{R}e^{-\frac{R}{L}\tau} - \frac{L}{R}\right) = \frac{E^2}{R^2}\left\{R\tau + L\left(e^{-\frac{R}{L}\tau} - 1\right)\right\} \tag{3.71}$$

一方，$0 \leq t \leq \tau$ に抵抗で消費されたジュール熱 W_R は，

$$W_R = \int_0^\tau Ri^2(t)dt = \frac{E^2}{R}\int_0^\tau \left(1 - e^{-\frac{R}{L}t}\right)^2 dt$$

$$= \frac{E^2}{R}\int_0^\tau \left(1 - 2e^{-\frac{R}{L}t} + e^{-\frac{2R}{L}t}\right)^2 dt = \frac{E^2}{R}\left[t + 2\frac{L}{R}e^{-\frac{R}{L}t} - \frac{L}{2R}e^{-\frac{2R}{L}t}\right]_0^\tau$$

$$= \frac{E^2}{R^2}\left(R\tau + 2Le^{-\frac{R}{L}\tau} - \frac{L}{2}e^{-\frac{2R}{L}\tau} - \frac{3L}{2}\right) \tag{3.72}$$

となる．また，$0 \leq t \leq \tau$ の区間でコイルに蓄えられたエネルギー W_L は，

$$W_L = W - W_R = \frac{LE^2}{2R^2}\left(-2e^{-\frac{R}{L}\tau} + e^{-\frac{2R}{L}\tau} + 1\right) = \frac{LE^2}{2R^2}\left(1 - e^{-\frac{R}{L}\tau}\right)^2 \tag{3.73}$$

となる．この結果は，$t = \tau$ のときコイルに流れていた電流 $i(t = \tau)$ を用いて，

$$W_L = \frac{L}{2}(i(t = \tau))^2 \tag{3.74}$$

からもただちに得られる．また，コイルの両端の電圧を v_L とすると，$v_L = L(di(t)/dt)$ であるので，

$$W_L = \int_0^\tau v_L(t)i(t)dt = L\int_0^\tau \frac{di(t)}{dt}i(t)dt \tag{3.75}$$

からも得られる．

$0 \leq t \leq \tau$ の区間でコイルに蓄えられたエネルギー W_L は，$t > \tau$ の区間で抵抗でジュール熱となって放出される．次にそれを示そう．

回路に流れる電流は，

$$i(t) = \frac{E}{R}\left(1 - e^{-\frac{R}{L}\tau}\right) e^{-\frac{R}{L}(t-\tau)} \quad (t > \tau) \tag{3.76}$$

であったので，$t > \tau$ の区間の抵抗でのジュール熱 W_R は次のようになる．

$$\begin{aligned} W_R(t > \tau) &= \int_\tau^\infty Ri^2 dt = \frac{E^2}{R}\left(1 - e^{-\frac{R}{L}\tau}\right)^2 \int_\tau^\infty e^{-\frac{2R}{L}(t-\tau)} dt \\ &- \frac{E^2}{R}\left(1 - e^{-\frac{R}{L}\tau}\right)^2 \left(-\frac{L}{2R}\right) \left[e^{-\frac{2R}{L}(t-\tau)}\right]_\tau^\infty = \frac{LE^2}{2R^2}\left(1 - e^{-\frac{R}{L}\tau}\right)^2 \end{aligned} \tag{3.77}$$

これより，コイルに蓄えられていたエネルギーは，抵抗で消費されることがわかる．

例題 3.4 式 (3.75) の計算結果が式 (3.73) に等しくなることを示せ．

解 $v_L = L(di/dt) = (E/L)e^{-(R/L)t}$ であるので，W_L は以下のようになる．

$$\begin{aligned} W_L &= L\int_0^\tau \frac{di(t)}{dt} i(t) dt = \frac{E^2}{R}\int_0^\tau \left(e^{-\frac{R}{L}t} - e^{-\frac{2R}{L}t}\right) dt \\ &= \frac{E^2}{R}\left[-\frac{L}{R}e^{-\frac{R}{L}t} + \frac{L}{2R}e^{-\frac{2R}{L}t}\right]_0^\tau = \frac{LE^2}{2R^2}\left(e^{-\frac{2R}{L}\tau} - 2^{-\frac{R}{L}\tau} + 1\right) \\ &= \frac{LE^2}{2R^2}\left(1 - e^{-\frac{R}{L}\tau}\right)^2 \end{aligned}$$

3.3.2 ▶ RC 直列回路

図 3.12 のように，RC 直列回路にパルス電圧を加えた場合を考えよう．$0 \leq t \leq \tau$ の区間の電流や電荷は，たびたび示されているように，次のようになる．

$$i(t) = \frac{E}{R} e^{-\frac{t}{CR}} \tag{3.78}$$

$$q(t) = CE\left(1 - e^{-\frac{t}{CR}}\right) \tag{3.79}$$

次に，$t > \tau$ の区間を考えると，$t' = t - \tau$ として，

$$\frac{dq(t')}{dt'} + \frac{1}{CR} q(t') = 0 \tag{3.80}$$

となり，その解は，

$$q(t') = ke^{-\frac{t'}{CR}} \tag{3.81}$$

となる．式 (3.79) における $t = \tau$ のときの電荷は保存され，式 (3.81) における $t' = 0$

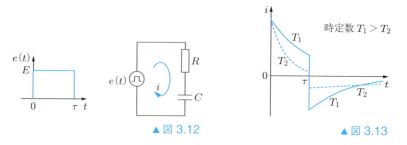

▲図 3.12   ▲図 3.13

の電荷と等しくなければならないので，

$$k = CE\left(1 - e^{-\frac{\tau}{CR}}\right) \tag{3.82}$$

となり，上式を式 (3.81) に代入して，$t > \tau$ での電荷は次式となる．

$$q(t) = CE\left(1 - e^{-\frac{\tau}{CR}}\right)e^{-\frac{1}{CR}(t-\tau)} = CE\left(e^{\frac{\tau}{CR}} - 1\right)e^{-\frac{t}{CR}} \tag{3.83}$$

また，電流は，

$$i(t) = \frac{dq(t)}{dt} = \frac{E}{R}\left(1 - e^{\frac{\tau}{CR}}\right)e^{-\frac{t}{CR}} \tag{3.84}$$

となる．電流の変化を異なる時定数で示すと，図 3.13 のようになる．

エネルギーの関係については，演習問題 3.5 を参照されたい．

例題 3.5 A 君は，この項の問題を直接電流の式から求めようとして，$t > \tau$ の区間での回路方程式

$$Ri + \frac{1}{C}\int i\,dt = 0$$

を t で微分して，解くべき方程式を

$$R\frac{di}{dt} + \frac{i}{C} = 0$$

とした．この一般解は $i(t) = ke^{-t/CR}$ となるので，定数 k は式 (3.78) における $t = \tau$ での電流

$$i(\tau) = \frac{E}{R}e^{-\frac{\tau}{CR}}$$

と，

$$i(\tau) = ke^{-\frac{\tau}{CR}}$$

より $k = E/R$ と求め，電流を次式のように求めた．

$$i(t) = \frac{E}{R}e^{-\frac{t}{CR}}$$

この結果は式 (3.84) の結果とは違っている．この議論のどこに誤りがあるのか．

解 間違いは，$t = \tau$ ($t' = 0$) のときに電流が保存されるとしたことにある．コンデンサ回路では，電荷は保存されるが，電流が保存される保証はない．図 3.13 をみれば明らかだろう．

3.4 微分回路，積分回路

3.4.1 ▶ RL 直列回路を用いた場合

図 3.14 の RL 直列回路に電圧 e_i を加えたとき，抵抗の電圧 v_R，コイルの電圧 v_L に着目する．回路方程式は次式となる．

$$Ri(t) + L\frac{di(t)}{dt} = e_i \quad \rightarrow \quad \frac{di}{dt} + \frac{1}{T}i = \frac{1}{L}e_i \tag{3.85}$$

時定数 $T = L/R$ が非常に小さいときは，上右式の左辺第 1 項を無視することができるので，

$$\frac{1}{T}i \simeq \frac{1}{L}e_i \tag{3.86}$$

となる．このとき，

$$v_L = L\frac{di}{dt} \simeq T\frac{de_i}{dt} \tag{3.87}$$

となり，コイルの電圧は入力電圧の微分に比例する．

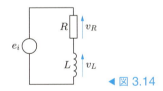
◀ 図 3.14

逆に，時定数 $T = L/R$ が大きいときは，式 (3.85) の左辺第 2 項を無視することができ，

$$\frac{di}{dt} \simeq \frac{1}{L}e_i \tag{3.88}$$

となるから，抵抗での電圧は，

$$v_R = Ri \simeq \frac{R}{L}\int e_i dt \simeq \frac{1}{T}\int e_i dt \tag{3.89}$$

となり，入力電圧の積分に比例する．

ここで，入力電圧 e_i が一定の値 E の場合の抵抗での電圧をみてみよう．時定数 T が大きいとき，式 (3.89) から $v_R = (E/T)t$ となり，時間に比例する直線となる．このことは，図 3.11 の $0 \leq t \leq \tau$ での電流波形からもみてとれる．すなわち，抵抗で

の電流は電圧と同じ波形であるので，図 3.11 において時定数 T が大きくなると，電流がより直線に近づいていくことからも理解できよう．

3.4.2 ▶ RC 直列回路を用いた場合

図 3.15 の RC 直列回路において，電源電圧 e_i と抵抗での電圧 v_R，コンデンサの電圧 v_C に着目すると，回路方程式は次式となる．

$$Ri + \frac{1}{C}\int i\,dt = e_i \quad \rightarrow \quad i + \frac{1}{T}\int i\,dt = \frac{1}{R}e_i \tag{3.90}$$

時定数 $T = CR$ の値が十分小さいと，上右式の左辺第 1 項は無視できて，

$$\frac{1}{T}\int i\,dt \simeq \frac{1}{R}e_i \quad \rightarrow \quad i \simeq \frac{T}{R}\frac{de_i}{dt} \tag{3.91}$$

となる．よって，

$$v_R = Ri \simeq T\frac{de_i}{dt} \tag{3.92}$$

となり，抵抗での電圧は入力電圧の微分に比例する．例として入力電圧が E の場合，その微分波形は一瞬で 0 となる．図 3.13 からも，電流波形は時定数が小さいほど 0 に近づいていることがわかるだろう．

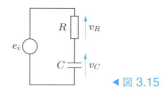

◀ 図 3.15

次に，コンデンサの電圧 v_C を考える．時定数 $T = CR$ が十分大きいと式 (3.90) の右式の左辺第 2 項が無視できるので，

$$i \simeq \frac{1}{R}e_i \quad \rightarrow \quad \frac{dq}{dt} \simeq \frac{1}{R}e_i \tag{3.93}$$

となる．よって，

$$v_C = \frac{1}{C}q \simeq \frac{1}{T}\int e_i\,dt \tag{3.94}$$

となり，コンデンサの電圧は入力電圧の積分に比例する．

3.5 ▶▶ 複数のコイルをもつ回路

3.5.1 ▶ 直流電源，抵抗，二つのコイルから構成される回路

図 3.16(a) のように，インダクタンスがそれぞれ L_1, L_2 の二つのコイルをもつ回路において，$t = 0$ でスイッチ S を開いたときの電流を求めよう．スイッチ S が開か

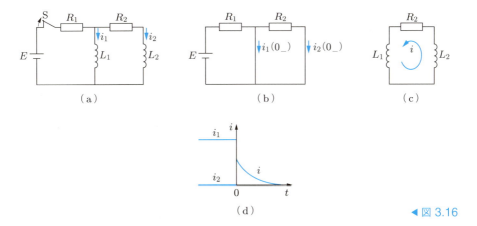

◀ 図 3.16

れる直前の定常状態は，同図 (b) のようになる．L_1，L_2 は短絡状態であるため，電流は L_1 のコイル部のみに流れる．したがって電流は，

$$i_1(0_-) = \frac{E}{R_1}, \qquad i_2(0_-) = 0 \tag{3.95}$$

である．S を開いたあとの回路方程式は，同図 (c) より，

$$(L_1 + L_2)\frac{di}{dt} + R_2 i = 0 \tag{3.96}$$

となり，整理して，

$$\frac{di}{dt} + \frac{R_2}{L_1 + L_2} i = 0 \tag{3.97}$$

となる．この微分方程式の一般解は，

$$i(t) = k e^{-\frac{R_2}{L_1+L_2}t} \tag{3.98}$$

である．ここで，$t=0$ における初期条件 $i(0_+)$ はどのように決定したらよいのだろうか．この場合は，これまでの回路のようにコイルが単一ではないので，「コイルに流れる電流は急変できない」という条件から求めることはできない．したがって，その基になっている磁束鎖交数保存の理を用い，

$$L_1 i_1(0_-) + L_2 i_2(0_-) = (L_1 + L_2) i(0_+) \tag{3.99}$$

から求めなければならない．式 (3.99) に式 (3.95) を代入して，初期条件 $i(0_+)$ は

$$i(0_+) = \frac{L_1 E}{R_1(L_1 + L_2)} \tag{3.100}$$

となり，式 (3.98) と式 (3.100) から，

$$k = \frac{L_1 E}{R_1(L_1 + L_2)} \tag{3.101}$$

を得る．こうして，求める電流は

$$i(t) = \frac{L_1 E}{R_1(L_1+L_2)} e^{-\frac{R_2}{L_1+L_2}t} \tag{3.102}$$

となる.

次に，回路のエネルギーを調べてみよう．S を開く直前の二つのコイルの電磁エネルギーは，

$$W_1(0_-) = \frac{L_1}{2}(i_1(0_-))^2 = \frac{L_1}{2}\left(\frac{E}{R_1}\right)^2, \qquad W_2(0_-) = 0 \tag{3.103}$$

である．S を開いて定常状態になったとき，式 (3.102) から電流は 0 となるので，二つのコイルの電磁エネルギーも 0 となる．では，式 (3.103) のエネルギーは，すべて抵抗 R_2 でジュール熱に変わったのだろうか．R_2 でのジュール熱を計算すると，

$$W_{R_2} = \int_0^\infty R_2 i^2 dt = \frac{R_2(L_1 E)^2}{R_1^2(L_1+L_2)^2} \int_0^\infty e^{-\frac{2R_2}{L_1+L_2}t} dt = \frac{(L_1 E)^2}{2R_1^2(L_1+L_2)} \tag{3.104}$$

となり，

$$W_{R_2} = \frac{L_1}{L_1+L_2} W_1(0_-) \tag{3.105}$$

である．すなわち，$W_{R_2} < W_1(0_-)$ となり，一致しない．それでは，この差

$$W_1(0_-) - W_{R_2} = \frac{L_1 L_2}{2(L_1+L_2)} \left(\frac{E}{R_1}\right)^2 \tag{3.106}$$

はどうなったのだろうか．図 3.16(d) に電流の変化を示した．電流は $t=0$ で急変しており，このときコイルの電圧 ($v \propto di/dt$) は，理論的にはこの瞬間だけ無限大になる．すなわち，電圧を無限大にするためにエネルギーが使われたと考えるしかないのである．実際のコイルは抵抗があるので電圧は無限大にはならないが，コイルの抵抗値は小さいため，やはり短い時間にかなり大きな電圧がコイルに発生するので，注意が必要である．

この場合のように，スイッチ S を閉じる直前 ($t=0_-$) と閉じた直後 ($t=0_+$) の時刻において初期値が異なる場合，直前の初期値を**第 1 種初期値**，直後の初期値を**第 2 種初期値**とよんで区別することがある．

3.5.2 ▶ 相互誘導回路 ($L_1 L_2 - M^2 > 0$)

図 3.17 のような相互誘導回路を考える．一次側コイルのインダクタンスを L_1，二次側コイルのインダクタンスを L_2，二つのコイル間の相互インダクタンスを M とする．$L_1 L_2 - M^2 > 0$ の関係のもと，スイッチ S を閉じたとき，一次側，二次側回路に流れる電流を求めよう．回路方程式は，

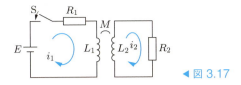

◀ 図 3.17

$$R_1 i_1 + L_1 \frac{di_1}{dt} + M \frac{di_2}{dt} = E \tag{3.107}$$

$$R_2 i_2 + L_2 \frac{di_2}{dt} + M \frac{di_1}{dt} = 0 \tag{3.108}$$

であり，i_1，i_2 は，これらの連立方程式を解いて得られる．そのため，まず両式をそれぞれ t で微分する．

$$R_1 \frac{di_1}{dt} + L_1 \frac{d^2 i_1}{dt^2} + M \frac{d^2 i_2}{dt^2} = 0 \tag{3.109}$$

$$R_2 \frac{di_2}{dt} + L_2 \frac{d^2 i_2}{dt^2} + M \frac{d^2 i_1}{dt^2} = 0 \tag{3.110}$$

次に，i_1 のみの方程式を得るため，式 (3.110) に式 (3.107) と式 (3.109) を代入して整理すると，

$$(L_1 L_2 - M^2) \frac{d^2 i_1}{dt^2} + (R_2 L_1 + R_1 L_2) \frac{di_1}{dt} + R_1 R_2 i_1 = R_2 E \tag{3.111}$$

となる．同様に，i_2 のみの方程式を得るため，式 (3.109) に式 (3.108) と式 (3.110) を代入して整理する．

$$(L_1 L_2 - M^2) \frac{d^2 i_2}{dt^2} + (R_2 L_1 + R_1 L_2) \frac{di_2}{dt} + R_1 R_2 i_2 = 0 \tag{3.112}$$

電流およびその微分に関する項の定数は，両式で同じになる．さらに整理して，

$$\frac{d^2 i_1}{dt^2} + \frac{R_2 L_1 + R_1 L_2}{L_1 L_2 - M^2} \frac{di_1}{dt} + \frac{R_1 R_2}{L_1 L_2 - M^2} i_1 = \frac{R_2 E}{L_1 L_2 - M^2} \tag{3.113}$$

$$\frac{d^2 i_2}{dt^2} + \frac{R_2 L_1 + R_1 L_2}{L_1 L_2 - M^2} \frac{di_2}{dt} + \frac{R_1 R_2}{L_1 L_2 - M^2} i_2 = 0 \tag{3.114}$$

となる．これらの同次方程式の特性方程式は，

$$\lambda^2 + \frac{R_2 L_1 + R_1 L_2}{L_1 L_2 - M^2} \lambda + \frac{R_1 R_2}{L_1 L_2 - M^2} = 0 \tag{3.115}$$

となり，その根は，

$$\lambda = \frac{1}{2} \left\{ -\frac{R_2 L_1 + R_1 L_2}{L_1 L_2 - M^2} \pm \sqrt{\frac{(R_2 L_1 + R_1 L_2)^2}{(L_1 L_2 - M^2)^2} - \frac{4 R_1 R_2}{L_1 L_2 - M^2}} \right\} \tag{3.116}$$

である．ここで，

$$\alpha = \frac{R_2 L_1 + R_1 L_2}{2(L_1 L_2 - M^2)} \tag{3.117}$$

$$\beta = \frac{\sqrt{(R_2 L_1 + R_1 L_2)^2 - 4R_1 R_2 (L_1 L_2 - M^2)}}{2(L_1 L_2 - M^2)} \tag{3.118}$$

$$\alpha > \beta$$

とおくと,特性方程式の根は $\lambda = -\alpha \pm \beta$ と表すことができる.

$$\lambda_1 = -\alpha + \beta, \qquad \lambda_2 = -\alpha - \beta \tag{3.119}$$

これより式 (3.113) の解は求められ,まず,定常解は

$$i_{1s} = \frac{E}{R_1} \tag{3.120}$$

であるので,過渡解 $i_{1t} = k_1 e^{\lambda_1 t} + k_2 e^{\lambda_2 t}$ も考慮して,

$$i_1(t) = i_{1s} + i_{1t} = \frac{E}{R_1} + k_1 e^{\lambda_1 t} + k_2 e^{\lambda_2 t} \tag{3.121}$$

となる.また,式 (3.114) の一般解は次式となる.

$$i_2(t) = k_3 e^{\lambda_1 t} + k_4 e^{\lambda_2 t} \tag{3.122}$$

$k_1 \sim k_4$ は任意定数で,初期条件から求めることができる.前項同様,初期条件は以下のように,磁束鎖交数保存の理より求めなければならない.

いま,相互誘導回路における磁束の関係を図示すると,図 3.18(a),(b) のようになる.同図 (a) のように,巻数 n_1 のコイル 1 に電流 i_1 が流れると磁束が生じ,コイル 1 と鎖交する磁束を Φ_{11},巻数 n_2 のコイル 2 と鎖交する磁束を Φ_{21} とすると,これらの磁束は電流に比例するので,$n_1 \Phi_{11} = L_1 i_1$,$n_2 \Phi_{21} = M i_1$ となる.次に,同図 (b) のようにコイル 2 に電流 i_2 が流れたとき,コイル 2 と鎖交する磁束を Φ_{22},コイル 1 と鎖交する磁束を Φ_{12} とすると,$n_2 \Phi_{22} = L_2 i_2$,$n_1 \Phi_{12} = M i_2$ であるので,i_1,i_2 が両方流れているときには,一次側のコイルを磁束 Φ_{11} と Φ_{12} が貫いている.したがって,一次側の磁束鎖交数は,

$$\Psi_1 = n_1 (\Phi_{11} + \Phi_{12}) = L_1 i_1 + M i_2 \tag{3.123}$$

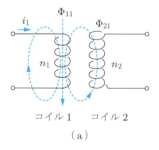 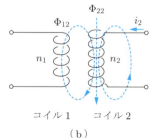

(a) (b) ◀ 図 3.18

であり，同様に二次側では，
$$\Psi_2 = n_2(\Phi_{22} + \Phi_{21}) = L_2 i_2 + M i_1 \tag{3.124}$$
である．磁束鎖交数保存の理より，$t=0_-$ のときの磁束鎖交数と $t=0_+$ のときの磁束鎖交数は保存されるので，
$$\Psi_1(0_-) = \Psi_1(0_+), \qquad \Psi_2(0_-) = \Psi_2(0_+) \tag{3.125}$$
でなければならない．インダクタンスで書き直すと，
$$L_1 i_1(0_-) + M i_2(0_-) = L_1 i_1(0_+) + M i_2(0_+) \tag{3.126}$$
$$M i_1(0_-) + L_2 i_2(0_-) = M i_1(0_+) + L_2 i_2(0_+) \tag{3.127}$$
となる．$i_1(0_-) = 0$，$i_2(0_-) = 0$ であるので，次のようになる．
$$L_1 i_1(0_+) + M i_2(0_+) = 0 \tag{3.128}$$
$$M i_1(0_+) + L_2 i_2(0_+) = 0 \tag{3.129}$$
ここで，$i_1(0_-)$ と $i_1(0_+)$ の関係をみるため，式 (3.126) の両辺を L_2 倍，式 (3.127) を M 倍して，前者から後者を引く．
$$(L_1 L_2 - M^2) i_1(0_-) = (L_1 L_2 - M^2) i_1(0_+)$$
$$(L_1 L_2 - M^2)(i_1(0_-) - i_1(0_+)) = 0 \tag{3.130}$$
$L_1 L_2 - M^2 \neq 0$ であるので
$$i_1(0_-) = i_1(0_+) \tag{3.131}$$
でなければならない．同様に，式 (3.126) を M 倍，式 (3.127) を L_1 倍して，後者から前者を引くと，
$$(L_1 L_2 - M^2) i_2(0_-) = (L_1 L_2 - M^2) i_2(0_+)$$
すなわち，
$$i_2(0_-) = i_2(0_+) \tag{3.132}$$
を得る．

このように，$L_1 L_2 - M^2 \neq 0$ の場合は，
$$i_1(0_-) = 0, \quad i_2(0_-) = 0 \text{ のとき，} i_1(0_+) = 0, \quad i_2(0_+) = 0$$
となる．次項の $L_1 L_2 - M^2 = 0$ のときは，こうはならない．

以上のようにして，初期条件は $t=0$ で $i_1(0) = 0$，$i_2(0) = 0$ であったので，式 (3.121)，(3.122) より，次の関係を得る．
$$0 = \frac{E}{R_1} + k_1 + k_2 \tag{3.133}$$
$$0 = k_3 + k_4 \tag{3.134}$$
未知数は四つであるので，まだ関係式が二つ足りない．そこで，式 (3.121) および式

(3.122) を式 (3.107), (3.108) に代入する．まず，式 (3.107) に代入して整理する．
$$(k_1R_1+k_1L_1\lambda_1+k_3M\lambda_1)e^{\lambda_1 t}+(k_2R_1+k_2L_1\lambda_2+k_4M\lambda_2)e^{\lambda_2 t}=0 \quad (3.135)$$
同様に，式 (3.108) に代入して整理する．
$$(k_3R_2+k_3L_2\lambda_1+k_1M\lambda_1)e^{\lambda_1 t}+(k_4R_2+k_4L_2\lambda_2+k_2M\lambda_2)e^{\lambda_2 t}=0 \quad (3.136)$$
ここで，これらの式は $t=0$ でも成り立つので，$t=0$ を代入して整理すると，
$$k_1(R_1+L_1\lambda_1)+k_2(R_1+L_1\lambda_2)+k_3M\lambda_1+k_4M\lambda_2=0 \quad (3.137)$$
$$k_1M\lambda_1+k_2M\lambda_2+k_3(R_2+L_2\lambda_1)+k_4(R_2+L_2\lambda_2)=0 \quad (3.138)$$
となる．以上で $k_1 \sim k_4$ に関して四つの方程式が得られた．これらより，まず，式 (3.134) から $k_4=-k_3$ であるので，これを式 (3.137), (3.138) に代入し整理する．
$$k_1(R_1+L_1\lambda_1)+k_2(R_1+L_1\lambda_2)+k_3M(\lambda_1-\lambda_2)=0 \quad (3.139)$$
$$k_1M\lambda_1+k_2M\lambda_2+k_3L_2(\lambda_1-\lambda_2)=0 \quad (3.140)$$
次に，式 (3.133) より $k_2=-E/R_1-k_1$ であるので，これを式 (3.139), (3.140) に代入し整理すると，
$$k_1L_1+k_3M=\frac{1}{\lambda_1-\lambda_2}\frac{E}{R_1}(R_1+L_1\lambda_2) \quad (3.141)$$
$$k_1M+k_3L_2=\frac{1}{\lambda_1-\lambda_2}\frac{E}{R_1}M\lambda_2 \quad (3.142)$$
となる．これらより k_1, k_3 を求める．$\lambda_1-\lambda_2=2\beta$ を使って，
$$k_1=\frac{L_2E}{2\beta(L_1L_2-M^2)}-\frac{E}{2R_1}\left(1+\frac{\alpha}{\beta}\right) \quad (3.143)$$
$$k_3=-\frac{ME}{2\beta(L_1L_2-M^2)} \quad (3.144)$$
と表し，これらを式 (3.133), (3.134) に代入して，
$$k_2=-\frac{L_2E}{2\beta(L_1L_2-M^2)}+\frac{E}{2R_1}\left(\frac{\alpha}{\beta}-1\right) \quad (3.145)$$
$$k_4=\frac{ME}{2\beta(L_1L_2-M^2)} \quad (3.146)$$
を得る．こうして，求める電流は，
$$A=\frac{L_2E}{2\beta(L_1L_2-M^2)}, \qquad B=\frac{E}{2R_1}\left(1+\frac{\alpha}{\beta}\right), \qquad C=\frac{E}{2R_1}\left(\frac{\alpha}{\beta}-1\right)$$
$$k_1=A-B, \qquad k_2=-A+C$$
とおいて，式 (3.121) より

$$i_1 = \frac{E}{R_1} + (A-B)e^{-\alpha t}e^{\beta t} + (-A+C)e^{-\alpha t}e^{-\beta t}$$
$$= \frac{E}{R_1} + e^{-\alpha t}\left\{A\left(e^{\beta t} - e^{-\beta t}\right) - Be^{\beta t} + Ce^{-\beta t}\right\} \quad (3.147)$$

となる．ここで，

$$e^{-\alpha t}A\left(e^{\beta t} - e^{-\beta t}\right) = e^{-\alpha t}\frac{L_2 E}{\beta(L_1 L_2 - M^2)}\sinh \beta t$$

$$e^{-\alpha t}\left(-Be^{\beta t} + Ce^{-\beta t}\right) = e^{-\alpha t}\frac{E}{2R_1}\left\{-\left(1+\frac{\alpha}{\beta}\right)e^{\beta t} + \left(\frac{\alpha}{\beta} - 1\right)e^{-\beta t}\right\}$$

$$= -e^{-\alpha t}\frac{E}{R_1}\left(\cosh\beta t + \frac{\alpha}{\beta}\sinh\beta t\right)$$

$$= -\frac{E}{R_1}e^{-\alpha t}\sinh(\beta t + \varphi) \qquad \left(\varphi = \tanh^{-1}\frac{\beta}{\alpha}\right)$$

として整理すると，

$$i_1(t) = \frac{E}{R_1} + \frac{L_2 E}{\beta(L_1 L_2 - M^2)}e^{-\alpha t}\sinh\beta t - \frac{E}{R_1}e^{-\alpha t}\sinh(\beta t + \varphi) \quad (3.148)$$

となる．i_2 は，式 (3.122) に式 (3.134) の関係および式 (3.144) を代入し，

$$i_2(t) = k_3\left\{e^{(-\alpha+\beta)t} - e^{(-\alpha-\beta)t}\right\} = k_3 e^{-\alpha t}\left(e^{\beta t} - e^{-\beta t}\right)$$
$$= -\frac{ME}{\beta(L_1 L_2 - M^2)}e^{-\alpha t}\sinh\beta t \quad (3.149)$$

となる．i_1, i_2 の時間変化を示すと，図 3.19 のようになる．

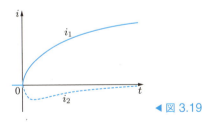

◀ 図 3.19

3.5.3 ▶ 相互誘導回路 $(L_1 L_2 - M^2 = 0)$

結合の度合いが $L_1 L_2 - M^2 = 0$ の場合の結果は，上で得られた式 (3.148) の i_1，式 (3.149) の i_2 に $L_1 L_2 - M^2 = 0$ の関係を代入しようとするとおかしな結果になってしまう．この場合は，式 (3.111), (3.112) において $L_1 L_2 - M^2 = 0$ を代入し，整理して得られる以下の方程式を解く．

$$\frac{di_1}{dt} + \frac{R_1 R_2}{R_2 L_1 + R_1 L_2}i_1 = \frac{R_2 E}{R_2 L_1 + R_1 L_2} \quad (3.150)$$

$$\frac{di_2}{dt} + \frac{R_1 R_2}{R_2 L_1 + R_1 L_2} i_2 = 0 \tag{3.151}$$

$a = R_1 R_2/(R_2 L_1 + R_1 L_2)$, $b = R_2 E/(R_2 L_1 + R_1 L_2)$ とおくと,

$$\frac{di_1}{dt} + ai_1 = b, \qquad \frac{di_2}{dt} + ai_2 = 0 \tag{3.152}$$

となり,これらの方程式の一般解は,たびたび求めているように,

$$i_1 = \frac{b}{a} + k_1 e^{-at}, \qquad i_2 = k_2 e^{-at} \tag{3.153}$$

となる.上式では,i_1 の解の任意定数を k_1, i_2 の任意定数を k_2 としたが,回路方程式(式 (3.107), (3.108))をみればわかるように,i_1, i_2 は互いに関係があるので,k_1, k_2 にも互いに関係がある.たとえば式 (3.108) に式 (3.153) を代入してみる.

$$R_2 k_2 e^{-at} - L_2 k_2 a e^{-at} - M k_1 a e^{-at} = 0$$

整理すると,

$$(R_2 - L_2 a)k_2 = M a k_1$$

となる.これより k_1 と k_2 の関係は,

$$k_2 = \frac{Ma}{R_2 - L_2 a} k_1 = \frac{R_1 M}{R_2 L_1} k_1 = \frac{R_1 L_2}{R_2 M} k_1 \tag{3.154}$$

となっていることがわかる.よって,式 (3.153) は次のようになる.

$$i_1(t) = \frac{E}{R_1} + k_1 e^{-at}, \qquad i_2(t) = \frac{R_1 L_2}{R_2 M} k_1 e^{-at} \tag{3.155}$$

ここで任意定数 k_1 を定めるため,$t = 0$ のときの $i_1(0_+)$ ないし $i_2(0_+)$ を求めることを考える.いま,式 (3.126), (3.127) において $i_1(0_-) = 0$, $i_2(0_-) = 0$ とすると,左辺は 0 となるので,次式が成り立つ.

$$L_1 i_1(0_+) + M i_2(0_+) = 0 \tag{3.156}$$

$$M i_1(0_+) + L_2 i_2(0_+) = 0 \tag{3.157}$$

これらの結果は,式 (3.128), (3.129) と同じであるが,$L_1 L_2 - M^2 = 0$ のため,前項のように $i_1(0_-)$ と $i_1(0_+)$ の関係や,$i_2(0_-)$ と $i_2(0_+)$ の関係を定めることはできない.式 (3.156), (3.157) から言えることは,式 (3.156) より $i_2(0_+) = -(L_1/M) i_1(0_-)$ を求め,式 (3.157) に代入すると,$(L_1 L_2 - M^2) i_1(0_+) = 0$ となるので,$i_1(0_+) \neq 0$, $i_2(0_+) \neq 0$ ということだけである.

式 (3.156) に $t = 0$ のときの式 (3.155) を代入すると,

$$\frac{L_1 E}{R_1} + L_1 k_1 + \frac{R_1 L_2}{R_2} k_1 = 0$$

となり,これより,k_1 は,

$$k_1 = -\frac{E}{R_1}\frac{R_2 L_1}{R_2 L_1 + R_1 L_2} \tag{3.158}$$

となる．この結果は，式 (3.157) に $t=0$ のときの式 (3.155) を代入しても得られる．

こうして，求める電流は，$a = R_1 R_2/(R_2 L_1 + R_1 L_2)$ として，式 (1.55) より

$$i_1(t) = \frac{E}{R_1}\left(1 - \frac{R_2 L_1}{R_2 L_1 + R_1 L_2}e^{-at}\right) \tag{3.159}$$

$$i_2(t) = -\frac{L_1 L_2 E}{M(R_2 L_1 + R_1 L_2)}e^{-at} = -\frac{ME}{R_2 L_1 + R_1 L_2}e^{-at} \tag{3.160}$$

となる．i_1, i_2 の変化を図 3.20 に示した．この場合，電流は $t=0$ で急変する

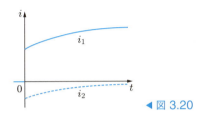

◀ 図 3.20

ここで，$t=0$ のときの $i_1(0_+)$, $i_2(0_+)$ を上式より求めると，

$$i_1(0_+) = \frac{E}{R_1}\left(1 - \frac{R_2 L_1}{R_2 L_1 + R_1 L_2}\right) = \frac{L_2 E}{R_2 L_1 + R_1 L_2} \tag{3.161}$$

$$i_2(0_+) = -\frac{ME}{R_2 L_1 + R_1 L_2} \tag{3.162}$$

となる．これらは第 2 種初期値である．

例題 3.6 図 3.21 のように，相互誘導回路に直流電圧が加えられていて十分時間が経っているとする．$t=0$ でスイッチ S を開いたとき，二次側の回路に流れる電流を求めよ．ただし，$L_1 L_2 - M^2 = 0$ とする．

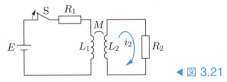

◀ 図 3.21

解 S が閉じられている定常状態では，一次側のコイルには $i_1 = E/R_1$ の電流が流れている．いま，S を開くと，二次側の回路の方程式は

$$R_2 i_2 + L_2 \frac{di_2}{dt} = 0$$

となる．この一般解は，

である．上式の k は $t=0$ における i_2 の値で定まる．それは磁束鎖交数保存の理より，
$$L_2 i_2(0_-) + M i_1(0_-) = L_2 i_2(0_+) + M i_1(0_+)$$
となるので，これに $i_1(0_-) = E/R_1$, $i_2(0_-) = 0$, $i_1(0_+) = 0$ を代入して，
$$i_2(0_+) = \frac{ME}{L_2 R_1}$$
を得る．こうして，$k = ME/L_2 R_1$ が得られたので，
$$i_2(t) = \frac{ME}{L_2 R_1} e^{-\frac{R_2}{L_2} t}$$

$$i_2 = k e^{-\frac{R_2}{L_2} t} \quad \cdots ①$$

となる．

別解法 上の結果は，磁気回路に蓄えられているエネルギーの関係からも導くことができる．S が閉じられていたとき，回路には
$$W_1 = \frac{1}{2} L_1 i_1^2(0_-)$$
の磁気エネルギーが蓄えられている．S を開いたときの二次側の回路の磁気エネルギーは，
$$W_2 = \frac{1}{2} L_2 i_2^2(0_+)$$
となるので，エネルギー保存則 $W_1 = W_2$，すなわち $L_1 i_1^2(0_-) = L_2 i_2^2(0_+)$ より，$i_2(0_+)$ は，
$$i_2(0_+) = \frac{E}{R_1} \sqrt{\frac{L_1}{L_2}}$$
となる．こうして，$k = i_2(0_+)$ を式①に代入して次式を得る．
$$i_2(t) = \frac{E}{R_1} \sqrt{\frac{L_1}{L_2}} e^{-\frac{R_2}{L_2} t}$$
$M^2 - L_1 L_2 = 0$ の関係を用いると，
$$i_2(t) = \frac{ME}{L_2 R_1} e^{-\frac{R_2}{L_2} t}$$
と書くこともでき，上の結果と一致している．

3.6 交流電圧を加えた場合

3.6.1 RL 直列回路

図 3.22 の RL 直列回路に最大値 E_m，角周波数 ω，初期位相 θ の正弦波交流電圧を加える場合を考える．

回路方程式は，

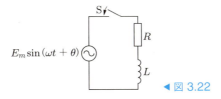

◀ 図 3.22

$$Ri + L\frac{di}{dt} = E_m \sin(\omega t + \theta) \tag{3.163}$$

である.まず,定常解(特殊解)をフェーザ法により求める.この方法は,よく知られているように,$E_m \sin(\omega t + \theta)$ が電圧の複素数 $\dot{E} = E_m e^{j(\omega t+\theta)}$ の虚数部になっていることに着目し,電流も複素数 $\dot{I} = \dot{I}_0 e^{j(\omega t+\theta)}$ として式 (3.163) に適用し,得られた $\dot{I}$ の虚数部をとって,電流 $i(t)$ を得るものである.電圧,電流の複素数を式 (3.163) に適用すると,$R\dot{I} + j\omega \dot{I} = \dot{E}$ であるので,

$$R\dot{I}_0 + j\omega L \dot{I}_0 = E_m \tag{3.164}$$

となる.これより,

$$\dot{I}_0 = \frac{E_m}{R+j\omega L} = \frac{E_m}{R^2+(\omega L)^2}(R-j\omega L) \tag{3.165}$$

となる.ここで,

$$Z = \sqrt{R^2+(\omega L)^2} \tag{3.166}$$

は回路のインピーダンスであり,

$$R - j\omega L = \sqrt{R^2+(\omega L)^2}e^{-j\varphi} \qquad \left(\varphi = \tan^{-1}\frac{\omega L}{R}\right)$$

と書くことができるので,式 (3.165) は,

$$\dot{I}_0 = \frac{E_m}{Z}e^{-j\varphi} \tag{3.167}$$

となる.式 (3.167) を $\dot{I} = \dot{I}_0 e^{j(\omega t+\theta)}$ に代入する.

$$\dot{I} = \frac{E_m}{Z}e^{j(\omega t+\theta)}e^{-j\varphi} = \frac{E_m}{Z}e^{j(\omega t+\theta-\varphi)} \tag{3.168}$$

ここで,$E_m/Z = I_m$ とおき,式 (3.168) の虚数部をとると,定常解として,

$$i_s = I_m \sin(\omega t + \theta - \varphi) \tag{3.169}$$

を得る.φ は電圧と電流の位相差を表す.

以上のように,定常解はフェーザ法より求められる.次に,これを 2.3.2 項で説明した未定係数法による特殊解の求め方から計算してみよう.まず,表 2.2 より,特殊解の形を

$$i_s = k_1 \cos(\omega t + \theta) + k_2 \sin(\omega t + \theta) \tag{3.170}$$

と仮定する．
$$i'_s = -\omega k_1 \sin(\omega t + \theta) + \omega k_2 \cos(\omega t + \theta)$$
であるので，これを式 (3.163) の左辺に代入し整理すると，
$$Rk_1 \cos(\omega t + \theta) + Rk_2 \sin(\omega t + \theta) - \omega Lk_1 \sin(\omega t + \theta) + \omega Lk_2 \cos(\omega t + \theta)$$
$$= (Rk_1 + \omega Lk_2) \cos(\omega t + \theta) + (Rk_2 - \omega Lk_1) \sin(\omega t + \theta)$$
となる．一方，式 (3.163) の右辺は，$E_m \sin(\omega t + \theta)$ であるので，両辺を比較して，
$$Rk_1 + \omega Lk_2 = 0$$
$$Rk_2 - \omega Lk_1 = E_m$$
となる．これらより k_1, k_2 を求めると，
$$k_1 = -\frac{\omega L E_m}{R^2 + (\omega L)^2} = -\frac{\omega L E_m}{Z^2}, \qquad k_2 = \frac{R E_m}{Z^2} \tag{3.171}$$
を得る．こうして，特殊解は次式となる．
$$i_s = \frac{E_m}{Z^2} \left(-\omega L \cos(\omega t + \theta) + R \sin(\omega t + \theta) \right)$$
$R/Z = \cos\varphi$, $\omega L/Z = \sin\varphi$ を用いて，上式は
$$i_s = \frac{E_m}{Z} \left(\cos\varphi \sin(\omega t + \theta) - \sin\varphi \cos(\omega t + \theta) \right)$$
$$= \frac{E_m}{Z} \sin(\omega t + \theta - \varphi) = I_m \sin(\omega t + \theta - \varphi) \qquad \left(\varphi = \tan^{-1} \frac{\omega L}{R} \right) \tag{3.172}$$
となる．この結果は，フェーザ法により求めた式 (3.169) と一致する．

次に，式 (3.163) に対する過渡解を求める．同次方程式
$$Ri + L\frac{di}{dt} = 0 \tag{3.173}$$
より，その解は
$$i_t = ke^{-\frac{R}{L}t} \tag{3.174}$$
となる．よって，求める回路方程式の一般解は次式となる．
$$i = i_s + i_t = I_m \sin(\omega t + \theta - \varphi) + ke^{-\frac{R}{L}t} \tag{3.175}$$
ここで，$t = 0$ で $i = 0$ であるので，k は，
$$k = -I_m \sin(\theta - \varphi) \tag{3.176}$$
である．これを代入して，次式を得る．
$$i(t) = I_m \sin(\omega t + \theta - \varphi) - I_m \sin(\theta - \varphi) e^{-\frac{R}{L}t} \tag{3.177}$$
$\theta = 0$ の場合を考えると，

$$\sin(-\varphi) = -\sin\varphi = -\frac{\omega L}{Z}$$

を考慮して，式 (3.177) は，

$$i(t) = I_m \sin(\omega t - \varphi) + I_m \frac{\omega L}{Z} e^{-\frac{R}{L}t} \tag{3.178}$$

となる．式 (3.177) も式 (3.178) も，t が十分大きくなると第 2 項の過渡項は 0 になり，第 1 項の定常項のみとなる．式 (3.177) の電流の変化を図 3.23 に示した．

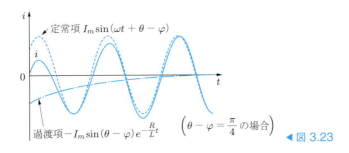

◀ 図 3.23

> **例題 3.7** RL 直列回路に正弦波交流電圧を加えた場合，過渡現象が起こらないための条件を求めよ．
>
> **解** 式 (3.177) において過渡項が 0 であればよいので，$\theta = \varphi$ のときとなる．なお，式 (3.178) からわかるように，$\theta = 0$ のとき，すなわち $e(t) = E_m \sin\omega t$ の電圧を $t = 0$ で加えたときでも過渡現象は起こる．

> **例題 3.8** 図 3.24 の回路において，はじめスイッチ S は閉じられており，$t = 0$ で S を開いた．電流の変化を求めよ．
>
>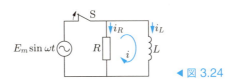
>
> ◀ 図 3.24
>
> **解** S が閉じられているとき，回路は定常状態であるので，抵抗に流れる電流 i_R，コイルに流れる電流 i_L は，
>
> $$i_R(t) = \frac{e(t)}{R} = \frac{E_m}{R}\sin\omega t, \qquad i_L(t) = \frac{1}{L}\int e(t)dt = -\frac{E_m}{\omega L}\cos\omega t$$
>
> である．$t \geq 0$ の回路方程式は，$i_L = -i_R = i$ として，
>
> $$Ri + L\frac{di}{dt} = 0$$
>
> となる．この解は，次のようになる．

$$i(t) = ke^{-\frac{R}{L}t}$$

$t=0$ で $i(0)=i_L(0)=-E_m/\omega L$ であるので, $k=-E_m/\omega L$ を得る. よって,

$$i_R(t) = \frac{E_m}{\omega L}e^{-\frac{R}{L}t}, \qquad i_L(t) = -\frac{E_m}{\omega L}e^{-\frac{R}{L}t}$$

となる. 電流の変化を図示すると, 図 3.25 のようになる.

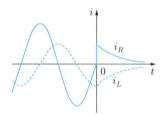

◀ 図 3.25

3.6.2 ▶ RC 直列回路

図 3.26 に示す回路において, $t=0$ で S を閉じたときの電流を求める. S を閉じたあとの回路方程式は,

$$Ri + \frac{1}{C}\int i(t)dt = E_m \sin(\omega t + \theta) \tag{3.179}$$

である. まず, 定常解をフェーザ法を用いて求める. 複素インピーダンスは,

$$\dot{Z} = R - j\frac{1}{\omega C} = Ze^{-j\varphi} \qquad \left(Z = \sqrt{R^2 + \left(\frac{1}{\omega C}\right)^2},\quad \varphi = \tan^{-1}\frac{1}{R\omega C}\right)$$

であるので, 電流 $\dot{I}$ は

$$\dot{I} = \frac{\dot{E}}{\dot{Z}} = \frac{E_m}{Z}e^{j(\omega t+\theta+\varphi)}$$

となる. 虚数部をとり, $I_m = E_m/Z$ とおいて, 定常解は次式となる.

$$i_s = I_m \sin(\omega t + \theta + \varphi) \tag{3.180}$$

次に過渡解は, 式 (3.179) において右辺を 0 とした同次方程式

$$Ri + \frac{1}{C}\int i(t)dt = 0 \tag{3.181}$$

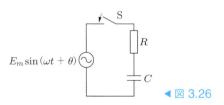

◀ 図 3.26

の一般解を求めればよい．その際，初期条件はコンデンサの電荷になるので，上式を電荷の式に直して，

$$R\frac{dq}{dt} + \frac{q}{C} = 0 \tag{3.182}$$

となる．この方程式の解は，

$$q_t(t) = ke^{-\frac{t}{CR}} \tag{3.183}$$

である．よって，電荷の一般解は次式となる．

$$q(t) = q_s(t) + ke^{-\frac{t}{CR}} \tag{3.184}$$

ここで，電荷の定常解 q_s は式 (3.180) より，

$$q_s(t) = \int i_s dt = -\frac{I_m}{\omega}\cos(\omega t + \theta + \varphi) \tag{3.185}$$

であるので，

$$q(t) = -\frac{I_m}{\omega}\cos(\omega t + \theta + \varphi) + ke^{-\frac{t}{RC}} \tag{3.186}$$

となる．これに，初期条件 $t=0$ で $q(0)=0$ を代入し，

$$0 = q_s(0) + k \quad \rightarrow \quad k = -q_s(0) = \frac{I_m}{\omega}\cos(\theta + \varphi)$$

であるので，電荷は，

$$q(t) = -\frac{I_m}{\omega}\cos(\omega t + \theta + \varphi) + \frac{I_m}{\omega}\cos(\theta + \varphi)e^{-\frac{t}{CR}} \tag{3.187}$$

となる．よって電流は，$i = dq/dt$ より次式となる．

$$i(t) = I_m\sin(\omega t + \theta + \varphi) - \frac{I_m}{\omega CR}\cos(\theta + \varphi)e^{-\frac{t}{CR}} \tag{3.188}$$

$i(t)$ の変化を図 3.27 に示した．

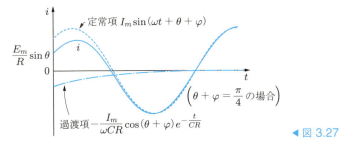

◀ 図 3.27

式 (3.188) より，$t=0$ のときの電流は $i(0) = I_m\sin(\theta + \varphi) - (I_m/\omega CR)\cos(\theta + \varphi) = (E_m/R)\sin\theta$ となる．これは，$t=0$ で $E_m\sin\theta$ の電圧が加えられた瞬間は，電流が抵抗 R のみによって抑制されることを意味する．

ここでの解法は，出発点において電流の定常解を求め，その結果より電荷の定常解

を得たが，電荷に関する非同次微分方程式 $dq/dt + q/RC = (E_m/R)\sin(\omega t + \theta)$ を考え，その定常解を $q_s = k_1 \cos(\omega t + \theta) + k_2 \sin(\omega t + \theta)$ と仮定し，未定係数法より k_1, k_2 を求めても，式 (3.185) と同じ結果を得ることができる（演習問題 3.4 参照）．

例題 3.9 図 3.28 の回路において，はじめスイッチ S は閉じられている．$t = 0$ で S を開いたときに流れる電流を求めよ．

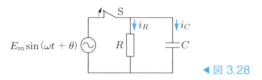

◀ 図 3.28

解 S が閉じられているときの電流や電荷は，

$$i_R = \frac{e(t)}{R} = \frac{E_m}{R}\sin(\omega t + \theta), \qquad i_C = C\frac{de(t)}{dt} = \omega C E_m \cos(\omega t + \theta)$$

$$q_s = C E_m \sin(\omega t + \theta)$$

であり，S が開かれた後の回路方程式は，$-i_R = i_C = i$ として

$$Ri + \frac{1}{C}\int i\, dt = 0 \quad \rightarrow \quad R\frac{dq}{dt} + \frac{1}{C}q = 0$$

である．これより，

$$q(t) = k e^{-\frac{t}{CR}}$$

となる．$t = 0$ で $q(0) = C E_m \sin\theta$ であり，また上式より $k = q(0)$ であるから，

$$q(t) = C E_m \sin\theta\, e^{-\frac{t}{CR}}$$

となる．したがって電流は次式となる．

$$i(t) = \frac{dq}{dt} = -\frac{E_m}{R}\sin\theta\, e^{-\frac{t}{CR}}$$

3.6.3 ▶ 相互誘導回路

図 3.29 の相互誘導回路に交流電圧を印加したとき，一次側に流れる電流および二次側に生じる電圧を求めよう．回路方程式は，

$$Ri_1 + L_1\frac{di_1}{dt} = E_m \sin(\omega t + \theta) \tag{3.189}$$

となる．3.6.1 項で説明したように，この方程式の解は式 (3.177) であるので，i_1 は，

$$i_1(t) = I_m \sin(\omega t + \theta - \varphi) - I_m \sin(\theta - \varphi) e^{-\frac{R}{L_1}t} \qquad \left(\varphi = \tan^{-1}\frac{\omega L_1}{R}\right) \tag{3.190}$$

となる．したがって，コイルの二次側に生じる電圧は次式となる．

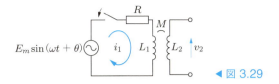

◀ 図 3.29

$$v_2(t) = M\frac{di_1}{dt} = \omega M I_m \cos(\omega t + \theta - \varphi) + \frac{MR}{L_1} I_m \sin(\theta - \varphi) e^{-\frac{R}{L_1}t} \quad (3.191)$$

3.7 ▶▶ いろいろな電源

3.7.1 ▶ 電流源の回路の過渡現象

電源が定電流源の回路の一例を図 3.30 に示す．R と L が並列になった回路に，$t = 0$ で定電流 I_0 を加えたときの電流 i_R, i_L を求めよう．回路方程式は，キルヒホッフの電流則，および電圧則より，

$$i_R + i_L = I_0 \tag{3.192}$$

$$Ri_R - L\frac{di_L}{dt} = 0 \tag{3.193}$$

となる．式 (3.192) より，$i_R = I_0 - i_L$ であるので，これを式 (3.193) に代入して整理する．

$$\frac{di_L}{dt} + \frac{R}{L}i_L = \frac{R}{L}I_0 \tag{3.194}$$

この方程式の解法は何度も出てきており，電流 i_L は次式となる．

$$i_L(t) = I_0 + ke^{-\frac{R}{L}t} \tag{3.195}$$

スイッチ S を閉じる前，コイルには電流は流れていなかったので，$t = 0$ で $i_L(0) = 0$ である．これを用いて k は，

$$k = -I_0$$

である．こうして，電流 i_L は次式となる．

$$i_L(t) = I_0\left(1 - e^{-\frac{R}{L}t}\right) \tag{3.196}$$

i_R は，式 (3.192) よりただちに

$$i_R(t) = I_0 - i_L = I_0 e^{-\frac{R}{L}t} \tag{3.197}$$

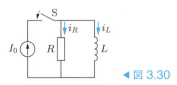

◀ 図 3.30

となる．定常状態では，$i_R = 0$，$i_L = I_0$ となる．

例題 3.10 図 3.31 の回路において，$t = 0$ でスイッチ S を開いたときの $v(t)$，$i_R(t)$，$i_C(t)$ を求めよ．

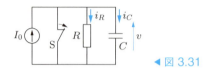

◀ 図 3.31

解 $i_R = v/R$，$i_C = C(dv/dt)$ であるので，キルヒホッフの電流則 $i_R + i_C = I_0$ に代入し，

$$\frac{v}{R} + C\frac{dv}{dt} = I_0 \quad \rightarrow \quad \frac{dv}{dt} + \frac{v}{CR} = \frac{I_0}{C}$$

である．この方程式の一般解は，

$$v = RI_0 + ke^{-\frac{t}{CR}}$$

となる．S が閉じられていたとき，電流はすべてその S を通る閉回路で流れていたので，抵抗およびコンデンサの両端の電圧は 0 である．よって，上式に $v(0) = 0$ を代入して，

$$0 = RI_0 + k \quad \rightarrow \quad k = -RI_0$$

となる．これより，

$$v(t) = RI_0\left(1 - e^{-\frac{t}{CR}}\right)$$

を得る．抵抗，コンデンサに流れる電流は次のようになる．

$$i_R(t) = \frac{v}{R} = I_0\left(1 - e^{-\frac{t}{CR}}\right), \quad i_C(t) = C\frac{dv}{dt} = I_0 e^{-\frac{t}{CR}}$$

3.7.2 ▶ 複数の電源がある場合の過渡現象

図 3.32(a) のような電源が複数ある回路の過渡現象は，重ねの理を用いて計算できる．すなわち，同図 (a) の回路を (b)，(c) の二つの回路に分けて考え，それらを加え合わせることによって求められる．同図 (b) の直流電源 E と同図 (c) の交流電源 $e(t)$ が単独に存在する場合の RL 回路の電流は，それぞれ 1.3.1 項の式 (1.27) お

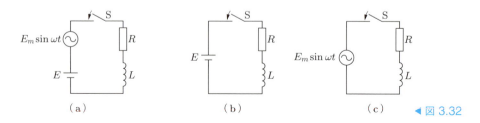

◀ 図 3.32

および 3.6.1 項の式 (3.178) で次のように得られている.

$$i_D = \frac{E}{R}\left(1 - e^{-\frac{R}{L}t}\right) \tag{3.198}$$

$$i_A = I_m \sin(\omega t - \varphi) + I_m \frac{\omega L}{Z} e^{-\frac{R}{L}t} \tag{3.199}$$

ここで，$I_m = E_m/Z$, $Z = \sqrt{R^2 + (\omega L)^2}$ である．こうして，電源が両方ある場合の電流は，

$$i(t) = i_D + i_A = \frac{E}{R}\left(1 - e^{-\frac{R}{L}t}\right) + \frac{E_m}{Z}\sin(\omega t - \varphi) + \frac{\omega L E_m}{Z^2} e^{-\frac{R}{L}t} \tag{3.200}$$

となる．式 (3.200) において，$t = 0$ のときの電流は $i = 0$ となる．これはもともと i_D, i_A を求める際の初期条件がすでに反映されているためである．式 (3.200) の電流の変化を図 3.33 に示す．コイルの両端の電圧は，

$$v_L = L\frac{di}{dt} = \left(E - \frac{R\omega L E_m}{Z^2}\right)e^{-\frac{R}{L}t} + \frac{\omega L E_m}{Z}\cos(\omega t - \varphi) \tag{3.201}$$

となる．

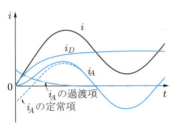

◀ 図 3.33

例題 3.11 式 (3.200) において，$t = 0$ のとき $i = 0$ であることを示せ．

解 $t = 0$ を代入して

$$i(0) = \frac{E_m}{Z}\sin(-\varphi) + \frac{\omega L E_m}{Z^2}$$

これに $\sin(-\varphi) = -\sin\varphi = -\omega L/Z$ を代入すると，$i(0) = 0$ となる．

3.8 ▶ 複エネルギー回路

3.8.1 ▶ LC 回路（自由振動）

図 3.34 に示す回路において，スイッチ S ははじめ①側に閉じており，十分な時間が経っているとする．次に，S を②側に閉じたとき，閉路に流れる電流を求めてみよう．S が①側にあったとき，コンデンサには電荷 $Q_0 = CE$ が蓄えられている．また，②側に閉じたとき，コイルがあるので電流は急変できず，②側に閉じた瞬間の電流は

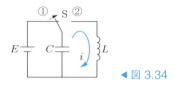

◀ 図 3.34

0 である．これらが回路方程式を解く際の初期条件となる．S を②側に閉じたときの回路方程式は，

$$\frac{1}{C}\int i(t)dt + L\frac{di(t)}{dt} = 0 \tag{3.202}$$

である．ここで，電流を電荷で表すと，図のように電流の向きをとっているので，

$$i(t) = -\frac{dq(t)}{dt} \tag{3.203}$$

となる．これを式 (3.202) に代入し，整理する．

$$\frac{d^2q(t)}{dt^2} + \frac{1}{LC}q(t) = 0 \tag{3.204}$$

この微分方程式の特性方程式は，

$$\lambda^2 + \frac{1}{LC} = 0 \tag{3.205}$$

であり，その根は，

$$\lambda = \pm j\frac{1}{\sqrt{LC}} \tag{3.206}$$

であるので，2.3.1 項 (ii) の式 (2.47) において，$\alpha = 0$，$\beta = 1/\sqrt{LC}$ とおいて，

$$q(t) = k_1 \cos\frac{t}{\sqrt{LC}} + k_2 \sin\frac{t}{\sqrt{LC}} \tag{3.207}$$

を得る．k_1，k_2 は任意定数である．これより電流は次のようになる．

$$i(t) = -\frac{dq(t)}{dt} = \frac{k_1}{\sqrt{LC}}\sin\frac{t}{\sqrt{LC}} - \frac{k_2}{\sqrt{LC}}\cos\frac{t}{\sqrt{LC}} \tag{3.208}$$

初期条件より k_1，k_2 を求めると，$t = 0$ で $q(0) = Q_0$ を式 (3.207) に，また，$i(0) = 0$ を式 (3.208) に適用して，

$$k_1 = Q_0, \quad k_2 = 0$$

となる．こうして，電荷，電流は次式となる．

$$q(t) = Q_0 \cos\frac{t}{\sqrt{LC}} = CE \cos\frac{t}{\sqrt{LC}} \tag{3.209}$$

$$i(t) = \frac{Q_0}{\sqrt{LC}}\sin\frac{t}{\sqrt{LC}} = E\sqrt{\frac{C}{L}}\sin\frac{t}{\sqrt{LC}} \tag{3.210}$$

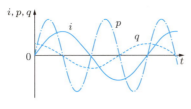
◀ 図 3.35

これらを図示すると，図 3.35 に示すようになる．

この現象は，最初電源 E に接続され，コンデンサに蓄えられていた静電エネルギーが，コイルの電磁エネルギーに移り，さらにそれがコンデンサに移るという現象を繰り返していることを示している．回路に抵抗はないのでエネルギーは消費されず，やりとりをしているだけである．これを**自由振動**という．自由振動とは，回路の外部から，交流信号のような振動の原因となるものを加えていないにもかかわらず，振動が起こることをいう．

図 3.35 に瞬時電力の変化を加えてみるとわかりやすい．コンデンサの両端の電圧を $v_C(t)$，コイルの両端の電圧を $v_L(t)$ とすると，当然これらは等しく

$$v_C(t) = \frac{1}{C}q(t) = E\cos\frac{t}{\sqrt{LC}} \tag{3.211}$$

$$v_L(t) = L\frac{di(t)}{dt} = E\cos\frac{t}{\sqrt{LC}} \tag{3.212}$$

となる．瞬時電力は，

$$p(t) = v_C(t)i(t) = v_L(t)i(t) = E^2\sqrt{\frac{C}{L}}\sin\frac{t}{\sqrt{LC}}\cos\frac{t}{\sqrt{LC}} = \frac{E^2}{2}\sqrt{\frac{C}{L}}\sin\frac{2}{\sqrt{LC}}t \tag{3.213}$$

となり，電荷や電流の 2 倍の周波数で正負交互に変化している．これがエネルギーのやりとりを表している．

3.8.2 ▶ RLC 回路の自由振動

前項で取り上げた回路は，コイル，コンデンサとも理想的なもので，内部抵抗などがない場合を扱った．実際には，コイルなどには抵抗があるので，エネルギーは時間の変化とともに減少していく．ここでは，抵抗がある場合を考えよう．いま，図 3.36 に示す回路において，スイッチ S ははじめ①側に閉じていて，時間は十分経っているとする．次に，スイッチを②側に閉じたときの電流を求める．この回路方程式は，

$$Ri(t) + L\frac{di(t)}{dt} + \frac{1}{C}\int i(t)dt = 0 \tag{3.214}$$

であるので，$i(t) = -dq(t)/dt$ の関係を用いて，上式を電荷で表すと，

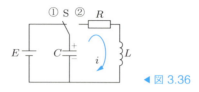

◀ 図 3.36

$$\frac{d^2q(t)}{dt^2} + \frac{R}{L}\frac{dq(t)}{dt} + \frac{1}{LC}q(t) = 0 \tag{3.215}$$

となる．特性方程式は，

$$\lambda^2 + \frac{R}{L}\lambda + \frac{1}{LC} = 0 \tag{3.216}$$

であり，この 2 次方程式の根は，

$$\lambda = -\frac{R}{2L} \pm \frac{1}{2L}\sqrt{R^2 - \frac{4L}{C}}$$

であるので，

$$\alpha = \frac{R}{2L}, \qquad \beta = \frac{1}{2L}\sqrt{R^2 - \frac{4L}{C}} \tag{3.217}$$

とおくと，

$$\lambda_1 = -\alpha + \beta, \qquad \lambda_2 = -\alpha - \beta \tag{3.218}$$

となる．R^2 と $4L/C$ の大小関係で，以下のように三つの場合がある．

(ⅰ) $R^2 > 4L/C$ の場合

$\lambda_1 \neq \lambda_2$ で実根であるので，電荷は，

$$q(t) = k_1 e^{\lambda_1 t} + k_2 e^{\lambda_2 t} \tag{3.219}$$

となり，電流は，

$$i(t) = -\frac{dq(t)}{dt} = -\lambda_1 k_1 e^{\lambda_1 t} - \lambda_2 k_2 e^{\lambda_2 t} \tag{3.220}$$

となる．初期条件は，$t=0$ で $q(0) = Q_0 = CE$, $i(0) = 0$ であるので，前者の電荷の初期条件を式 (3.219) に，後者の電流の初期条件を式 (3.220) に適用する．

$$Q_0 = k_1 + k_2, \qquad \lambda_1 k_1 + \lambda_2 k_2 = 0$$

これらより，

$$k_1 = \frac{\lambda_2}{\lambda_2 - \lambda_1}Q_0 = \frac{\alpha + \beta}{2\beta}Q_0, \qquad k_2 = \frac{-\lambda_1}{\lambda_2 - \lambda_1}Q_0 = -\frac{\alpha - \beta}{2\beta}Q_0 \tag{3.221}$$

を得る．これらを式 (3.219) に代入する．

$$q(t) = \frac{Q_0}{2\beta}\left\{(\alpha + \beta)e^{(-\alpha+\beta)t} - (\alpha - \beta)e^{-(\alpha+\beta)t}\right\}$$

$$= \frac{Q_0}{2\beta} e^{-\alpha t} \left\{ \alpha \left(e^{\beta t} - e^{-\beta t}\right) - \beta \left(e^{\beta t} + e^{-\beta t}\right) \right\} \tag{3.222}$$

双曲線関数の定義より $e^{\beta t} + e^{-\beta t} = 2\cosh\beta t$, $e^{\beta t} - e^{-\beta t} = 2\sinh\beta t$, また $Q_0 = CE$ を用いて,

$$q(t) = \frac{CE}{\beta} e^{-\alpha t} \left(\alpha \sinh\beta t + \beta \cosh\beta t \right) \tag{3.223}$$

となる. 電流は, 式 (3.220) と $\lambda_1 k_1 + \lambda_2 k_2 = 0$ より

$$i(t) = -\lambda_1 k_1 \left(e^{\lambda_1 t} - e^{\lambda_2 t} \right) \tag{3.224}$$

となるので,

$$\lambda_1 k_1 = -\frac{\alpha^2 - \beta^2}{2\beta} Q_0$$

$$(e^{\lambda_1 t} - e^{\lambda_2 t}) = e^{-\alpha t}(e^{\beta t} - e^{-\beta t}) = 2e^{-\alpha t}\sinh\beta t$$

を代入し, $\alpha^2 - \beta^2 = 1/LC$, $Q_0 = CE$ を考慮して,

$$i(t) = \frac{E}{\beta L} e^{-\alpha t} \sinh\beta t \tag{3.225}$$

となる. 式 (3.223), (3.225) を図示すると, 図 3.37 になる. 図からわかるように, 電荷は時間とともに減少し, 電流は最初増加して一度ピークに達し, その後減少する. このように, 電荷, 電流とも**非振動的**に減少する.

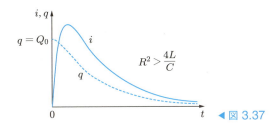

◀ 図 3.37

例題 3.12 $i(t) = -dq(t)/dt$ を用いて式 (3.223) より直接電流 $i(t)$ を求めよ.

解 $i(t) = -\dfrac{dq(t)}{dt}$

$$= -\frac{CE}{\beta} \left\{ -\alpha e^{-\alpha t}(\alpha \sinh\beta t + \beta \cosh\beta t) + e^{-\alpha t}(\alpha\beta \cosh\beta t + \beta^2 \sinh\beta t) \right\}$$

$$= \frac{E}{\beta L} e^{-\alpha t} \sinh\beta t$$

(ii) $R^2 = 4L/C$ の場合

この場合は,

$$\lambda_1 = \lambda_2 = -\frac{R}{2L} = -\alpha \tag{3.226}$$

なので,
$$q(t) = e^{-\alpha t}(k_1 + k_2 t) \tag{3.227}$$

$$i(t) = -\frac{dq(t)}{dt} = e^{-\alpha t}\{\alpha(k_1 + k_2 t) - k_2\} \tag{3.228}$$

となる. $t = 0$ で $q(0) = Q_0 = CE$, $i(0) = 0$ なので,
$$k_1 = CE, \qquad k_2 = \alpha k_1 = \alpha CE$$

を得る. これを式 (3.227), (3.228) に代入し,次式となる.
$$q(t) = CEe^{-\alpha t}(1 + \alpha t) \tag{3.229}$$

$$i(t) = \alpha^2 CEe^{-\alpha t}t = \frac{E}{L}te^{-\alpha t} \tag{3.230}$$

$q(t)$, $i(t)$ の結果を図 3.38 に示す. この場合も (ⅰ) の場合と同様,電荷,電流とも振動せず減少するが,次の (ⅲ) のように抵抗が小さくなると振動が起こり,(ⅱ) はその境にあることから**臨界的**とよばれる.

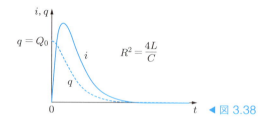

◀ 図 3.38

(ⅲ) $R^2 < 4L/C$ の場合
$$\gamma = \frac{1}{2L}\sqrt{\frac{4L}{C} - R^2} \tag{3.231}$$

とおくと,$\beta = j\gamma$ であるので,
$$\lambda_1 = -\alpha + j\gamma, \qquad \lambda_2 = -\alpha - j\gamma \tag{3.232}$$

を用いて,
$$q(t) = e^{-\alpha t}(k_1 \sin \gamma t + k_2 \cos \gamma t) \tag{3.233}$$

$$i(t) = -\frac{dq(t)}{dt} = e^{-\alpha t}\{(\alpha k_1 + \gamma k_2)\sin \gamma t + (\alpha k_2 - \gamma k_1)\cos \gamma t\} \tag{3.234}$$

となる. $t = 0$ で $q(0) = Q_0 = CE$, $i(0) = 0$ なので,
$$k_2 = CE, \qquad \alpha k_2 - \gamma k_1 = 0 \quad \rightarrow \quad k_1 = \frac{\alpha CE}{\gamma}$$

を得る. よって,電荷,電流は次式となる.

$$q(t) = CEe^{-\alpha t}\left(\frac{\alpha}{\gamma}\sin\gamma t + \cos\gamma t\right) \tag{3.235}$$

$$i(t) = \left(\frac{\alpha^2}{\gamma} + \gamma\right)CEe^{-\alpha t}\sin\gamma t = \frac{E}{\gamma L}e^{-\alpha t}\sin\gamma t \tag{3.236}$$

これらの結果を図示すると，図 3.39 となる．図からわかるように，電荷，電流は**自由振動**しながら減衰していく．

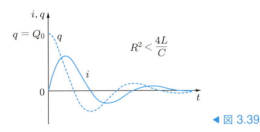

◀ 図 3.39

次に，エネルギーの関係をみてみよう．スイッチ S が①側のときにコンデンサに蓄えられていたエネルギーは，

$$W_0 = \frac{1}{2}CE^2 \tag{3.237}$$

である．ここで，上に述べた三つの場合 (ⅰ), (ⅱ), (ⅲ) の抵抗で消費するジュール熱

$$W_R = \int_0^\infty Ri^2(t)dt \tag{3.238}$$

を求めてみよう．

(ⅰ) $R^2 > 4L/C$ の場合

電流は式 (3.225) であるので，抵抗でのジュール熱は，

$$W_R = R\left(\frac{E}{\beta L}\right)^2 \int_0^\infty e^{-2\alpha t}\sinh^2\beta t\, dt \tag{3.239}$$

である．積分の部分を実施すると，$\sinh\beta t = (e^{\beta t} - e^{-\beta t})/2$, $\sinh^2\beta t = (e^{2\beta t} - 2 + e^{-2\beta t})/4$ であるので，

$$e^{-2\alpha t}\sinh^2\beta t = \frac{1}{4}\left\{e^{-2(\alpha-\beta)t} - 2e^{-2\alpha t} + e^{-2(\alpha+\beta)t}\right\}$$

$$\int_0^\infty e^{-2\alpha t}\sinh^2\beta t\, dt$$
$$= \frac{1}{4}\left[-\frac{1}{2(\alpha-\beta)}e^{-2(\alpha-\beta)t} + \frac{1}{\alpha}e^{-2\alpha t} - \frac{1}{2(\alpha+\beta)}e^{-2(\alpha+\beta)t}\right]_0^\infty$$
$$= \frac{1}{4}\left\{\frac{1}{2(\alpha-\beta)} - \frac{1}{\alpha} + \frac{1}{2(\alpha+\beta)}\right\} = \frac{\beta^2}{4\alpha(\alpha^2-\beta^2)}$$

となる．これを式 (3.239) に代入する．

$$W_R = R\left(\frac{E}{\beta L}\right)^2 \frac{\beta^2}{4\alpha(\alpha^2 - \beta^2)} \tag{3.240}$$

$\alpha = R/2L$, $\alpha^2 - \beta^2 = 1/LC$ を代入して整理すると，

$$W_R = \frac{1}{2}CE^2 \tag{3.241}$$

となり，式 (3.237) と等しくなる．

(ⅱ) $R^2 = 4L/C$ の場合

電流は式 (3.230) であるので，抵抗でのジュール熱は，

$$W_R = R\left(\frac{E}{L}\right)^2 \int_0^\infty t^2 e^{-2\alpha t} dt \tag{3.242}$$

である．積分部分の計算は部分積分法

$$\int fg' dt = fg - \int f'g dt$$

を用いて，$f = t^2$, $g' = e^{-2\alpha t}$ とおくと，$f' = 2t$, $g = -e^{-2\alpha t}/2\alpha$ であるので，

$$\int_0^\infty t^2 e^{-2\alpha t} dt = \left[-\frac{1}{2\alpha} t^2 e^{-2\alpha t}\right]_0^\infty - \frac{1}{\alpha}\int_0^\infty t e^{-2\alpha t} dt$$

となる．上式の第 1 項は，ロピタルの定理より

$$\lim_{t\to\infty} \frac{t^2}{e^{2\alpha t}} = \lim_{t\to\infty} \frac{t}{\alpha e^{2\alpha t}} = \lim_{t\to\infty} \frac{1}{2\alpha^2 e^{2\alpha t}} \to 0$$

であるので 0 となり，第 2 項の積分に再度部分積分法を適用して，$f = t$, $g' = e^{-2\alpha t}$ とおくと，$f' = 1$, $g = -e^{-2\alpha t}/2\alpha$ であるので，

$$\int_0^\infty t e^{-2\alpha t} dt = \left[-\frac{1}{2\alpha} t e^{-2\alpha t}\right]_0^\infty - \frac{1}{2\alpha}\int_0^\infty e^{-2\alpha t} dt$$

となる．第 1 項は 0 であり，第 2 項は

$$\frac{1}{2\alpha}\int_0^\infty e^{-2\alpha t} dt = \left[-\frac{1}{4\alpha^2} e^{-2\alpha t}\right]_0^\infty = \frac{1}{4\alpha^2}$$

であるから，

$$\int_0^\infty t^2 e^{-2\alpha t} dt = \frac{1}{4\alpha^3}$$

を得る．したがってジュール熱は，$\alpha = R/2L$, $R^2 = 4L/C$ を用いて，

$$W_R = R\left(\frac{E}{L}\right)^2 \frac{1}{4\alpha^3} = \frac{1}{2}CE^2 \tag{3.243}$$

となり，式 (3.237) と等しくなる．

(iii) $R^2 < 4L/C$ の場合

電流は式 (3.236) なので，ジュール熱は，

$$W_R = R\left(\frac{E}{\gamma L}\right)^2 \int_0^\infty e^{-2\alpha t}\sin^2\gamma t\, dt \tag{3.244}$$

である．積分部分は，$\sin^2\gamma t = (1-\cos 2\gamma t)/2$ を用いて，

$$e^{-2\alpha t}\sin^2\gamma t = \frac{1}{2}\left(e^{-2\alpha t} - e^{-2\alpha t}\cos 2\gamma t\right)$$

$$\int_0^\infty e^{-2\alpha t}\sin^2\gamma t\, dt = \frac{1}{2}\left(\int_0^\infty e^{-2\alpha t}dt - \int_0^\infty e^{-2\alpha t}\cos 2\gamma t\, dt\right)$$

となる．第 1 項の積分は，

$$\int_0^\infty e^{-2\alpha t}dt = -\frac{1}{2\alpha}\left[e^{-2\alpha t}\right]_0^\infty = \frac{1}{2\alpha}$$

であり，第 2 項は積分公式

$$\int e^{ax}\cos bx\, dx = \frac{e^{ax}}{a^2+b^2}(b\sin bx + a\cos bx)$$

を用いて

$$\int_0^\infty e^{-2\alpha t}\cos 2\gamma t\, dt = \frac{2}{4(\alpha^2+\gamma^2)}\left[\gamma e^{-2\alpha t}\sin 2\gamma t - \alpha e^{-2\alpha t}\cos 2\gamma t\right]_0^\infty$$
$$= \frac{\alpha}{2(\alpha^2+\gamma^2)}$$

であるので，

$$W_R = R\left(\frac{E}{\gamma L}\right)^2 \frac{1}{4}\left(\frac{1}{\alpha} - \frac{\alpha}{\alpha^2+\gamma^2}\right) = \frac{R}{4}\left(\frac{E}{\gamma L}\right)^2 \frac{\gamma^2}{\alpha(\alpha^2+\gamma^2)} \tag{3.245}$$

となる．$\alpha^2+\gamma^2 = 1/LC$，$\alpha = R/2L$ を代入して整理すると，

$$W_R = \frac{1}{2}CE^2 \tag{3.246}$$

となり，式 (3.237) と等しくなる．

以上のように，三つの場合で電流の時間変化は異なっているが，すべての場合において，抵抗でのジュール熱は，はじめコンデンサに蓄えられていた静電エネルギーに等しくなる．

3.8.3 ▶ RLC 直列回路 — 直流電源

図 3.40 に示す RLC 直列回路に電圧 E を加えたとき，流れる電流を求めよう．ただし，スイッチ S を閉じる前，コンデンサに電荷はないとする．回路方程式は，

$$Ri(t) + L\frac{di(t)}{dt} + \frac{1}{C}\int i(t)dt = E \tag{3.247}$$

であり，電流を電荷で表して，

$$R\frac{dq(t)}{dt} + L\frac{d^2q(t)}{dt^2} + \frac{1}{C}q(t) = E \tag{3.248}$$

となる．整理して，次式を得る．

$$\frac{d^2q}{dt^2} + \frac{R}{L}\frac{dq}{dt} + \frac{1}{LC}q = \frac{E}{L} \tag{3.249}$$

簡単のため，$R/L = a$，$1/LC = b$，$E/L = c$ とおく．

$$q'' + aq' + bq = c \tag{3.250}$$

コンデンサは定常状態で開放であるので電源電圧が加わり，この微分方程式の定常解は，ただちに次のように得られる．

$$q_s(t) = CE \tag{3.251}$$

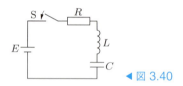

◀ 図 3.40

次に，式 (3.250) の右辺を 0 とおいた同次方程式

$$q'' + aq' + bq = 0 \tag{3.252}$$

の一般解を求める．特性方程式

$$\lambda^2 + a\lambda + b = 0 \tag{3.253}$$

より，根は，

$$\lambda = \frac{1}{2}\left(-a \pm \sqrt{a^2 - 4b}\right) = \frac{1}{2L}\left(-R \pm \sqrt{R^2 - \frac{4L}{C}}\right) \tag{3.254}$$

となる．ここで，次のようにおく．

$$\alpha = \frac{R}{2L}, \qquad \beta = \frac{1}{2L}\sqrt{R^2 - \frac{4L}{C}} \tag{3.255}$$

前項でみたように，R^2 と $4L/C$ の大小関係で三つの場合に分けて解析する．

(i) $R^2 > 4L/C$ の場合

この場合は，

3.8 複エネルギー回路

$$\lambda_1 = -\alpha + \beta, \qquad \lambda_2 = -\alpha - \beta \tag{3.256}$$

となり，$\lambda_1 \neq \lambda_2$ の二つの実根となる．よって，同次方程式の一般解は，

$$q_t(t) = k_1 e^{\lambda_1 t} + k_2 e^{\lambda_2 t} = k_1 e^{(-\alpha+\beta)t} + k_2 e^{(-\alpha-\beta)t} = e^{-\alpha t}(k_1 e^{\beta t} + k_2 e^{-\beta t})$$

となり，定常解 $q_s = CE$ を加えたものが，式 (3.249) の一般解となる．

$$q(t) = CE + e^{-\alpha t}\left(k_1 e^{\beta t} + k_2 e^{-\beta t}\right) \tag{3.257}$$

ここで，任意定数を定めよう．$t = 0$ で $q(0) = 0$ であるので，

$$0 = CE + k_1 + k_2 \tag{3.258}$$

となる．また，電流は，式 (3.257) より

$$i(t) = \frac{dq(t)}{dt} = e^{-\alpha t}\left\{k_1(\beta - \alpha)e^{\beta t} - k_2(\alpha + \beta)e^{-\beta t}\right\} \tag{3.259}$$

となり，$t = 0$ で $i(0) = 0$ であるので，

$$0 = k_1(-\alpha + \beta) - k_2(\alpha + \beta) \tag{3.260}$$

となる．式 (3.258), (3.260) より k_1, k_2 を得る．

$$k_1 = -\frac{CE}{2\beta}(\alpha + \beta), \qquad k_2 = \frac{CE}{2\beta}(\alpha - \beta) \tag{3.261}$$

これらを式 (3.257) に代入して，

$$q(t) = CE + \frac{CE}{2\beta}e^{-\alpha t}\left\{-(\alpha + \beta)e^{\beta t} + (\alpha - \beta)e^{-\beta t}\right\} \tag{3.262}$$

となる．ここで，上式を双曲線関数で表すと，

$$e^{\beta t} = \cosh \beta t + \sinh \beta t, \qquad e^{-\beta t} = \cosh \beta t - \sinh \beta t$$

であるので，

$$q(t) = CE - CEe^{-\alpha t}\left(\cosh \beta t + \frac{\alpha}{\beta}\sinh \beta t\right)$$

となる．さらに，$\tanh \phi = \sinh \phi / \cosh \phi = \beta/\alpha$ とおくと，

$$q(t) = CE - CEe^{-\alpha t}\frac{1}{\sinh \phi}\left(\sinh \phi \cosh \beta t + \cosh \phi \sinh \beta t\right)$$

であるので，双曲線関数の加法定理

$$\sinh(\beta t + \phi) = \sinh \beta t \cosh \phi + \cosh \beta t \sinh \phi$$

を用いて，

$$q(t) = CE - CEe^{-\alpha t}\frac{1}{\sinh \phi}\sinh(\beta t + \phi)$$

であり，また，$\cosh^2 \phi - \sinh^2 \phi = 1$ であるので，$\sinh \phi = 1/\sqrt{1/\tanh^2 \phi - 1} = \beta/\sqrt{\alpha^2 - \beta^2}$ より，

$$q(t) = CE - CEe^{-\alpha t}\frac{\sqrt{\alpha^2 - \beta^2}}{\beta}\sinh(\beta t + \phi)$$

$$= CE - CEe^{-\alpha t}\frac{1}{\sqrt{R^2C/4L - 1}}\sinh(\beta t + \phi) \tag{3.263}$$

$$\left(\phi = \tanh^{-1}\sqrt{1 - \frac{4L}{R^2C}}\right)$$

となる．電流は式 (3.262) を微分して得られる．

$$i(t) = \frac{dq(t)}{dt} = \frac{CE}{2\beta}\left\{-(\alpha + \beta)(-\alpha + \beta)e^{(-\alpha+\beta)t} - (\alpha - \beta)(\alpha + \beta)e^{-(\alpha+\beta)t}\right\}$$

$$= \frac{CE}{2\beta}(\alpha^2 - \beta^2)\left\{e^{(-\alpha+\beta)t} - e^{-(\alpha+\beta)t}\right\}$$

$$= CE\frac{\alpha^2 - \beta^2}{2\beta}e^{-\alpha t}\left(e^{\beta t} - e^{-\beta t}\right)$$

$$= CE\frac{\alpha^2 - \beta^2}{\beta}e^{-\alpha t}\sinh\beta t$$

$$= \frac{E}{\sqrt{(R/2)^2 - L/C}}e^{-\alpha t}\sinh\beta t \tag{3.264}$$

電荷 $q(t)$，電流 $i(t)$ の変化は図 3.41 のようになる．電流は，図 3.37 の場合と同様，はじめ増加し，ある時間でピークを迎え，その後減少していく．この非振動的に減少する現象は**過制動**とよばれる．

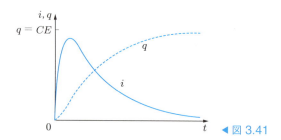

◀ 図 3.41

(ⅱ) $R^2 = 4L/C$ の場合

$$\lambda_1 = \lambda_2 = -\alpha = -\frac{R}{2L} \tag{3.265}$$

であるので，同次方程式の一般解は，

$$q_t(t) = e^{-\alpha t}(k_1 + k_2 t) \tag{3.266}$$

となる．定常解を加えて，式 (3.249) の一般解は，

$$q(t) = CE + e^{-\alpha t}(k_1 + k_2 t) \tag{3.267}$$

であり，電流は，
$$i(t) = \frac{dq(t)}{dt} = -\alpha e^{-\alpha t}(k_1 + k_2 t) + e^{-\alpha t} k_2 = e^{-\alpha t}\{(k_2 - \alpha k_1) - \alpha k_2 t\} \tag{3.268}$$
である．初期条件は $t = 0$ で $q(0) = 0$, $i(0) = 0$ であるので，
$$0 = CE + k_1 \quad \rightarrow \quad k_1 = -CE$$
$$0 = k_2 - \alpha k_1 \quad \rightarrow \quad k_2 = \alpha k_1 = -\alpha CE$$
が得られる．よって，電荷，電流は次式となる．
$$q(t) = CE\{1 - (1 + \alpha t)e^{-\alpha t}\} - CE\left\{1 - \left(1 + \frac{R}{2L}t\right)e^{-\frac{R}{2L}t}\right\} \tag{3.269}$$
$$i(t) = \alpha^2 CE t e^{-\alpha t} = \frac{E}{L} t e^{-\frac{R}{2L}t} \tag{3.270}$$
電荷 $q(t)$，電流 $i(t)$ の変化を図 3.42 に示した．この現象は (i) と次の (iii) の境にあるので**臨界制動**とよばれる．

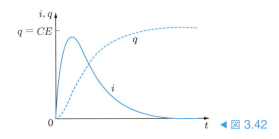
◀ 図 3.42

(iii) $R^2 < 4L/C$ の場合
$$\lambda_1 = -\alpha + j\gamma, \qquad \lambda_2 = -\alpha - j\gamma \tag{3.271}$$
$$\alpha = \frac{R}{2L}, \qquad \gamma = \frac{1}{2L}\sqrt{\frac{4L}{C} - R^2}$$
であるので，式 (3.249) の一般解は，定常解を考慮して
$$q(t) = CE + e^{-\alpha t}(k_1 \cos\gamma t + k_2 \sin\gamma t) \tag{3.272}$$
であり，電流は，$i(t) = dq(t)/dt$ より
$$i(t) = -\alpha e^{-\alpha t}(k_1 \cos\gamma t + k_2 \sin\gamma t) + e^{-\alpha t}(-\gamma k_1 \sin\gamma t + \gamma k_2 \cos\gamma t)$$
$$= e^{-\alpha t}\{(\gamma k_2 - \alpha k_1)\cos\gamma t - (\gamma k_1 + \alpha k_2)\sin\gamma t\} \tag{3.273}$$
である．$t = 0$ で $q(0) = 0$, $i(0) = 0$ より
$$0 = CE + k_1 \quad \rightarrow \quad k_1 = -CE$$
$$0 = \gamma k_2 - \alpha k_1 \quad \rightarrow \quad k_2 = \frac{\alpha}{\gamma} k_1 = -\frac{\alpha}{\gamma} CE$$

を得る．これらを代入して，式 (3.272)，式 (3.273) は次式となる．

$$q(t) = CE\left\{1 - e^{-\alpha t}\left(\cos\gamma t + \frac{\alpha}{\gamma}\sin\gamma t\right)\right\} \tag{3.274}$$

$$i(t) = e^{-\alpha t}CE\left(\gamma + \frac{\alpha^2}{\gamma}\right)\sin\gamma t = CE\frac{\gamma^2 + \alpha^2}{\gamma}e^{-\alpha t}\sin\gamma t \tag{3.275}$$

$\gamma^2 + \alpha^2 = 1/LC$ であるので，整理して

$$i(t) = \frac{2E}{\sqrt{4L/C - R^2}}e^{-\alpha t}\sin\gamma t \tag{3.276}$$

となる．電流の振動周波数は，$\gamma = 2\pi f$ より

$$f = \frac{\gamma}{2\pi} = \frac{1}{4\pi L}\sqrt{\frac{4L}{C} - R^2} \tag{3.277}$$

となり，この周波数で減衰する．電荷 $q(t)$，電流 $i(t)$ の変化を図 3.43 に示す．電荷は，式 (3.277) の周波数で振動しながら定常値 CE に近づいていく．電流は，同じ周波数で振動しながら 0 に近づいていく．この現象は**振動減衰**とよばれる．

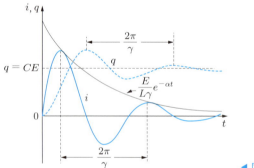

◀ 図 3.43

3.8.4 ▶ RLC 直列回路 — 交流電源

図 3.44 に示す RLC 直列回路に，$t = 0$ で交流電圧 $E_m \sin(\omega t + \theta)$ を加えた場合を考えよう．

回路方程式は，

$$Ri + L\frac{di}{dt} + \frac{1}{C}\int i dt = E_m \sin(\omega t + \theta) \tag{3.278}$$

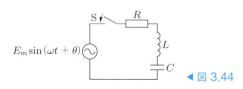

◀ 図 3.44

であり，電荷で表して，
$$\frac{d^2q}{dt^2} + \frac{R}{L}\frac{dq}{dt} + \frac{1}{LC}q = \frac{E_m}{L}\sin(\omega t + \theta) \tag{3.279}$$
となる．解析の出発点は，式 (3.279) の電荷の微分方程式としてもよいし，式 (3.278) の両辺を t で微分し，整理して得られる以下の非同次微分方程式
$$\frac{d^2i}{dt^2} + \frac{R}{L}\frac{di}{dt} + \frac{1}{LC}i = \frac{\omega E_m}{L}\sin(\omega t + \theta) \tag{3.280}$$
としてもよい．ここでは，式 (3.280) を解くことにする．

式 (3.280) の定常解は，
$$i_s = \frac{E_m}{Z}\sin(\omega t + \theta - \varphi) = I_m \sin(\omega t + \theta + \varphi) \tag{3.281}$$
$$\left(I_m = \frac{E_m}{Z},\quad Z = \sqrt{R^2 + \left(\omega L - \frac{1}{\omega C}\right)^2},\quad \varphi = \tan^{-1}\frac{\omega L - 1/\omega C}{R}\right)$$
となる（演習問題 3.16 参照）．式 (3.280) に対する同次微分方程式は，
$$\frac{d^2i}{dt^2} + \frac{R}{L}\frac{di}{dt} + \frac{1}{LC}i = 0 \tag{3.282}$$
であり，特性方程式とその根は，
$$\lambda^2 + \frac{R}{L}\lambda + \frac{1}{LC} = 0,\quad \lambda = -\frac{R}{2L} \pm \frac{1}{2L}\sqrt{R^2 - \frac{4L}{C}} \tag{3.283}$$
となる．
$$\alpha = \frac{R}{2L},\quad \beta = \frac{1}{2L}\sqrt{R^2 - \frac{4L}{C}},\quad \gamma = \frac{1}{2L}\sqrt{\frac{4L}{C} - R^2} \tag{3.284}$$
とおくと，これまでと同様，次の三つの場合に分けられる．

(ⅰ) $R^2 > 4L/C$ の場合（$\lambda_1 = -\alpha + \beta,\ \lambda_2 = -\alpha - \beta$）

式 (3.282) の一般解は，
$$i_t = k_1 e^{\lambda_1 t} + k_2 e^{\lambda_2 t} \tag{3.285}$$
となる．$i = i_s + i_t$ より
$$i(t) = I_m \sin(\omega t + \theta - \varphi) + k_1 e^{\lambda_1 t} + k_2 e^{\lambda_2 t} \tag{3.286}$$
となり，電荷は次式となる．
$$q(t) = \int i(t)dt = -\frac{I_m}{\omega}\cos(\omega t + \theta - \varphi) + \frac{k_1}{\lambda_1}e^{\lambda_1 t} + \frac{k_2}{\lambda_2}e^{\lambda_2 t} \tag{3.287}$$
$t=0$ で $i(0) = 0,\ q(0) = 0$ より $k_1,\ k_2$ を求めると，
$$k_1 + k_2 = -I_m \sin(\theta - \varphi)$$
$$\frac{k_1}{\lambda_1} + \frac{k_2}{\lambda_2} = \frac{I_m}{\omega}\cos(\theta - \varphi)$$

より，
$$k_1 = -\frac{\lambda_1 I_m}{\omega(\lambda_1 - \lambda_2)}\left(\omega\sin(\theta - \varphi) + \lambda_2\cos(\theta - \varphi)\right) \tag{3.288}$$

$$k_2 = \frac{\lambda_2 I_m}{\omega(\lambda_1 - \lambda_2)}\left(\omega\sin(\theta - \varphi) + \lambda_1\cos(\theta - \varphi)\right) \tag{3.289}$$

となる．$\lambda_1 - \lambda_2 = 2\beta$ を考慮して，i_t は次式となる．

$$i_t = k_1 e^{\lambda_1 t} + k_2 e^{\lambda_2 t} = \frac{I_m}{2\omega\beta}\left\{-\lambda_1\left(\omega\sin(\theta - \varphi) + \lambda_2\cos(\theta - \varphi)\right)e^{\lambda_1 t}\right.$$
$$\left. + \lambda_2\left(\omega\sin(\theta - \varphi) + \lambda_1\cos(\theta - \varphi)\right)e^{\lambda_2 t}\right\} \tag{3.290}$$

さらに $\lambda_1 = -\alpha + \beta$，$\lambda_2 = -\alpha - \beta$ を代入して，

$$i_t(t) = \frac{I_m}{2\omega\beta}\left[\left\{(\alpha - \beta)\omega\sin(\theta - \varphi) - (\alpha^2 - \beta^2)\cos(\theta - \varphi)\right\}e^{-\alpha t}e^{\beta t}\right.$$
$$\left. - \left\{(\alpha + \beta)\omega\sin(\theta - \varphi) - (\alpha^2 - \beta^2)\cos(\theta - \varphi)\right\}e^{-\alpha t}e^{-\beta t}\right] \tag{3.291}$$

となる．ここで，式 (3.291) の大括弧 [ ] 内を整理すると，

$$\sin(\theta - \varphi)e^{-\alpha t}\left\{(\alpha - \beta)\omega e^{\beta t} - (\alpha + \beta)\omega e^{-\beta t}\right\}$$
$$- (\alpha^2 - \beta^2)\cos(\theta - \varphi)e^{-\alpha t}(e^{\beta t} - e^{-\beta t})$$

となり，$e^{\beta t} = \cosh\beta t + \sinh\beta t$，$e^{-\beta t} = \cosh\beta t - \sinh\beta t$，$e^{\beta t} - e^{-\beta t} = 2\sinh\beta t$ の関係を用いて，上式の計算を続けると，

$$2\omega\sin(\theta - \varphi)e^{-\alpha t}(\alpha\sinh\beta t - \beta\cosh\beta t)$$
$$- 2(\alpha^2 - \beta^2)\cos(\theta - \varphi)e^{-\alpha t}\sinh\beta t$$

と表せる．これを用い，式 (3.291) は，

$$i_t(t) = I_m\left\{\frac{1}{\beta}\sin(\theta - \varphi)e^{-\alpha t}(\alpha\sinh\beta t - \beta\cosh\beta t)\right.$$
$$\left. - \frac{1}{\omega\beta}(\alpha^2 - \beta^2)\cos(\theta - \varphi)e^{-\alpha t}\sinh\beta t\right\} \tag{3.292}$$

となる．さらに，

$$\alpha\sinh\beta t - \beta\cosh\beta t = \sqrt{\alpha^2 - \beta^2}\cosh\left(\beta t - \tanh^{-1}\frac{\alpha}{\beta}\right)$$

の関係を用い，また，

$$\varphi' = \tanh^{-1}\frac{\alpha}{\beta}$$

とおいて式 (3.292) を書き換え，定常解を加えて，求める電流は，

$$i(t) = I_m \sin(\omega t + \theta - \varphi) + \frac{\sqrt{\alpha^2 - \beta^2}}{\beta} I_m \sin(\theta - \varphi) e^{-\alpha t} \cosh(\beta t - \varphi')$$

$$- \frac{\alpha^2 - \beta^2}{\omega \beta} I_m \cos(\theta - \varphi) e^{-\alpha t} \sinh \beta t \qquad (3.293)$$

となる. $\alpha^2 - \beta^2 = 1/LC$ であるので, 上式は次のようになる.

$$i(t) = I_m \sin(\omega t + \theta - \varphi) + \frac{2I_m}{\sqrt{C/L}\sqrt{R^2 - 4L/C}} \sin(\theta - \varphi) e^{-\alpha t} \cosh(\beta t - \varphi')$$

$$- \frac{I_m}{\omega \beta LC} \cos(\theta - \varphi) e^{-\alpha t} \sinh \beta t \qquad (3.294)$$

式 (3.294) の電流の変化を図 3.45 に示す. $t = 0$ で $i(0) = 0$ であるので, その時刻の定常項の値と過渡項の値は, 大きさが同じで符号が反対となる. 過渡項ははじめ増加し, ある時刻で減少に転じ, 0 に近づいていく.

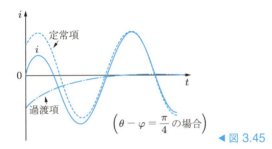

◀ 図 3.45

(ii) $R^2 = 4L/C$ の場合 ($\lambda = -\alpha$)

この場合の式 (3.282) の一般解は

$$i_t = e^{-\alpha t}(k_1 + k_2 t)$$

であるので, 電流は, $i = i_s + i_t$ より

$$i(t) = I_m \sin(\omega t + \theta - \varphi) + e^{-\alpha t}(k_1 + k_2 t) \qquad (3.295)$$

となる. 電荷は,

$$q(t) = \int i(t)dt = -\frac{I_m}{\omega} \cos(\omega t + \theta - \varphi) - \frac{k_1}{\alpha} e^{-\alpha t} + k_2 \int t e^{-\alpha t} dt \qquad (3.296)$$

となる. 第 3 項の積分は, $u = t$, $v' = e^{-\alpha t}$ とおいて部分積分法 $uv' = (uv)' - u'v$ を適用すると, $u' = 1$, $v = -e^{-\alpha t}/\alpha$ より,

$$\int t e^{-\alpha t} dt = -\frac{1}{\alpha} t e^{-\alpha t} + \frac{1}{\alpha} \int e^{-\alpha t} dt = -\frac{1}{\alpha} t e^{-\alpha t} - \frac{1}{\alpha^2} e^{-\alpha t}$$

となるので, 式 (3.296) は次のようになる.

$$q(t) = -\frac{I_m}{\omega} \cos(\omega t + \theta - \varphi) - \frac{k_1}{\alpha} e^{-\alpha t} - \frac{k_2}{\alpha}\left(t e^{-\alpha t} + \frac{1}{\alpha} e^{-\alpha t}\right) \qquad (3.297)$$

k_1, k_2 を求めると，$t=0$ で $i(0)=0$, $q(0)=0$ より，

$$k_1 = -i_s(0) = -I_m \sin(\theta - \varphi)$$

$$k_2 = \alpha^2 q_s(0) + \alpha i_s(0) = -\frac{\alpha^2}{\omega} I_m \cos(\theta - \varphi) + \alpha I_m \sin(\theta - \varphi)$$

となる．こうして，求める電流は次のようになる．

$$\begin{aligned}
i(t) &= I_m \sin(\omega t + \theta - \varphi) - I_m \sin(\theta - \varphi) e^{-\alpha t} \\
&\quad + \frac{\alpha}{\omega} I_m \left(\omega \sin(\theta - \varphi) - \alpha \cos(\theta - \varphi)\right) t e^{-\alpha t} \\
&= I_m \sin(\omega t + \theta - \varphi) - I_m \sin(\theta - \varphi) e^{-\alpha t}(1 - \alpha t) \\
&\quad - \frac{\alpha^2}{\omega} I_m \cos(\theta - \varphi) t e^{-\alpha t}
\end{aligned} \tag{3.298}$$

式 (3.298) の電流の時間変化を図 3.46 に示す．過渡項の時間変化は図 3.45 と同様であり，時間が経つにつれ $i(t)$ は定常項に近づいていく．

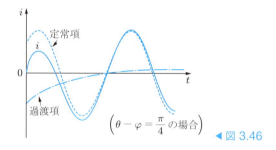

◀ 図 3.46

(iii) $R^2 < 4L/C$ の場合（$\lambda_1 = -\alpha + j\gamma$, $\lambda_2 = -\alpha - j\gamma$）

（ⅰ）で得られた結果に $\beta = j\gamma$ を代入して得られる．式 (3.290) に $\beta^2 = -\gamma^2$，また，

$$\sinh j\gamma t = j \sin \gamma t, \qquad \cosh j\gamma t = \cos \gamma t$$

を代入して整理すると，

$$\begin{aligned}
i_t &= \frac{I_m}{j\gamma} \sin(\theta - \varphi) e^{-\alpha t}(j\alpha \sin \gamma t - j\gamma \cos \gamma t) \\
&\quad - j\frac{\alpha^2 + \gamma^2}{j\omega \gamma} I_m \cos(\theta - \varphi) e^{-\alpha t} \sin \gamma t \\
&= \frac{I_m}{\gamma} \sin(\theta - \varphi) e^{-\alpha t}(\alpha \sin \gamma t - \gamma \cos \gamma t) \\
&\quad - \frac{\alpha^2 + \gamma^2}{\omega \gamma} I_m \cos(\theta - \varphi) e^{-\alpha t} \sin \gamma t
\end{aligned} \tag{3.299}$$

となる．ここで，次の関係

$$\alpha \sin\gamma t - \gamma \cos\gamma t = \sqrt{\alpha^2 + \gamma^2} \sin\left(\gamma t - \tan^{-1}\frac{\gamma}{\alpha}\right)$$

も用いて,さらに定常解を加えると,求める電流は,

$$i(t) = I_m \sin(\omega t + \theta - \varphi) + \frac{\sqrt{\alpha^2 + \gamma^2}}{\gamma} I_m \sin(\theta - \varphi) e^{-\alpha t} \sin(\gamma t - \varphi')$$

$$- \frac{\alpha^2 + \gamma^2}{\omega \gamma} I_m \cos(\theta - \varphi) e^{-\alpha t} \sin\gamma t \quad \left(\varphi' = \tan^{-1}\frac{\gamma}{\alpha}\right) \quad (3.300)$$

となる. $\alpha^2 + \gamma^2 = 1/LC$, $\sqrt{\alpha^2 + \gamma^2}/\gamma = \sqrt{L/C}/\sqrt{L/C - R^2/4}$ を用いて整理し,電流は次式となる.

$$i(t) = I_m \sin(\omega t + \theta - \varphi) + \frac{\sqrt{L/C}}{\sqrt{L/C - R^2/4}} I_m \sin(\theta - \varphi) e^{-\alpha t} \sin(\gamma t - \varphi')$$

$$- \frac{1}{\omega C \sqrt{L/C - R^2/4}} I_m \cos(\theta - \varphi) e^{-\alpha t} \sin\gamma t \quad (3.301)$$

式 (3.301) を図示すると,図 3.47(a)〜(c) のようになる.同図 (a) は $\omega = \gamma/3$ の場合,同図 (b) は $\omega = \gamma$ の場合,同図 (c) は $\omega = 3\gamma$ の場合である. ω と γ の関係によって電流の時間変化が大きく変わることがわかる.

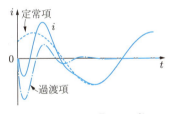

(a) $\theta - \varphi = \dfrac{\pi}{4}, \omega = \dfrac{\gamma}{3}$

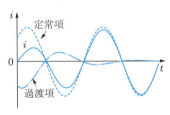

(b) $\theta - \varphi = \dfrac{\pi}{4}, \omega = \gamma$

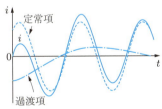

(c) $\theta - \varphi = \dfrac{\pi}{4}, \omega = 3\gamma$

◀ 図 3.47

▶ 演習問題

3.1 図 3.48 の回路で, $t = 0$ でスイッチ S を閉じた.電流 $i(t)$ を求めよ.

3.2 図 3.49 の回路で, $t = 0$ でスイッチ S を閉じた. $i_1(t)$, $i_2(t)$ を求めよ.

3.3 図 3.50 の回路において, $t = 0$ でスイッチ S を開いた. $i(t)$, $i_1(t)$, $i_2(t)$ を求めよ.

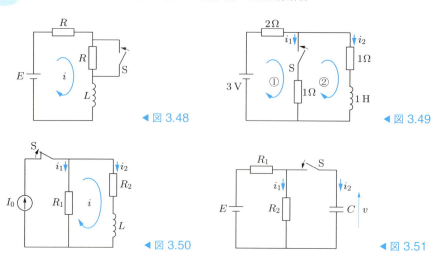

◀図 3.48　　　　　　　　　　　　　　　　　　　　　　　　　◀図 3.49

◀図 3.50　　　　　　　　　　　　　　　　　　　　　　　　　◀図 3.51

3.4 図 3.51 の回路において，$t=0$ でスイッチ S を閉じた．$i_1(t)$，$i_2(t)$，$v(t)$ を求めよ．ただし，コンデンサにははじめ Q_0 の電荷があったとする．

3.5 3.3.2 項の RC 直列回路にパルス電圧を加えた図 3.12 の回路において，$0 \leq t \leq \tau$ の間に電源から供給されたエネルギー W，抵抗で消費するジュール熱 W_R，コンデンサに蓄えられるエネルギー W_C をそれぞれ求め，$W = W_R + W_C$ が成り立つことを示せ．

3.6 図 3.52 のように，インダクタンスがそれぞれ L_1，L_2 の二つのコイルをもつ回路において，$t=0$ でスイッチ S を開いたときの電流を求めよ．

3.7 二つのコイルをもつ図 3.53 の回路において，$t=0$ でスイッチ S を開いたとき，(1) 二つのコイル間に相互誘導作用がない場合，(2) 相互誘導作用がある場合（相互インダクタンスを M とする）について，$i_1(t)$，$i_2(t)$ をそれぞれ求めよ．

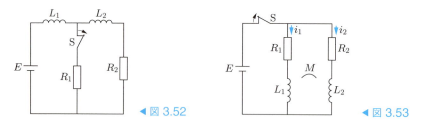

◀図 3.52　　　　　　　　　　　　　　　　　　　　　　　　　◀図 3.53

3.8 図 3.54 の回路においてスイッチ S は①側にあり，十分時間が経っている．$t=0$ で S を②側に閉じたとき，$i_{R_1}(t)$，$i_{R_2}(t)$，$i_C(t)$ を求めよ．

3.9 図 3.55 の回路において，$t=0$ でスイッチ S を閉じたとき，電流 $i(t)$ を求めよ．ただし，S を閉じる前にコンデンサには Q_0 の電荷が蓄えられていたとする．

3.10 図 3.22 の RL 直列回路，図 3.26 の RC 直列回路に $t=0$ で $e(t) = E_m \sin(\omega t + \theta)$ の電圧を加えたときの電流 $i(t)$ を，式 (2.31) の 1 次微分方程式の解の公式よりそれぞれ求めよ．

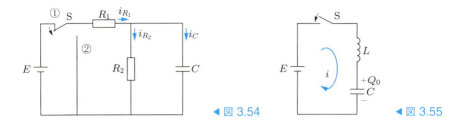

◀ 図 3.54 ◀ 図 3.55

3.11 $R = 100\,\Omega$, $L = 1/\pi\,[\mathrm{H}]$ の直列回路に，周波数 $f = 50\,\mathrm{Hz}$ の正弦波交流電圧を加えるとき，過渡電流が流れないための条件を求めよ．

3.12 図 3.56 の RL 並列回路に正弦波交流電圧が加えられている．$t = 0$ でスイッチ S を開いたとき，$i_R(t)$, $i_L(t)$ を求めよ．また，$t = 0 \sim \infty$ の間に抵抗で消費するエネルギー（ジュール熱）を求めよ．ただし，$R = 100\,\Omega$, $L = 1\,\mathrm{H}$, $e(t) = 100\sin 100t\,[\mathrm{V}]$ である．

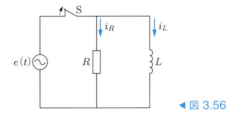

◀ 図 3.56

3.13 式 (3.163) の定常解（特殊解）である式 (3.172) の結果は，式 (3.170) ではなく，$i_s = k_1\cos\omega t + k_2\sin\omega t$ と仮定しても同じ結果が得られることを確かめよ．

3.14 $R\dfrac{dq}{dt} + \dfrac{1}{C}q = E_m\sin(\omega t + \theta)$ の定常解（特殊解）を $q_s = k_1\cos(\omega t + \theta) + k_2\sin(\omega t + \theta)$ と仮定して求めよ．

3.15 図 3.57 の回路において，$t = 0$ でスイッチ S を閉じた．コンデンサの電荷の時間変化を求めよ．ただし，S を閉じる前，コンデンサには Q_0 の電荷が蓄えられていたとする．

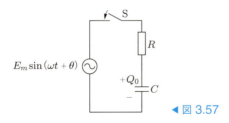

◀ 図 3.57

3.16 RLC 直列回路に電圧 $e(t) = E_m\sin(\omega t + \theta)$ が加えられているときの電流の定常解を，フェーザ法を用いて求めよ．

3.17 図 3.58 の回路において，$t=0$ でスイッチ S を閉じた．$i(t)$，$v_C(t)$ を求めよ．ただし，$t=0$ でコンデンサの電荷は 0 とする．

3.18 図 3.59 の回路において，$t=0$ でスイッチ S を閉じた．$v_0(t)$ を求めよ．ただし，S を閉じる前，コンデンサ C_2 に電荷はないものとする．

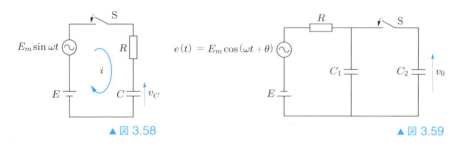

▲図 3.58　　　　　　　　　　　　　　　　　▲図 3.59

3.19 図 3.60 の回路において，$t=0$ でスイッチ S を開いた．$i_R(t)$，$i_L(t)$，$i_C(t)$ を求めよ．また，エネルギーの関係を調べよ．$E=1\,\mathrm{V}$，$R_0=6\,\Omega$，$R=2\,\Omega$，$L=3\,\mathrm{H}$，$C=1/6\,\mathrm{F}$ とする．

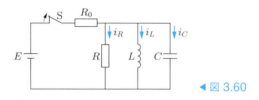

◀図 3.60

Chapter 4

ラプラス変換

前章までに微分方程式の直接解法を学び,それを電気回路の過渡現象解析に適用してきた.しかし,回路が複雑になったりすると,連立微分方程式となり,それを解くのが大変な場合もある.ここでは,微分方程式を代数方程式に変換して解くことができるラプラス変換法を学ぶ.

4.1 ▶▶ ラプラス変換の定義

まず,時間の関数である $f(t)$ の**ラプラス変換**は,次のように定義される.

$$\mathcal{L}[f(t)] = \int_0^\infty f(t)e^{-st}dt \tag{4.1}$$

関数 $f(t)$ のラプラス変換において,$t < 0$ では $f(t) = 0$ と考えている.上式における s は複素数で,二つの実数 σ,ω を用いて $s = \sigma + j\omega$ と表される.ラプラス変換の記述としては,

$$\mathcal{L}[f(t)] = F(s) \tag{4.2}$$

も用いられる.定義式から明らかなように,ラプラス変換は,時間 t の領域から複素数 s の領域への変換を表している.時間 t の領域を単に「t 領域」,変換後の複素数 s の領域を「s 領域」とよぶこともある.

関数 $F(s)$ から元の関数 $f(t)$ を求めることは,**ラプラス逆変換**といい,次式で定義されている.

$$f(t) = \lim_{p\to\infty} \frac{1}{2\pi j} \int_{c-jp}^{c+jp} F(s)e^{st}ds \tag{4.3}$$

逆変換の記述は,

$$f(t) = \mathcal{L}^{-1}[F(s)] \tag{4.4}$$

のようにも書かれる.あとで詳しく学ぶが,ラプラス逆変換において式 (4.3) の計算は非常に複雑であるため,一般にはこの式を直接解くことはせず,多くの関数 $f(t)$ のラプラス変換 $F(s)$ を求めておき,その中から該当するものを選んで解を求める.

ここで,このラプラス変換を用いる有用性を述べる.第 3 章で,正弦波交流回路の定常解析は,複素数に基づくフェーザ法を用いると,回路方程式が代数方程式に変

換され，解が簡単に得られたのを思い出そう．ラプラス変換も，微分積分を含む方程式を定義に基づき代数方程式に変換でき，しかも代数方程式には初期値も考慮されるので，解くべき方程式が簡素になり，比較的容易に解を求めることができる点に有用性がある．その流れを示すと図 4.1 のようになる．

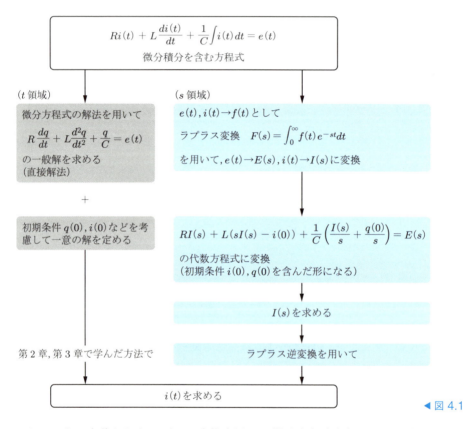

◀ 図 4.1

さて，上に定義されたラプラス変換を用いて微分方程式を解くための準備に入ろう．まず，これまでたびたび出てきた式 (1.19) を再記する．

$$Ri(t) + L\frac{di(t)}{dt} + \frac{1}{C}\int i(t)dt = e(t) \tag{4.5}$$

この式にラプラス変換を適用するには，$i(t)$ や $e(t)$ を $f(t)$ と表して，

関数のラプラス変換 $\mathcal{L}[f(t)]$

微分のラプラス変換 $\mathcal{L}\left[\dfrac{df(t)}{dt}\right]$

積分のラプラス変換 $\mathcal{L}\left[\displaystyle\int f(t)dt\right]$

を調べる必要がある．ここで順に，関数のラプラス変換，微分のラプラス変換，積分のラプラス変換をみていこう．

4.2 ▶▶ いろいろな関数のラプラス変換

電源の電圧 $e(t)$ には，これまでみてきたように直流，パルス，正弦波交流などさまざまなものが存在する．それを $f(t)$ とおき，ラプラス変換を求めてみよう．その際，ラプラス変換にはいろいろな性質があるので，それらを活用すると便利である．当面，次の二つの性質を知っておこう．

ラプラス変換の線形性
ラプラス変換には線形性があり，重ねの理が成り立つ．すなわち，a, b を t に無関係な定数とするとき，
$$\mathcal{L}[af(t) + bg(t)] = aF(s) + bG(s) \tag{4.6}$$
が成り立つ．これは次のように証明できる．
$$\mathcal{L}[af(t) + bg(t)] = \int_0^\infty (af(t) + bg(t)) e^{-st} dt$$
$$= a\int_0^\infty f(t)e^{-st}dt + b\int_0^\infty g(t)e^{-st}dt$$
$$= a\mathcal{L}[f(t)] + b\mathcal{L}[g(t)]$$

ラプラス変換の相似性
$a > 0$ のとき，
$$\mathcal{L}[f(at)] = \frac{1}{a}F\left(\frac{s}{a}\right) \tag{4.7}$$
が成り立つ．これは，定義において，$at = t'$ とおき，$t = t'/a$, $dt = dt'/a$ を考慮して得られる．すなわち，
$$\mathcal{L}[f(at)] = \int_0^\infty f(at)e^{-st}dt = \frac{1}{a}\int_0^\infty f(t')e^{-\frac{s}{a}t'}dt' = \frac{1}{a}F\left(\frac{s}{a}\right)$$

次に，いくつかの関数のラプラス変換を示そう．

(1) ステップ関数

図 4.2 に示す次式の関数は，ステップ関数とよばれる．

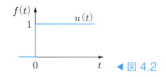
◀ 図 4.2

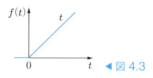
◀ 図 4.3

$$f(t) = u(t) = \begin{cases} 0 & (t < 0) \\ 1 & (t \geq 0) \end{cases} \tag{4.8}$$

式 (4.1) より,ラプラス変換は次の結果となる.

$$F(s) = \int_0^\infty u(t)e^{-st}dt = \int_0^\infty e^{-st}dt = \left[-\frac{1}{s}e^{-st}\right]_0^\infty = \frac{1}{s} \tag{4.9}$$

(2) ランプ関数

図 4.3 に示す次式の関数は,ランプ関数とよばれる.

$$f(t) = \begin{cases} 0 & (t < 0) \\ t & (t \geq 0) \end{cases} \tag{4.10}$$

ラプラス変換は式 (4.1) に代入して,

$$F(s) = \int_0^\infty te^{-st}dt \tag{4.11}$$

より得られる.ここで,部分積分の公式 $uv' = (uv)' - u'v$ を用いて,$u = t$, $v' = e^{-st}$ とおくと,$u' = 1$, $v = -e^{-st}/s$ であるので,

$$F(s) = -\left[t\frac{e^{-st}}{s}\right]_0^\infty - \frac{1}{s}\int_0^\infty e^{-st}dt = -\left\{\lim_{t \to \infty}\left(\frac{te^{-st}}{s}\right) - 0\right\} + \frac{1}{s^2}$$

となる.さらに,第 1 項はロピタルの定理を用いて,

$$\lim_{t \to \infty}\frac{t}{se^{st}} = \lim_{t \to \infty}\frac{d(t)/dt}{d(se^{st})/dt} = \lim_{t \to \infty}\frac{1}{s^2 e^{st}} \to 0$$

であるので,式 (4.11) は次式となる.

$$F(s) = \frac{1}{s^2} \tag{4.12}$$

例題 4.1 $f(t) = t^n$ のラプラス変換は $\mathcal{L}[t^n] = \dfrac{n!}{s^{n+1}}$ となることを示せ.

解 $\mathcal{L}[t^2] = \displaystyle\int_0^\infty t^2 e^{-st}dt$ において,$u = t^2$, $v' = e^{-st}$ とおいて部分積分を適用する.$u' = 2t$, $v = -(1/s)e^{-st}$ であるので,

$$\int_0^\infty t^2 e^{-st}dt = \left[-\frac{1}{s}t^2 e^{-st}\right]_0^\infty + \frac{2}{s}\int_0^\infty te^{-st}dt$$

となる．右辺第1項は0であり，第2項の積分は $\mathcal{L}[t] = 1/s^2$ であるので，$\mathcal{L}[t^2] = 2/s^3$ となる．次に，$\mathcal{L}[t^3] = \int_0^\infty t^3 e^{-st} dt$ において，$u = t^3, v' = e^{-st}$ とおいて部分積分を適用する．$u' = 3t^2, v = -(1/s)e^{-st}$ であるので，

$$\mathcal{L}[t^3] = \int_0^\infty t^3 e^{-st} dt = \left[-\frac{1}{s}t^3 e^{-st}\right]_0^\infty + \frac{3}{s}\int_0^\infty t^2 e^{-st} dt = \frac{3 \times 2 \times 1}{s^4}$$

となる．この操作を繰り返していけば，$\mathcal{L}[t^n] = n!/s^{n+1}$ となる．

(3) $f(t) = e^{at}$ のラプラス変換

$$F(s) = \int_0^\infty e^{\alpha t} e^{-st} dt = \int_0^\infty e^{-(s-\alpha)t} dt = \left[-\frac{1}{s-\alpha}e^{-(s-\alpha)t}\right]_0^\infty$$
$$= \frac{1}{s-\alpha} \tag{4.13}$$

例題 4.2 $f(t) = \dfrac{1}{b-a}(e^{-at} - e^{-bt})$ のラプラス変換を求めよ．

解 式 (4.6) の線形性および式 (4.13) の結果を用いて，以下のように求められる．

$$\mathcal{L}[f(t)] = \frac{1}{b-a}\left(\frac{1}{s+a} - \frac{1}{s+b}\right) = \frac{1}{(s+a)(s+b)}$$

(4) $f_1(t) = \sin\omega t, f_2(t) = \cos\omega t$ のラプラス変換

オイラーの公式 $e^{\pm j\omega t} = \cos\omega t \pm j\sin\omega t$ により，

$$\sin\omega t = \frac{e^{j\omega t} - e^{-j\omega t}}{2j}, \qquad \cos\omega t = \frac{e^{j\omega t} + e^{-j\omega t}}{2} \tag{4.14}$$

であるので，式 (4.13) を用いて，

$$\mathcal{L}[f_1(t)] = \int_0^\infty \sin\omega t \, e^{-st} dt = \frac{1}{2j}\left(\mathcal{L}[e^{j\omega t}] - \mathcal{L}[e^{-j\omega t}]\right)$$
$$= \frac{1}{2j}\left(\frac{1}{s-j\omega} - \frac{1}{s+j\omega}\right) = \frac{\omega}{s^2+\omega^2} \tag{4.15}$$

となる．同様にして，

$$\mathcal{L}[f_2(t)] = \int_0^\infty \cos\omega t \, e^{-st} dt = \frac{1}{2}\left(\mathcal{L}[e^{j\omega t}] + \mathcal{L}[e^{-j\omega t}]\right)$$
$$= \frac{1}{2}\left(\frac{1}{s-j\omega} + \frac{1}{s+j\omega}\right) = \frac{s}{s^2+\omega^2} \tag{4.16}$$

となる．

> **例題 4.3** 次の関数のラプラス変換を求めよ.
> (1) $f(t) = \cos(\omega t + \theta)$　　(2) $f(t) = \sin(\omega t + \theta)$
>
> **解** (1) $\cos(\omega t + \theta) = \cos\omega t \cos\theta - \sin\omega t \sin\theta$ なので，線形性を利用して以下のように求められる．
>
> $$\mathcal{L}[\cos(\omega t + \theta)] = \cos\theta \mathcal{L}[\cos\omega t] - \sin\theta \mathcal{L}[\sin\omega t]$$
> $$= \cos\theta \frac{s}{s^2 + \omega^2} - \sin\theta \frac{\omega}{s^2 + \omega^2}$$
>
> (2) $\sin(\omega t + \theta) = \sin\omega t \cos\theta + \cos\omega t \sin\theta$ より，以下のように求められる．
>
> $$\mathcal{L}[\sin(\omega t + \theta)] = \cos\theta \mathcal{L}[\sin\omega t] + \sin\theta \mathcal{L}[\cos\omega t]$$
> $$= \cos\theta \frac{\omega}{s^2 + \omega^2} + \sin\theta \frac{s}{s^2 + \omega^2}$$

(5) $f_1(t) = e^{-\alpha t}\cos\omega t$, $f_2(t) = e^{-\alpha t}\sin\omega t$ のラプラス変換

式 (4.14) を用いて,

$$f_1(t) = \frac{1}{2}e^{-\alpha t}(e^{j\omega t} + e^{-j\omega t}) = \frac{1}{2}\left\{e^{(-\alpha+j\omega)t} + e^{(-\alpha-j\omega)t}\right\} \quad (4.17)$$

となり，$f_1(t)$ のラプラス変換は，式 (4.13) を用いて

$$\mathcal{L}[f_1(t)] = \frac{1}{2}\int_0^\infty \left\{e^{(-\alpha+j\omega)t} + e^{(-\alpha-j\omega)t}\right\} e^{-st} dt$$
$$= \frac{1}{2}\left(\mathcal{L}\left[e^{(-\alpha+j\omega)t}\right] + \mathcal{L}\left[e^{(-\alpha-j\omega)t}\right]\right)$$
$$= \frac{1}{2}\left\{\frac{1}{(s+\alpha)-j\omega} + \frac{1}{(s+\alpha)+j\omega}\right\} = \frac{s+\alpha}{(s+\alpha)^2+\omega^2} \quad (4.18)$$

となる．同様にして，$f_2(t)$ のラプラス変換は以下となる．

$$f_2(t) = \frac{1}{2j}e^{-\alpha t}\left(e^{j\omega t} - e^{-j\omega t}\right) = \frac{1}{2j}\left\{e^{(-\alpha+j\omega)t} - e^{(-\alpha-j\omega)t}\right\} \quad (4.19)$$

$$\mathcal{L}[f_2(t)] = \frac{1}{2j}\int_0^\infty \left\{e^{(-\alpha+j\omega)t} - e^{(-\alpha-j\omega)t}\right\} e^{-st} dt$$
$$= \frac{1}{2j}\left(\mathcal{L}\left[e^{(-\alpha+j\omega)t}\right] - \mathcal{L}\left[e^{(-\alpha-j\omega)t}\right]\right)$$
$$= \frac{1}{2j}\left\{\frac{1}{(s+\alpha)-j\omega} - \frac{1}{(s+\alpha)+j\omega}\right\} = \frac{\omega}{(s+\alpha)^2+\omega^2} \quad (4.20)$$

> **例題 4.4** $f_1(t) = \cos^2\omega t$, $f_2(t) = \sin^2\omega t$ のラプラス変換をそれぞれ求めよ．
>
> **解** $\cos^2\omega t = (1+\cos 2\omega t)/2$, $\sin^2\omega t = (1-\cos 2\omega t)/2$ であるので，以下となる．
>
> $$\mathcal{L}[f_1(t)] = \frac{1}{2}\left(\mathcal{L}[1] + \mathcal{L}[\cos 2\omega t]\right) = \frac{1}{2}\left(\frac{1}{s} + \frac{s}{s^2+4\omega^2}\right) = \frac{s^2+2\omega^2}{s(s^2+4\omega^2)}$$

$$\mathcal{L}[f_2(t)] = \frac{1}{2}\left(\mathcal{L}[1] - \mathcal{L}[\cos 2\omega t]\right) = \frac{1}{2}\left(\frac{1}{s} - \frac{s}{s^2+4\omega^2}\right) = \frac{2\omega^2}{s(s^2+4\omega^2)}$$

(6) $f_1(t) = \cosh\omega t$, $f_2(t) = \sinh\omega t$ のラプラス変換

$$\cosh\omega t = \frac{e^{\omega t}+e^{-\omega t}}{2}, \qquad \sinh\omega t = \frac{e^{\omega t}-e^{-\omega t}}{2} \tag{4.21}$$

を利用して，次のように求められる．

$$\mathcal{L}[f_1(t)] = \frac{1}{2}\left(\mathcal{L}[e^{\omega t}] + \mathcal{L}[e^{-\omega t}]\right) = \frac{1}{2}\left(\frac{1}{s-\omega} + \frac{1}{s+\omega}\right) = \frac{s}{s^2-\omega^2} \tag{4.22}$$

$$\mathcal{L}[f_2(t)] = \frac{1}{2}\left(\mathcal{L}[e^{\omega t}] - \mathcal{L}[e^{-\omega t}]\right) = \frac{1}{2}\left(\frac{1}{s-\omega} - \frac{1}{s+\omega}\right) = \frac{\omega}{s^2-\omega^2} \tag{4.23}$$

4.3 ▶▶ ステップ関数の有用性

前節で，いくつかの関数のラプラス変換を求めた．ここでは，図 4.4(a) のような場合の関数はどう表せばよいか考えてみよう．この関数は，

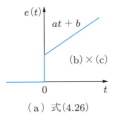
（a）式(4.26)

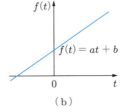
（b）

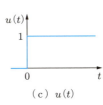
（c）$u(t)$

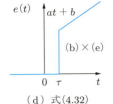
（d）式(4.32)

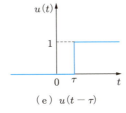
（e）$u(t-\tau)$

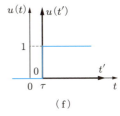
（f）

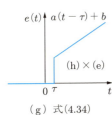
（g）式(4.34)

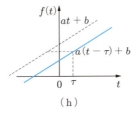
（h）

◀ 図 4.4

$$e(t) = \begin{cases} 0 & (t < 0) \\ at + b & (t \geq 0) \end{cases} \tag{4.24}$$

で表される．これは同図 (b) の関数

$$f(t) = at + b \quad (-\infty < t < \infty) \tag{4.25}$$

と同図 (c) のステップ関数 $u(t)$ の積で表される．

$$e(t) = f(t)u(t) \tag{4.26}$$

ただし，一般に $t = 0$ でスイッチを閉じるような場合で，$t < 0$ で $e(t) = 0$ であることが明らかな場合は，単に

$$e(t) = f(t) \tag{4.27}$$

と書くことが多い．

次に，図 4.4(d) のような関数の表示を考えてみよう．

$$e(t) = \begin{cases} 0 & (t < \tau) \\ at + b & (t \geq \tau) \end{cases} \tag{4.28}$$

これは同図 (e) のようなステップ関数があれば，それと式 (4.25) の積になるだろう．図 4.4(e) の波形の関数はどう表せばよいだろうか．いま，図 4.4(f) のように新たな座標軸 t' を考えると，同図 (e) の波形は次のように表される．

$$u(t') = \begin{cases} 0 & (t' < 0) \\ 1 & (t' \geq 0) \end{cases} \tag{4.29}$$

t と t' の関係は，

$$t' = t - \tau \tag{4.30}$$

であるので，$t' < 0 \to t - \tau < 0 \to t < \tau$ となることを考慮して，同図 (e) のステップ関数は，次のように表される．

$$u(t - \tau) = \begin{cases} 0 & (t < \tau) \\ 1 & (t \geq \tau) \end{cases} \tag{4.31}$$

これを用いて，同図 (d) の関数は，

$$e(t) = f(t)u(t - \tau) \tag{4.32}$$

となる．

さらに，図 4.4(g) を考える．同図 (h) に示すように，$f(t) = at + b$ が右に τ だけずれた場合の関数は，上と同様に $t' = t - \tau$ を考慮して，

$$f(t - \tau) = a(t - \tau) + b \tag{4.33}$$

となるので，同図 (g) の関数は，

$$e(t) = f(t-\tau)u(t-\tau) \tag{4.34}$$

となる.

式 (4.26), (4.32), (4.34) の三つの違いをよく理解することが重要である（例題 4.7 参照）.

ここで，式 (4.31) の関数のラプラス変換を求めてみると，

$$\begin{aligned}\mathcal{L}\left[u(t-\tau)\right] &= \int_0^\infty u(t-\tau)e^{-st}dt \\ &= \int_0^\tau u(t-\tau)e^{-st}dt + \int_\tau^\infty u(t-\tau)e^{-st}dt \\ &= \int_\tau^\infty e^{-st}dt = \left[-\frac{e^{-st}}{s}\right]_\tau^\infty = \frac{e^{-s\tau}}{s}\end{aligned} \tag{4.35}$$

となる．これは $\mathcal{L}\left[u(t)\right]$ の結果に $e^{-s\tau}$ を乗じた結果となっている．

> **ラプラス変換の推移則**
>
> 上のことは一般の関数の場合も同様で，$t' = t - \tau$, $t < \tau$ で $f(t-\tau) = 0$, $dt = dt'$ を考慮して，
>
> $$\begin{aligned}\mathcal{L}\left[f(t-\tau)\right] &= \int_\tau^\infty f(t-\tau)e^{-st}dt = \int_0^\infty f(t')e^{-s(t'+\tau)}dt' \\ &= e^{-s\tau}\int_0^\infty f(t')e^{-st'}dt' = e^{-s\tau}F(s)\end{aligned} \tag{4.36}$$
>
> となる．これはラプラス変換の諸性質の一つで，推移則という．推移則は次のようにも書ける．
>
> $$\mathcal{L}\left[e^{\alpha t}f(t)\right] = F(s-\alpha), \qquad F(s) = \mathcal{L}\left[f(t)\right] \tag{4.37}$$
>
> これは，$F(s-\alpha) = \int_0^\infty f(t)e^{-(s-\alpha)t}dt = \int_0^\infty \left(e^{\alpha t}f(t)\right)e^{-st}dt = \mathcal{L}\left[e^{\alpha t}f(t)\right]$ としてただちに導かれる．

例題 4.5 推移則を利用して，$f(t) = t^n e^{\alpha t}$ のラプラス変換が $\mathcal{L}\left[f(t)\right] = \dfrac{n!}{(s-\alpha)^{n+1}}$ となることを示せ．

解 上式で $n = 0$ のとき，$\mathcal{L}[t^0] = \mathcal{L}[1] = \dfrac{1}{s}$ なので $\mathcal{L}\left[e^{\alpha t}\right] = \dfrac{1}{(s-\alpha)}$,

$n = 1$ のとき，$\mathcal{L}[t^n] = \mathcal{L}[t] = \dfrac{1}{s^2}$ なので $\mathcal{L}\left[te^{\alpha t}\right] = \dfrac{1}{(s-\alpha)^2}$,

$n = n$ のとき，$\mathcal{L}[t^n] = \dfrac{n!}{s^{n+1}}$ なので $\mathcal{L}\left[f(t)\right] = \dfrac{n!}{(s-\alpha)^{n+1}}$ となる．

4.4 ステップ関数の活用といろいろな波形のラプラス変換

4.4.1 ▶ パルス関数

図 4.5(a) および次式に示すパルス関数のラプラス変換を求めよう．

$$e(t) = \begin{cases} 0 & (t < 0) \\ E & (0 \leq t \leq \tau) \\ 0 & (t > \tau) \end{cases} \tag{4.38}$$

この関数は，同図 (b), (c) のステップ関数の合成と考えてよいので，次のように表すことができる．

$$e(t) = E\left(u(t) - u(t - \tau)\right) \tag{4.39}$$

ラプラス変換は，

$$\mathcal{L}\left[e(t)\right] = E\left(\mathcal{L}\left[u(t)\right] - \mathcal{L}\left[u(t - \tau)\right]\right) \tag{4.40}$$

だから，式 (4.9) および式 (4.35) の結果を用いて次式となる．

$$F(s) = \mathcal{L}\left[e(t)\right] = E\left(\frac{1}{s} - \frac{e^{-s\tau}}{s}\right) = \frac{E}{s}(1 - e^{-s\tau}) \tag{4.41}$$

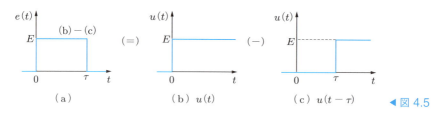

◀ 図 4.5

例題 4.6 次のパルス関数のラプラス変換を求めよ．

$$e(t) = \begin{cases} 0 & (t < \tau_1) \\ E & (\tau_1 \leq t \leq \tau_2) \\ 0 & (t > \tau_2) \end{cases}$$

解 上式を表す図 4.6(a) は，同図 (b), (c) のステップ関数を用いて，

$$e(t) = E\left(u(t - \tau_1) - u(t - \tau_2)\right)$$

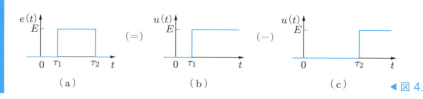

◀ 図 4.6

となるので，ラプラス変換は次式となる．
$$\mathcal{L}[e(t)] = E\left(\mathcal{L}[u(t-\tau_1)] - \mathcal{L}[u(t-\tau_2)]\right) = E\left(\frac{e^{-s\tau_1}}{s} - \frac{e^{-s\tau_2}}{s}\right)$$

4.4.2 ▶ デルタ関数

デルタ関数とは，図 4.7(a) に示すように，
$$\delta(t) = \begin{cases} \infty & (t=0) \\ 0 & (t \neq 0) \end{cases}, \quad \lim_{\varepsilon \to 0} \int_{0-\varepsilon}^{0+\varepsilon} \delta(t)dt = 1 \tag{4.42}$$
で定義される関数である．**インパルス関数**ともいわれる．この関数は同図 (b) のように，幅 a，高さ $1/a$ のステップ関数を用いて，
$$\delta(t) = \lim_{a \to 0} \frac{1}{a}\left(u(t) - u(t-a)\right) \tag{4.43}$$
と表せる．この関数のラプラス変換は，
$$\begin{aligned}
\mathcal{L}[\delta(t)] &= \int_0^\infty \lim_{a\to 0} \frac{1}{a}\left(u(t)-u(t-a)\right)e^{-st}dt \\
&= \lim_{a\to 0} \frac{1}{a} \int_0^\infty \left(u(t)-u(t-a)\right)e^{-st}dt \\
&= \lim_{a\to 0} \frac{1}{a}\left(\frac{1}{s} - \frac{e^{-sa}}{s}\right) \\
&= \frac{1}{s} \lim_{a\to 0} \frac{1-e^{-sa}}{a}
\end{aligned}$$
であり，ロピタルの定理を用いて，次式となる．
$$\mathcal{L}[\delta(t)] = \frac{1}{s} \lim_{a\to 0} \frac{d(1-e^{-sa})/da}{d(a)/da} = \frac{1}{s} \lim_{a\to 0} se^{-sa} = 1 \tag{4.44}$$

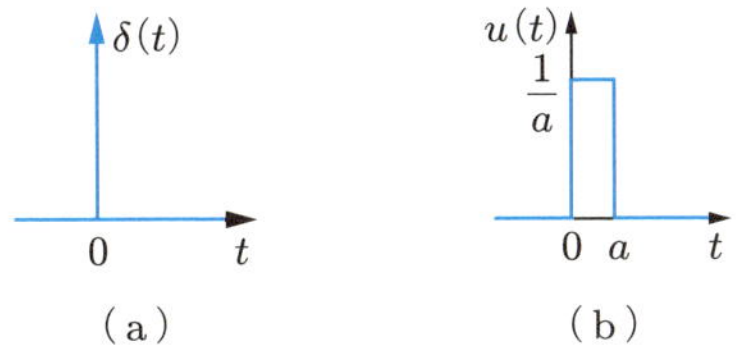

◀ 図 4.7

4.5 ▶▶ 周期関数のラプラス変換

図 4.8 のような，周期が T の関数のラプラス変換を求めよう．この関数は，ステップ関数を用いて，

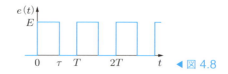
◀ 図 4.8

$$e(t) = E\{(u(t) - u(t-\tau)) + (u(t-T) - u(t-\tau-T))$$
$$+ (u(t-2T) - u(t-\tau-2T)) + \cdots\} \tag{4.45}$$

と表せる.

これをラプラス変換すると,

$$\mathcal{L}[e(t)] = E\left\{\left(\frac{1}{s} - \frac{1}{s}e^{-s\tau}\right) + \left(\frac{1}{s}e^{-sT} - \frac{1}{s}e^{-s(\tau+T)}\right)\right.$$
$$\left.+ \left(\frac{1}{s}e^{-2sT} - \frac{1}{s}e^{-s(\tau+2T)}\right)\cdots\right]$$
$$= \frac{E}{s}\{(1 - e^{-s\tau}) + (e^{-sT} - e^{-s\tau}e^{-sT})$$
$$+ (e^{-2sT} - e^{-s\tau}e^{-2sT}) + \cdots\}$$
$$= \frac{E}{s}(1 - e^{-s\tau})(1 + e^{-sT} + e^{-2sT} + \cdots) \tag{4.46}$$

となる. ここで,

$$(1 + e^{-sT} + e^{-2sT} + \cdots) = \frac{1}{1 - e^{-sT}} \tag{4.47}$$

であるので,

$$\mathcal{L}[e(t)] = E\frac{1 - e^{-s\tau}}{s}\frac{1}{1 - e^{-sT}} \tag{4.48}$$

となる. $E(1-e^{-s\tau})/s$ は, 式 (4.41) に示したように周期関数の 1 周期分だけのラプラス変換である. 一般的に周期関数の場合, 次の関係が成り立つ.

周期が T の関数 $f(t)$ のラプラス変換は,

$$\mathcal{L}[f(t)] = \mathcal{L}[f_1(t)]\frac{1}{1 - e^{-Ts}} \tag{4.49}$$

で得られる. ここで, $f_1(t)$ は最初の 1 周期を表す関数である.

例題 4.7 図 4.9(a) に示す, のこぎり波の周期関数のラプラス変換を求めよ.

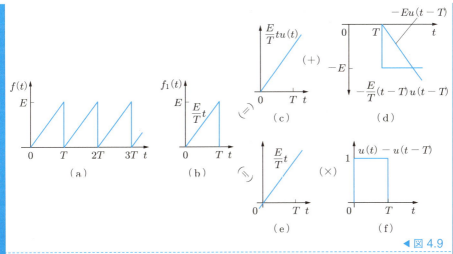

◀ 図 4.9

解 同図 (b) に示す 1 周期の関数 $f_1(t)$ は，同図 (c) と同図 (d) より次のような関数で得られる．

$$f_1(t) = \frac{E}{T}\{tu(t) - (t-T)u(t-T)\} - Eu(t-T) \quad \cdots \text{①}$$

ラプラス変換すると，

$$\mathcal{L}[f_1(t)] = \frac{E}{T}\left(\frac{1}{s^2} - \frac{e^{-Ts}}{s^2}\right) - E\frac{e^{-Ts}}{s} = \frac{E}{Ts^2}(1 - e^{-Ts}) - \frac{E}{s}e^{-Ts} \quad \cdots \text{②}$$

となる．よって，求める周期関数のラプラス変換は次式となる．

$$\mathcal{L}[f(t)] = \frac{\mathcal{L}[f_1(t)]}{1 - e^{-Ts}} = \frac{E}{Ts^2} - E\frac{e^{-Ts}}{s(1 - e^{-Ts})}$$

また，図 4.9(b) の波形は，同図 (e), (f) より

$$f_1(t) = \frac{E}{T}t\left(u(t) - u(t-T)\right) \quad \cdots \text{③}$$

で表すこともできる．これを直接ラプラス変換しても式②は得られる（演習問題 4.5 参照）．このことは，式③を変形すると，

$$f_1(t) = \frac{E}{T}\{tu(t) - (t-T)u(t-T) - Tu(t-T)\}$$

となり，式①と同じになることからも理解できよう．

4.6 ▶▶ 微分積分のラプラス変換

4.1 節で述べたように，ラプラス変換を用いて微分方程式を解くには，微分のラプラス変換，積分のラプラス変換を先に求めておく必要がある．

4.6.1 ▶ 微分のラプラス変換

まず，次の $f(t)$ の 1 階微分を考える．

$$f'(t) = \frac{df(t)}{dt} \tag{4.50}$$

このラプラス変換は次のようになる．

$$L\left[\frac{df(t)}{dt}\right] = L\left[f'(t)\right] = \int_0^\infty f'(t)e^{-st}dt \tag{4.51}$$

ここで，部分積分 $(uv)' = u'v + uv'$ において，$u' = f'$, $v = e^{-st}$ とおくと $u = f$, $v' = -se^{-st}$ であるので，$u'v = (uv)' - uv'$ より

$$\begin{aligned} L\left[f'(t)\right] &= \left[f(t)e^{-st}\right]_0^\infty - \int_0^\infty f(t)(-se^{-st})dt \\ &= -f(0) + s\int_0^\infty f(t)e^{-st}dt \end{aligned} \tag{4.52}$$

となる．第 2 項の積分は，$f(t)$ のラプラス変換そのものであるので，それを $F(s)$ とおくと次式となる．

$$\mathcal{L}\left[\frac{df}{dt}\right] = \mathcal{L}\left[f'(t)\right] = sF(s) - f(0) \tag{4.53}$$

ここで，$f(0)$ は $t = 0$ における $f(t)$ の値であり，初期条件で決まるものである．

2 階の微分も，上の結果を用いて簡単に得ることができる．すなわち，

$$\frac{d^2 f(t)}{dt^2} = \frac{d}{dt}f'(t) \tag{4.54}$$

であるので，

$$\begin{aligned} \mathcal{L}\left[f''(t)\right] &= s\mathcal{L}\left[f'(t)\right] - f'(0) = s\left(sF(s) - f(0)\right) - f'(0) \\ &= s^2 F(s) - sf(0) - f'(0) \end{aligned} \tag{4.55}$$

となる．n 階の微分もこの操作を繰り返せば，次の結果が得られる．

$$\mathcal{L}\left[\frac{d^n f(t)}{dt^n}\right] = s^n F(s) - s^{n-1}f(0) - s^{n-2}f'(0) - \cdots - f^{(n-1)}(0) \tag{4.56}$$

4.6.2 ▶ 積分のラプラス変換

まず，1 階の積分のラプラス変換を求めよう．$f(t)$ の積分を $f^{(-1)}(t)$ と書くと，

$$\int f(t)dt = f^{(-1)}(t) \tag{4.57}$$

となり，このラプラス変換は，

$$\mathcal{L}\left[f^{(-1)}(t)\right] = \int_0^\infty f^{(-1)}(t)e^{-st}dt \tag{4.58}$$

となる．これを求めるのに，いま，

$$F(s) = \int_0^\infty f(t)e^{-st}dt \tag{4.59}$$

の積分について，$u = e^{-st}$, $v' = f(t)$ とおくと，$u' = -se^{-st}$, $v = f^{(-1)}(t)$ であるので，部分積分 $uv' = (uv)' - u'v$ を適用し，

$$\begin{aligned} F(s) &= \int_0^\infty f(t)e^{-st}dt \\ &= \left[e^{-st}f^{(-1)}(t)\right]_0^\infty + s\int_0^\infty e^{-st}f^{(-1)}(t)dt \\ &= -f^{(-1)}(0) + s\int_0^\infty f^{(-1)}(t)e^{-st}dt \end{aligned} \tag{4.60}$$

となる．右辺第 2 項の積分は，式 (4.58) の 1 階の積分のラプラス変換であるので，式 (4.60) より次式を得る．

$$\mathcal{L}\left[f^{(-1)}(t)\right] = \int_0^\infty f^{(-1)}e^{-st}dt = \frac{F(s)}{s} + \frac{f^{(-1)}(0)}{s} \tag{4.61}$$

ここで，$f^{(-1)}(0)$ は初期条件で決まる値である．

2 階の積分のラプラス変換は，式 (4.60) の第 2 項に，さらに部分積分を用いて求められる．$u = e^{-st}$, $v' = f^{(-1)}(x)$ とおくと，$u' = -se^{-st}$, $v = f^{(-2)}(x)$ であるので，

$$\begin{aligned} \int_0^\infty f^{(-1)}e^{-st}dt &= \left[e^{-st}f^{(-2)}\right]_0^\infty + s\int_0^\infty e^{-st}f^{(-2)}dt \\ &= -f^{(-2)}(0) + s\int_0^\infty f^{(-2)}e^{-st}dt \end{aligned}$$

となり，これを式 (4.60) に代入すると，

$$F(s) = -f^{(-1)}(0) - sf^{(-2)}(0) + s^2\int_0^\infty f^{(-2)}e^{-st}dt$$

となる．これより次式を得る．

$$\mathcal{L}\left[f^{(-2)}(t)\right] = \int_0^\infty f^{(-2)}(t)e^{-st}dt = \frac{F(s)}{s^2} + \frac{f^{(-1)}(0)}{s^2} + \frac{f^{(-2)}(0)}{s} \tag{4.62}$$

この操作を繰り返せば，n 階の積分のラプラス変換も次のように得られる．

$$\begin{aligned} \mathcal{L}\left[f^{(-n)}(t)\right] &= \int_0^\infty f^{(-n)}(t)e^{-st}dt \\ &= \frac{F(s)}{s^n} + \frac{f^{(-1)}(0)}{s^n} + \frac{f^{(-2)}(0)}{s^{n-1}} + \cdots + \frac{f^{(-n)}(0)}{s} \end{aligned} \tag{4.63}$$

4.7 ▶▶ s 領域の微分，積分

前節では t 領域での微分，積分のラプラス変換について述べたが，ここでは s 領域

の微分,積分を考えてみる.まず,

$$F(s) = \int_0^\infty f(t)e^{-st}dt \tag{4.64}$$

を s に関して微分を行うと,

$$\frac{dF(s)}{ds} = \int_0^\infty \frac{d}{ds}\left(f(t)e^{-st}\right)dt = -\int_0^\infty (tf(t))e^{-st}dt = -\mathcal{L}\left[tf(t)\right]$$

となる.これより,

$$\mathcal{L}\left[tf(t)\right] = -\frac{dF(s)}{ds} \tag{4.65}$$

を得る.さらに微分を行うと,

$$\frac{d^2F(s)}{ds^2} = -\int_0^\infty \frac{d}{ds}\left(tf(t)e^{-st}\right)dt = \int_0^\infty \left(t^2f(t)\right)e^{-st}dt = \mathcal{L}\left[t^2f(t)\right]$$

すなわち

$$\mathcal{L}\left[t^2f(t)\right] = \frac{d^2F(s)}{ds^2} \tag{4.66}$$

となる.n 回繰り返すと,次式が得られる.

$$\mathcal{L}\left[t^nf(t)\right] = (-1)^n\frac{d^nF(s)}{ds^n} \tag{4.67}$$

積分の場合は,

$$\int_s^\infty F(s)ds = \int_s^\infty \int_0^\infty f(t)e^{-st}dtds$$

$$= \int_0^\infty f(t)\left(\int_s^\infty e^{-st}ds\right)dt = \int_0^\infty f(t)\left[-\frac{1}{t}e^{-st}\right]_s^\infty dt$$

$$= \int_0^\infty \frac{f(t)}{t}e^{-st}dt = \mathcal{L}\left[\frac{f(t)}{t}\right]$$

よって,

$$\mathcal{L}\left[\frac{f(t)}{t}\right] = \int_s^\infty F(s)ds \tag{4.68}$$

を得る.

例題 4.8 次の関数のラプラス変換を求めよ.
(1) $f(t) = t\cos\omega t$ (2) $f(t) = t\sin\omega t$ (3) $f(t) = \dfrac{1}{t}\sin\omega t$

解 (1) $\mathcal{L}\left[t\cos\omega t\right] = -\dfrac{d}{ds}\left(\dfrac{s}{s^2+\omega^2}\right) = \dfrac{2s^2-(s^2+\omega^2)}{(s^2+\omega^2)^2} = \dfrac{s^2-\omega^2}{(s^2+\omega^2)^2}$

(2) $\mathcal{L}\left[t\sin\omega t\right] = -\dfrac{d}{ds}\left(\dfrac{\omega}{s^2+\omega^2}\right) = \dfrac{2\omega s}{(s^2+\omega^2)^2}$

(3) $\mathcal{L}\left[\dfrac{1}{t}\sin\omega t\right] = \displaystyle\int_s^\infty \dfrac{\omega}{s^2+\omega^2}ds = \left[\tan^{-1}\dfrac{s}{\omega}\right]_s^\infty = \tan^{-1}\dfrac{\omega}{s}$

4.8 ▶▶ 畳み込み積分とラプラス変換

いま，二つの関数 $f(t)$ と $g(t)$ があるとき，たとえば $f(t) = A$, $g(t) = Be^{-t}$ として，$\mathcal{L}[f(t)]$, $\mathcal{L}[g(t)]$, $\mathcal{L}[f(t)g(t)]$ を求めてみよう．これまでに求めているように，$\mathcal{L}[f(t)] = A/s$, $\mathcal{L}[g(t)] = B/(s+1)$ である．一方，

$$\mathcal{L}[f(t)g(t)] = \int_0^\infty ABe^{-t}e^{-st}dt = AB\int_0^\infty e^{-(s+1)t}dt = \dfrac{AB}{s+1}$$

となり，二つの関数の積のラプラス変換の結果は，それぞれの関数のラプラス変換の積とはならない．すなわち，

$$\mathcal{L}[f(t)g(t)] \neq \mathcal{L}[f(t)]\mathcal{L}[g(t)]$$

である．では，どのような関数ならば，それぞれの関数のラプラス変換の積になるのだろうか．それを求めよう．ラプラス変換の定義に基づき，

$$\begin{aligned}\mathcal{L}[f(t)]\mathcal{L}[g(t)] &= \left(\int_0^\infty f(\lambda)e^{-s\lambda}d\lambda\right)\left(\int_0^\infty g(\tau)e^{-s\tau}d\tau\right) \\ &= \int_0^\infty g(\tau)e^{-s\tau}\left(\int_0^\infty f(\lambda)e^{-s\lambda}d\lambda\right)d\tau \\ &= \int_0^\infty g(\tau)\left\{\int_0^\infty f(\lambda)e^{-s(\lambda+\tau)}d\lambda\right\}d\tau \end{aligned} \quad (4.69)$$

となる．ここで，$\lambda + \tau = t$ とおくと $d\lambda = dt$，積分範囲は $\lambda = 0$ で $t = \tau$，$\lambda \to \infty$ で $t \to \infty$ であるので，上の積分は，

$$\mathcal{L}[f(t)]\mathcal{L}[g(t)] = \int_0^\infty g(\tau)\left(\int_\tau^\infty f(t-\tau)e^{-st}dt\right)d\tau \quad (4.70)$$

と書くことができる．また，

$$f(t-\tau) = \begin{cases} 0 & (t < \tau) \\ f(t-\tau) & (t \geq \tau) \end{cases} \quad (4.71)$$

であるので，$t < \tau$ では括弧内の被積分関数は 0 であり，式 (4.70) 括弧内の積分範囲を $t = 0 \sim \infty$ としても得られる結果は同じである．よって，

$$\begin{aligned}\mathcal{L}[f(t)]\mathcal{L}[g(t)] &= \int_0^\infty g(\tau)\left(\int_0^\infty f(t-\tau)e^{-st}dt\right)d\tau \\ &= \int_0^\infty \left(\int_0^\infty f(t-\tau)g(\tau)e^{-st}dt\right)d\tau \end{aligned} \quad (4.72)$$

となり，積分順序を交換して，

$$\mathcal{L}[f(t)]\mathcal{L}[g(t)] = \int_0^\infty \left(\int_0^\infty f(t-\tau)g(\tau)d\tau \right) e^{-st} dt \tag{4.73}$$

となる．ここで，

$$f(t-\tau)g(\tau) = \begin{cases} f(t-\tau)g(\tau) & (\tau < t) \\ 0 & (\tau \geq t) \end{cases} \tag{4.74}$$

であるので，$\tau \geq t$ で括弧内の被積分関数は 0 であり，式 (4.73) 括弧内の積分範囲を ∞ まででなく，t までとしても同じ結果になる．

$$\mathcal{L}[f(t)]\mathcal{L}[g(t)] = \int_0^\infty \left(\int_0^t f(t-\tau)g(\tau)d\tau \right) e^{-st} dt \tag{4.75}$$

この結果は，括弧内の関数のラプラス変換が，それぞれの関数のラプラス変換の積に等しくなることを示している．括弧内の関数を，

$$h(t) = f * g = \int_0^t f(t-\tau)g(\tau)d\tau \tag{4.76}$$

と書き，$f * g$ を**畳み込み積分**という．この積分のラプラス変換が，

$$\mathcal{L}[f * g] = \mathcal{L}[f(t)]\mathcal{L}[g(t)] \tag{4.77}$$

となる．$f * g$ は，

$$f * g = \int_0^t f(\tau)g(t-\tau)d\tau \tag{4.78}$$

とも書くことができる．

> **例題 4.9** 式 (4.76) と式 (4.78) は等しいことを示せ．
>
> **解** 式 (4.76) において，$t - \tau = \lambda$ と変換すると $-d\tau = d\lambda$，また $\tau = 0$ で $\lambda = t$，$\tau = t$ で $\lambda = 0$ であるので，
>
> $$\int_0^t f(t-\tau)g(\tau)d\tau = -\int_t^0 f(\lambda)g(t-\lambda)d\lambda = \int_0^t f(\lambda)g(t-\lambda)d\lambda$$
>
> となり，λ の文字を τ に変えれば式 (4.78) となる．

4.9 ラプラス逆変換と展開定理

前節までで，いろいろな関数のラプラス変換，微分，積分のラプラス変換などを学んできた．これまでに得たいろいろな関数 $f(t)$ のラプラス変換を表 4.1 にまとめた．微分方程式にラプラス変換を施した結果は，$F(s)$ のように s の関数で得られる．欲

表 4.1 ラプラス変換表

$f(t)$	$F(s)$	参照ページ	$f(t)$	$F(s)$	参照ページ
$\delta(t)$	1	p.101	$t\cos\omega t$	$\dfrac{s^2-\omega^2}{(s^2+\omega^2)^2}$	p.106
$u(t)$	$\dfrac{1}{s}$	p.94	$t\sin\omega t$	$\dfrac{2\omega s}{(s^2+\omega^2)^2}$	p.106
t	$\dfrac{1}{s^2}$	p.94	$e^{-\alpha t}\cos\omega t$	$\dfrac{(s+\alpha)}{(s+\alpha)^2+\omega^2}$	p.96
t^n	$\dfrac{n!}{s^{n+1}}$	p.94	$e^{-\alpha t}\sin\omega t$	$\dfrac{\omega}{(s+\alpha)^2+\omega^2}$	p.96
$e^{\alpha t}$	$\dfrac{1}{s-\alpha}$	p.95	$\cosh\omega t$	$\dfrac{s}{s^2-\omega^2}$	p.97
$t^n e^{\alpha t}$	$\dfrac{n!}{(s-\alpha)^{n+1}}$	p.99	$\sinh\omega t$	$\dfrac{\omega}{s^2-\omega^2}$	p.97
$\cos\omega t$	$\dfrac{s}{s^2+\omega^2}$	p.95	$te^{-\alpha t}\cos\omega t$	$\dfrac{(s+\alpha)^2-\omega^2}{\{(s+\alpha)^2+\omega^2\}^2}$	p.116 (p.159)
$\sin\omega t$	$\dfrac{\omega}{s^2+\omega^2}$	p.95	$te^{-\alpha t}\sin\omega t$	$\dfrac{2(s+\alpha)\omega^2}{\{(s+\alpha)^2+\omega^2\}^2}$	p.116 (p.159)
$\cos(\omega t+\theta)$	$\dfrac{s\cos\theta-\omega\sin\theta}{s^2+\omega^2}$	p.96	$\dfrac{df(t)}{dt}$	$sF(s)-f(0)$	p.104
$\sin(\omega t+\theta)$	$\dfrac{s\sin\theta+\omega\cos\theta}{s^2+\omega^2}$	p.96	$\dfrac{d^2f(t)}{dt^2}$	$s^2F(s)-sf(0)-f'(0)$	p.104
			$\int f(t)dt$	$\dfrac{F(s)}{s}+\dfrac{f^{(-1)}(0)}{s}$	p.105

しい微分方程式の解は，t 領域での $f(t)$ である．$F(s)$ から $f(t)$ を求める（ラプラス逆変換をする）には，表 4.1 のラプラス変換表が利用しやすいように，$F(s)$ を表中の形にあてはまるよう部分分数展開する方法がとられる．それができる理由は，ラプラス逆変換についても次式の線形性が成り立つことによる．

$$\mathcal{L}^{-1}[c_1 F_1(s)+c_2 F_2(s)]=c_1\mathcal{L}^{-1}[F_1(s)]+c_2\mathcal{L}^{-1}[F_2(s)] \tag{4.79}$$

式 (4.79) は，次のようにして証明できる．

$F_1(s)=\mathcal{L}[f_1(t)]$, $F_2(s)=\mathcal{L}[f_2(t)]$ とすると，$\mathcal{L}^{-1}[F_1(s)]=f_1(t)$, $\mathcal{L}^{-1}[F_2(s)]=f_2(t)$ であり，式 (4.6) のラプラス変換の線形性より，$\mathcal{L}[c_1 f_1(t)+c_2 f_2(t)]=c_1 F_1(s)+c_2 F_2(s)$ である．これを逆変換して，$\mathcal{L}^{-1}[c_1 F_1(s)+c_2 F_2(s)]=c_1 f_1(t)+c_2 f_2(t)=c_1\mathcal{L}^{-1}[F_1(s)]+c_2\mathcal{L}^{-1}[F_2(s)]$ となる．

いま，一般に

$$F(s)=\frac{M(s)}{N(s)} \tag{4.80}$$

とし，$M(s)$ と $N(s)$ は互いに公約数（共通因数）をもたない多項式で，$M(s)$ の次数は $N(s)$ の次数より低いとする．このとき，$N(s)=0$ の根を $F(s)$ の極とよぶが，根

の形は実根，共役複素根，重根に類別される．三つの場合それぞれについて部分分数展開を考える．

(i) $N(s)$ が異なる実根をもつ場合

$N(s)$ のもつ根が $c_1, c_2, c_3 \cdots$ のようにすべて実根の場合は，分母を因数分解し，$N(s) = (s-c_1)(s-c_2)(s-c_3)\cdots$

$$F(s) = \frac{M(s)}{(s-c_1)(s-c_2)(s-c_3)\cdots} = \frac{k_1}{s-c_1} + \frac{k_2}{s-c_2} + \frac{k_3}{s-c_3} \cdots \tag{4.81}$$

のように $F(s)$ を展開できたとすれば，任意定数 k_i $(i=1,2,3,\cdots)$ は次のように決定できる．

$$k_i = (s-c_i)F(s)|_{s=c_i} = \left.\frac{M(s)}{(s-c_1)\cdots(s-c_{i-1})(s-c_{i+1})\cdots}\right|_{s=c_i} \tag{4.82}$$

例題 4.10 $F(s) = \dfrac{s-3}{(s+1)(s-2)}$ のラプラス逆変換を求めよ．

解 $F(s) = \dfrac{s-3}{(s+1)(s-2)} = \dfrac{k_1}{s+1} + \dfrac{k_2}{s-2}$

$$k_1 = (s+1)F(s)|_{s=-1} = \left.\frac{s-3}{s-2}\right|_{s=-1} = \frac{4}{3}$$

$$k_2 = (s-2)F(s)|_{s=2} = \left.\frac{s-3}{s+1}\right|_{s=2} = -\frac{1}{3}$$

こうして，

$$F(s) = \frac{s-3}{(s+1)(s-2)} = \frac{1}{3}\left(\frac{4}{s+1} - \frac{1}{s-2}\right)$$

が得られる．ラプラス変換表を参照すると，ラプラス逆変換は次式となる．

$$\mathcal{L}^{-1}[F(s)] = \frac{1}{3}\left(\mathcal{L}^{-1}\left[\frac{4}{s+1}\right] - \mathcal{L}^{-1}\left[\frac{1}{s-2}\right]\right) = \frac{1}{3}(4e^{-t} - e^{2t})$$

別解法 $(s+1)(s-2)$ を与式の両辺に掛けると，

$$s - 3 = k_1(s-2) + k_2(s+1) = (k_1+k_2)s + (k_2 - 2k_1)$$

となる．s に関する同次項の係数を比較して，

$$k_1 + k_2 = 1, \ k_2 - 2k_1 = -3 \text{ より } k_1 = \frac{4}{3}, \ k_2 = -\frac{1}{3}$$

を得る．この手法で計算したほうが簡単な場合もある．

(ii) $N(s)$ が共役複素根をもつ場合

$N(s)$ が共役複素根 $s = -\alpha \pm j\gamma$ を含む場合は,

$$F(s) = \frac{M(s)}{N(s)} = \frac{M(s)}{N_1\{(s+\alpha)^2 + \gamma^2\}}$$
$$= \frac{M_1(s)}{N_1(s)} + \frac{k_a}{(s+\alpha) + j\gamma} + \frac{k_b}{(s+\alpha) - j\gamma}$$

の形に変えて k_a, k_b を得ることができる. あるいは右辺第 2 項, 第 3 項を通分すると,

$$F(s) = \frac{M(s)}{N(s)} = \frac{M_1(s)}{N_1(s)} + \frac{k_1 s + k_2}{(s+\alpha)^2 + \gamma^2} \tag{4.83}$$

となるので, 任意定数 k_1, k_2 は, 式 (4.83) の両辺に $(s+\alpha)^2 + \gamma^2$ を掛け, $s = -\alpha \pm j\gamma$ のいずれかを代入して,

$$k_1 s + k_2 \big|_{s=-\alpha+j\gamma} = \{(s+\alpha)^2 + \gamma^2\} F(s) \big|_{s=-\alpha+j\gamma} \tag{4.84}$$

とし, 両辺の実数部, 虚数部を比較して得られる. $M_1(s)/N_1(s)$ は (i) などの手法で求めればよい.

例題 4.11 $F(s) = \dfrac{1}{s(s^2 - 2s + 5)}$ のラプラス逆変換を求めよ.

解 $s^2 - 2s + 5 = 0$ は, $s = 1 \pm j2$ の共役複素根をもつ. よって,

$$F(s) = \frac{1}{s(s^2 - 2s + 5)} = \frac{k_0}{s} + \frac{k_1 s + k_2}{s^2 - 2s + 5}$$

と展開すると,

$$k_0 = \frac{1}{s^2 - 2s + 5}\bigg|_{s=0} = \frac{1}{5}$$
$$k_1 s + k_2 \big|_{s=1+j2} = \frac{1}{s}\bigg|_{s=1+j2} \quad \to \quad k_1 + j2k_1 + k_2 = \frac{1}{1+j2} = \frac{1}{5}(1 - j2)$$

となる. 両辺の実数部を比較して $k_1 + k_2 = 1/5$, 虚数部を比較して $2k_1 = -2/5$ より

$$k_1 = -\frac{1}{5}, \qquad k_2 = \frac{2}{5}$$

を得る. こうして,

$$F(s) = \frac{1}{5s} + \frac{-s + 2}{5(s^2 - 2s + 5)} = \frac{1}{5}\left\{\frac{1}{s} - \frac{(s-1) - 1}{(s-1)^2 + 2^2}\right\}$$
$$= \frac{1}{5}\left\{\frac{1}{s} - \frac{s-1}{(s-1)^2 + 2^2} + \frac{1}{2}\frac{2}{(s-1)^2 + 2^2}\right\}$$

となり, ラプラス変換表より, それぞれの項の逆変換を求め, 次式を得る.

$$f(t) = \frac{1}{5}\left(1 - e^t \cos 2t + \frac{1}{2} e^t \sin 2t\right)$$

(iii) $N(s)$ が重根をもつ場合

$N(s)$ が 1 種類の n 次の重根 $s = c$ をもつ場合は,

$$F(s) = \frac{M(s)}{(s-c)^n} = \frac{k_1}{s-c} + \frac{k_2}{(s-c)^2} + \cdots + \frac{k_n}{(s-c)^n} \tag{4.85}$$

のように展開できるので, 両辺に $(s-c)^n$ を掛けると,

$$M(s) = k_n + k_{n-1}(s-c) + k_{n-2}(s-c)^2 + k_{n-3}(s-c)^3 + \cdots + k_1(s-c)^{n-1} \tag{4.86}$$

となる. $s = c$ を代入すると, 右辺は k_n のみとなるので,

$$k_n = M(s)|_{s=c} \tag{4.87}$$

が得られる. k_{n-1} は, 式 (4.86) の両辺を s で微分すると,

$$\frac{d}{ds}M(s) = k_{n-1} + 2k_{n-2}(s-c) + 3k_{n-3}(s-c)^2 + \cdots + (n-1)k_1(s-c)^{n-2} \tag{4.88}$$

となるので,

$$k_{n-1} = \left.\frac{d}{ds}M(s)\right|_{s=c} \tag{4.89}$$

となる. 式 (4.88) をさらに s で微分し, $s = c$ を代入すると k_{n-2} が得られる.

$$\frac{d^2}{ds^2}M(s) = 2k_{n-2} + 6k_{n-3}(s-c) + \cdots + (n-1)(n-2)k_1(s-c)^{n-3}$$

$$k_{n-2} = \left.\frac{1}{2}\frac{d^2}{ds^2}M(s)\right|_{s=c} \tag{4.90}$$

以下, k_{n-3} も同様に得られる.

$$\frac{d^3}{ds^3}M(s) = 6k_{n-3} + \cdots + (n-1)(n-2)(n-3)k_1(s-c)^{n-4}$$

$$k_{n-3} = \left.\frac{1}{3!}\frac{d^3}{ds^3}M(s)\right|_{s=c} \tag{4.91}$$

以上のことを一般的に表すと,

$$k_i = \left.\frac{1}{(n-i)!}\frac{d^{(n-i)}}{ds^{(n-i)}}M(s)\right|_{s=c} \tag{4.92}$$

となる.

例題 4.12 $F(s) = \dfrac{s^2}{(s-1)^3}$ のラプラス逆変換を求めよ.

解 $F(s) = \dfrac{s^2}{(s-1)^3} = \dfrac{M(s)}{(s-1)^3} = \dfrac{k_1}{s-1} + \dfrac{k_2}{(s-1)^2} + \dfrac{k_3}{(s-1)^3}$

$$k_3 = M(s)|_{s=1} = s^2|_{s=1} = 1, \qquad k_2 = \frac{d}{ds}M(s)\bigg|_{s=1} = 2s|_{s=1} = 2$$

$$k_1 = \frac{1}{2}\frac{d^2}{ds^2}M(s)\bigg|_{s=1} = \frac{1}{2}\cdot 2 = 1$$

こうして,

$$F(s) = \frac{1}{s-1} + \frac{2}{(s-1)^2} + \frac{1}{(s-1)^3}$$

となる.逆変換すると,次式を得る.

$$f(t) = e^t + 2te^t + \frac{1}{2}t^2 e^t$$

$F(s)$ の形は (i), (ii), (iii) が混在している場合も多い.それについても,部分分数展開したそれぞれの項に (i)〜(iii) の方法を適用すればよい.

4.10 ラプラス変換による微分,積分方程式の解法

4.10.1 微分方程式の解法

いま,次の微分方程式を,初期条件 $f(0) = 2$, $f'(0) = -1$ のもとで求めることを考える.

$$\frac{d^2 f(t)}{dt^2} + 2\frac{df(t)}{dt} - 3f(t) = 2 \tag{4.93}$$

各項のラプラス変換は,

$$\mathcal{L}[f''] = s^2 F(s) - sf(0) - f'(0) = s^2 F(s) - 2s + 1$$

$$\mathcal{L}[f'] = sF(s) - f(0) = sF(s) - 2, \qquad \mathcal{L}[f] = F(s), \qquad \mathcal{L}[1] = \frac{1}{s}$$

であるので,式 (4.93) は,

$$s^2 F(s) - 2s + 1 + 2sF(s) - 4 - 3F(s) = \frac{2}{s}$$

となる.これより $F(s)$ を求め,部分分数展開すると次式となる.

$$F(s) = \frac{2s^2 + 3s + 2}{s(s^2 + 2s - 3)} = \frac{2s^2 + 3s + 2}{s(s-1)(s+3)} = \frac{k_1}{s} + \frac{k_2}{s-1} + \frac{k_3}{s+3}$$

分母の根はすべて実根であるので,4.9 節の (i) の手法を用いて k_1〜k_3 を求める.

$$k_1 = \frac{2s^2 + 3s + 2}{(s-1)(s+3)}\bigg|_{s=0} = -\frac{2}{3}, \qquad k_2 = \frac{2s^2 + 3s + 2}{s(s+3)}\bigg|_{s=1} = \frac{7}{4},$$

$$k_3 = \frac{2s^2 + 3s + 2}{s(s-1)}\bigg|_{s=-3} = \frac{11}{12}$$

したがって $F(s)$ は，
$$F(s) = -\frac{2}{3}\left(\frac{1}{s}\right) + \frac{7}{4}\left(\frac{1}{s-1}\right) + \frac{11}{12}\left(\frac{1}{s+3}\right)$$
となる．ラプラス逆変換して次式を得る．
$$f(t) = -\frac{2}{3} + \frac{7}{4}e^t + \frac{11}{12}e^{-3t} \tag{4.94}$$

例題 4.13 例題 2.19 の微分方程式
$$y'' - 3y' - 4y = e^{4x} \qquad 初期条件：y(0) = 0, \quad y'(0) = 1$$
をラプラス変換を用いて解け．

解 $\mathcal{L}[y(x)] = Y(s)$ としてラプラス変換を適用する．
$$s^2 Y - sy(0) - y'(0) - 3(sY - y(0)) - 4Y = \frac{1}{s-4}$$

初期条件 $y(0) = 0$, $y'(0) = 1$ を代入して整理すると，
$$s^2 Y - 3sY - 4Y = \frac{1}{s-4} + 1 \quad \rightarrow \quad (s+1)(s-4)Y = \frac{s-3}{s-4}$$

$$Y(s) = \frac{s-3}{(s+1)(s-4)^2} = \frac{k_1}{s+1} + \frac{k_2}{s-4} + \frac{k_3}{(s-4)^2}$$

$$k_3 = \left.\frac{s-3}{s+1}\right|_{s=4} = \frac{1}{5}, \qquad k_2 = \left.\frac{d}{ds}\left(\frac{s-3}{s+1}\right)\right|_{s=4} = \left.\frac{4}{(s+1)^2}\right|_{s=4} = \frac{4}{25}$$

$$k_1 = \left.\frac{s-3}{(s-4)^2}\right|_{s=-1} = -\frac{4}{25}$$

こうして，
$$Y(s) = -\frac{4}{25}\left(\frac{1}{s+1}\right) + \frac{4}{25}\left(\frac{1}{s-4}\right) + \frac{1}{5}\left\{\frac{1}{(s-4)^2}\right\}$$

となる．ラプラス逆変換して
$$y(x) = -\frac{4}{25}e^{-x} + \frac{4}{25}e^{4x} + \frac{1}{5}xe^{4x}$$

を得る．この結果は，当然例題 2.19 の結果と同じであり，最後の項が特殊解になっている．

4.10.2 ▶ 積分方程式の解法

次に，以下の積分方程式を解いてみよう．
$$f(t) + 2\int_0^t f(t)dt = 1 \tag{4.95}$$
ラプラス変換は，
$$F(s) + 2\frac{F(s)}{s} = \frac{1}{s}$$

であるので，
$$F(s) = \frac{1}{s+2}$$
となり，逆変換して次式を得る．
$$f(t) = e^{-2t} \tag{4.96}$$

このように，ラプラス変換を用いると，最初から初期条件を代数方程式に含めて解を得ることができ，第 2 章のように特殊解の試行関数の選び方を考える必要はない．

4.10.3 ▶ 連立微分方程式の解法

次に，連立微分方程式の解法を調べる．例題 2.20 を，ラプラス変換を用いて解析しよう．
$$\frac{dw}{dx} + w + y = 0, \qquad \frac{dy}{dx} - 10w - 5y = 0$$
初期条件：$w(0) = 1, \quad y(0) = -1$

まず，これらの方程式をラプラス変換する．$\mathcal{L}[w(x)] = W(s)$，$\mathcal{L}[y(x)] = Y(s)$ として，
$$sW - w(0) + W + Y = 0, \qquad sY - y(0) - 10W - 5Y = 0$$
となる．上の第 1 式に初期条件 $w(0) = 1$ を代入し，$Y = 1 - (s+1)W$ となる．また，初期条件 $y(0) = -1$ を第 2 式に代入して，$(s-5)Y = -1 + 10W \to (s-5)\{1 - (s+1)W\} = -1 + 10W$，整理して，$(s^2 - 4s + 5)W = s - 4$ となる．これより，$W(s), Y(s)$ は
$$W(s) = \frac{s-4}{s^2 - 4s + 5} = \frac{(s-2) - 2}{(s-2)^2 + 1}$$
$$Y(s) = 1 - (s+1)W = \frac{-s+9}{s^2 - 4s + 5} = \frac{-(s-2) + 7}{(s-2)^2 + 1}$$
となる．それぞれをラプラス逆変換すると，
$$w(x) = e^{2x}\cos x - 2e^{2x}\sin x, \qquad y(x) = -e^{2x}\cos x + 7e^{2x}\sin x$$
となり，例題 2.20 の結果と同じになる．

▶▶ 演習問題

4.1 $\mathcal{L}[\sin t] = F(s) = \dfrac{1}{s^2 + 1}$ である．相似性を用いて $\mathcal{L}[\sin \omega t]$ を求めよ．

4.2 次の関数のラプラス変換を求めよ．
(1) $f(t) = \sin \omega_1 t \sin \omega_2 t$ (2) $f(t) = \cos \omega_1 t \cos \omega_2 t$ (3) $f(t) = \sin \omega_1 t \cos \omega_2 t$

4.3 推移則を用いて次の関数のラプラス変換を求めよ．

(1) $e^{-\alpha t}\cos(\omega t + \theta)$ (2) $e^{-\alpha t}\sin(\omega t + \theta)$
(3) $e^{-\alpha t}\cosh\omega t$ (4) $e^{-\alpha t}\sinh\omega t$

4.4 式 (4.65) を利用して次の関数のラプラス変換を求めよ．
(1) $te^{-\alpha t}\cos\omega t$ (2) $te^{-\alpha t}\sin\omega t$

4.5 例題 4.7 の式③ $f(t) = \dfrac{E}{T}t\,(u(t) - u(t-T))$ のラプラス変換を定義より求めよ．

4.6 図 4.10 の波形をステップ関数で表し，そのラプラス変換を求めよ．

4.7 図 4.11 の方形波周期関数のラプラス変換を求めよ．

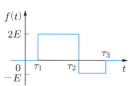

◀ 図 4.10

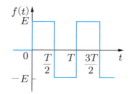

◀ 図 4.11

4.8 図 4.12 の三角波周期関数のラプラス変換を求めよ．

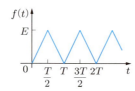

◀ 図 4.12

4.9 図 4.13(a), (b) に示す半波整流周期関数および全波整流周期関数のラプラス変換をそれぞれ求めよ．

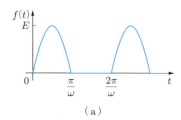

(a)

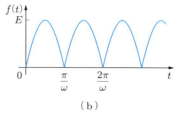

(b)

◀ 図 4.13

4.10 次の関数のラプラス逆変換を求めよ．

(1) $F(s) = \dfrac{\omega}{s(s^2 + \omega^2)}$ (2) $F(s) = \dfrac{s + \beta}{s^2(s + \alpha)}$ (3) $F(s) = \dfrac{\omega}{s^2(s^2 + \omega^2)}$

(4) $F(s) = \dfrac{s^2 + 3s + 5}{(s+1)^2(s+2)}$ (5) $F(s) = \dfrac{1}{s^2(s+1)^3}$ (6) $F(s) = \dfrac{s^2 + 3s + 7}{(s+1)(s^2 + 4s + 8)}$

(7) $F(s) = \dfrac{5s - 1}{s^2 + 6s + 25}$ (8) $F(s) = \dfrac{60s}{(s^2 + 6s + 25)(s^2 + 25)}$

4.11 $f(t) = t$, $g(t) = e^t$ のとき，畳み込み積分 $f(t) * g(t)$ を求めよ．

4.12 $f(t) = e^{-at}$, $g(t) = e^{-bt}$ のとき，$\mathcal{L}[f*g] = \mathcal{L}[f(t)]\mathcal{L}[g(t)]$ を示せ．

4.13 次のラプラス逆変換を畳み込み積分を用いて求めよ．

(1) $\mathcal{L}^{-1}\left[\dfrac{1}{s^2(s-1)}\right]$ (2) $\mathcal{L}^{-1}\left[\dfrac{1}{s(s^2+\omega^2)}\right]$ (3) $\mathcal{L}^{-1}\left[\dfrac{1}{(s^2+1)^2}\right]$

4.14 次の微分方程式をラプラス変換を用いて解け．

(1) $2f'(t) + f(t) = 2$ $\quad f(0) = 0$

(2) $f'' + 2f' + f = 5$ $\quad f(0) = 0,\ f'(0) = 0$

(3) $f''(t) + 4f(t) = \sin t$ $\quad f(0) = 1,\ f'(0) = 0$

(4) $f''(t) + 4f(t) = e(t)$ $\quad e(t) = \begin{cases} 2 & (0 < t \le 2) \\ 0 & (2 < t) \end{cases}$, $f(0) = 0,\ f'(0) = 0$

4.15 次の連立微分方程式（演習問題 2.6）をラプラス変換を用いて求めよ．

$\dfrac{dw}{dx} + 3y = 0, \quad \dfrac{dy}{dx} - 2w = 0$

初期条件：$w(0) = \sqrt{6}, \quad y(0) = 1$

Chapter 5 ラプラス変換を用いた電気回路の過渡現象解析

前章でラプラス変換について学んだので，ここでは，第3章で微分方程式の直接解法により解析したいくつかの回路に，ラプラス変換を適用する．それを通して，微分方程式の直接解法とラプラス変換法のそれぞれの手法の特徴を理解する．加えて，本章では，回路網関数やインパルス応答についても学ぶ．

5.1 基本回路素子における電圧と電流の関係のラプラス変換

1.1.1項で抵抗，コイル，コンデンサにおける電圧と電流の関係を示した．ここで，それらの関係をラプラス変換で表現してみよう．

まず，抵抗での電圧 $v_R(t)$ のラプラス変換を $\mathcal{L}[v_R(t)] = V_R(s)$，電流 $i(t)$ のそれを $\mathcal{L}[i(t)] = I(s)$ と表すと，式 (1.1) の $v_R(t) = Ri(t)$ は，

$$V_R(s) = RI(s) \tag{5.1}$$

となる．

次に，コイルでの電圧 $v_L(t)$ のラプラス変換を $\mathcal{L}[v_L(t)] = V_L(s)$ とする．コイルにおける電圧と電流の関係は，式 (1.5) より $v_L(t) = L(di(t)/dt)$ であったので，式 (4.53) の微分のラプラス変換 $\mathcal{L}[df/dt] = sF(s) - f(0)$ を用いて

$$V_L(s) = L\left(sI(s) - i(0)\right) \tag{5.2}$$

となる．$i(0)$ は電流の初期条件で決まる値である．

また，コンデンサでの電圧 $v_C(t)$ のラプラス変換を $\mathcal{L}[v_C(t)] = V_C(s)$ とする．コンデンサにおける電圧と電流の関係は，式 (1.14) より，

$$v_C(t) = \frac{1}{C}\int_{-\infty}^{t} i(t)dt$$

であった．この積分のラプラス変換は，式 (4.57) の積分範囲を $-\infty \sim t$ として，式 (4.61) より

$$\mathcal{L}\left[\int_{-\infty}^{t} i(t)dt\right] = \frac{I(s)}{s} + \frac{i^{(-1)}(0)}{s}$$

となる．ここで，

$$i^{(-1)}(0) = \int_{-\infty}^{0} i(t)dt = q(0)$$

であるので，

$$V_C(s) = \frac{1}{C}\left(\frac{I(s)}{s} + \frac{q(0)}{s}\right) \tag{5.3}$$

となる．$q(0)$ は電荷の初期条件で決まる値である．このように，ラプラス変換では，初期条件を最初から電圧，電流の関係式に含めて考える．

5.2 ▶▶ 単エネルギー回路

5.2.1 ▶ RL 直列回路

1.3.1 項で解析した RL 直列回路を再び取り上げる．図 5.1 において，回路方程式は，

$$Ri(t) + L\frac{di(t)}{dt} = E \tag{5.4}$$

であり，上式にラプラス変換を適用すると，$\mathcal{L}[E] = E/s$ であるので，式 (5.1)，(5.2) を用いて次式となる．

$$RI(s) + L\left(sI(s) - i(0)\right) = \frac{E}{s} \tag{5.5}$$

ここで，初期条件は $i(0) = 0$ であるので，

$$RI(s) + LsI(s) = \frac{E}{s} \tag{5.6}$$

となり，これより $I(s)$ を求めると，次式となる．

$$I(s) = \frac{E}{L}\frac{1}{s(s+R/L)} \tag{5.7}$$

これを部分分数展開すると，

$$I(s) = \frac{E}{L}\left(\frac{k_1}{s} + \frac{k_2}{s+R/L}\right) \tag{5.8}$$

となり，k_1，k_2 は次のようになる．

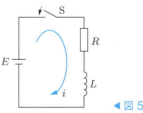

◀ 図 5.1

$$k_1 = \left.\frac{1}{s+R/L}\right|_{s=0} = \frac{L}{R}, \qquad k_2 = \left.\frac{1}{s}\right|_{s=-\frac{R}{L}} = -\frac{L}{R}$$

こうして，

$$I(s) = \frac{E}{R}\left(\frac{1}{s} - \frac{1}{s+R/L}\right) \tag{5.9}$$

となる．ラプラス逆変換は，ラプラス変換表（表 4.1）を活用して，

$$i(t) = \frac{E}{R}\left(1 - e^{-\frac{R}{L}t}\right) \tag{5.10}$$

となり，式 (1.27) と一致する．

5.2.2 ▶ RC 直列回路

次に，1.3.2 項および例題 3.1 で取り上げた図 5.2 の RC 直列回路の電流を，ラプラス変換を適用して求めよう．スイッチ S を閉じる前，コンデンサには Q_0 の電荷があったとする．回路方程式は，

$$Ri(t) + \frac{1}{C}\int i(t)dt = E \tag{5.11}$$

であり，式 (5.1), (5.3) を考慮して両辺をラプラス変換すると，

$$RI(s) + \frac{1}{C}\left(\frac{I(s)}{s} + \frac{q(0)}{s}\right) = \frac{E}{s} \tag{5.12}$$

となる．$q(0) = Q_0$ を代入し，$I(s)$ を求めると，

$$I(s) = \frac{CE - Q_0}{CR}\frac{1}{s + 1/CR} \tag{5.13}$$

であるから，ラプラス逆変換して，

$$i(t) = \frac{CE - Q_0}{CR}e^{-\frac{t}{CR}} \tag{5.14}$$

を得る．結果は例題 3.1 と一致する．$Q_0 = 0$ のときの結果は，式 (1.40) と同じになる．

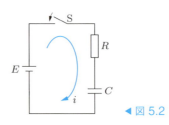

◀ 図 5.2

5.3 ▶▶ パルス電圧 — RL 直列回路

3.3.1 項で取り上げた図 5.3 の RL 直列回路の電流を，ラプラス変換によって求めよう．パルス電圧は式 (4.38) で表され，またステップ関数で表して，式 (4.39) になるので，回路方程式は次式となる．

$$Ri(t) + L\frac{di(t)}{dt} = E\left(u(t) - u(t-\tau)\right) \tag{5.15}$$

$i(0) = 0$ を考慮して両辺をラプラス変換すると，

$$RI(s) + LsI(s) = E\left\{\frac{1}{s}\left(1 - e^{-\tau s}\right)\right\} \tag{5.16}$$

となり，これより $I(s)$ は，

$$I(s) = \frac{E}{L}\frac{1-e^{-\tau s}}{s(s+R/L)} = \frac{E}{R}\left(\frac{1}{s} - \frac{1}{s+R/L}\right)\left(1 - e^{-\tau s}\right) \tag{5.17}$$

となる．ただし，途中の部分分数の展開は式 (5.7) から式 (5.9) の場合と同じであるので，その結果を用いている．式 (5.17) は，

$$I(s) = \frac{E}{R}\left(\frac{1}{s} - \frac{1}{s+R/L}\right) - \frac{E}{R}\left(\frac{1}{s} - \frac{1}{s+R/L}\right)e^{-\tau s} \tag{5.18}$$

となるので，それぞれの項をラプラス逆変換して，求める電流は，

$$i(t) = \frac{E}{R}\left(1 - e^{-\frac{R}{L}t}\right)u(t) - \frac{E}{R}\left\{1 - e^{-\frac{R}{L}(t-\tau)}\right\}u(t-\tau) \tag{5.19}$$

となる．

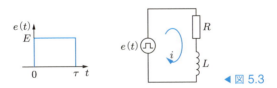

◀ 図 5.3

例題 5.1 式 (5.19) が，3.3.1 項で得た式 (3.64) ならびに式 (3.70) と同じ結果を表していることを示せ．

解 $0 \le t \le \tau$ では $u(t) = 1$，$u(t-\tau) = 0$ であるので，式 (5.19) は第 1 項のみとなり，

$$i(t) = \frac{E}{R}\left(1 - e^{-\frac{R}{L}t}\right)$$

となる．これが式 (3.64) である．$t > \tau$ では $u(t) = 1$，$u(t-\tau) = 1$ であるので，式 (5.19) は

$$i(t) = \frac{E}{R}\left(1 - e^{-\frac{R}{L}t}\right) - \frac{E}{R}\left\{1 - e^{-\frac{R}{L}(t-\tau)}\right\}$$

$$= -\frac{E}{R}e^{-\frac{R}{L}t} + \frac{E}{R}e^{-\frac{R}{L}(t-\tau)} = \frac{E}{R}\left(e^{\frac{R}{L}\tau} - 1\right)e^{-\frac{R}{L}t}$$

となり，式 (3.70) と同じになる．

5.4 ▶▶ 複数のコイルをもつ回路

5.4.1 ▶ 直流電源と抵抗，二つのコイルから構成される回路

図 5.4 の回路（演習問題 3.6 参照）の電流をラプラス変換で求めよう．スイッチ S を開いたあとの回路方程式は，

$$(L_1 + L_2)\frac{di}{dt} + R_2 i = E \tag{5.20}$$

である．ラプラス変換すると，

$$(L_1 + L_2)(sI(s) - i(0_+)) + R_2 I(s) = \frac{E}{s} \tag{5.21}$$

であり，整理すると，

$$\{(L_1 + L_2)s + R_2\} I(s) - (L_1 + L_2)i(0_+) = \frac{E}{s} \tag{5.22}$$

となる．ここで，$i(0_+)$ は次の磁束鎖交数保存の理より求めることができる．

$$(L_1 + L_2)i(0_+) = L_1 i_1(0_-) + L_2 i_2(0_-) \tag{5.23}$$

S が開かれる直前の電流 $i_1(0_-)$, $i_2(0_-)$ は，

$$i_1(0_-) = \frac{R_1 + R_2}{R_1 R_2}E, \qquad i_2(0_-) = \frac{E}{R_2} \tag{5.24}$$

であるので，式 (5.23)，(5.24) を式 (5.22) に代入して整理する．

$$\{(L_1 + L_2)s + R_2\} I(s) = \frac{E}{s} + \frac{(R_1 + R_2)L_1 E + R_1 L_2 E}{R_1 R_2} \tag{5.25}$$

さらに計算して，

$$I(s) = \frac{E}{L_1 + L_2}\left[\frac{1}{s\{s + R_2/(L_1 + L_2)\}}\right]$$
$$+ \frac{(R_1 + R_2)L_1 E + R_1 L_2 E}{R_1 R_2 (L_1 + L_2)\{s + R_2/(L_1 + L_2)\}} \tag{5.26}$$

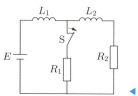

◀ 図 5.4

となる．右辺第1項の大括弧 [ ] 内は，

$$\frac{1}{s\{s+R_2/(L_1+L_2)\}} = \frac{k_1}{s} + \frac{k_2}{s+R_2/(L_1+L_2)} \tag{5.27}$$

のように部分分数に展開して

$$k_1 = \left.\frac{1}{s+R_2/(L_1+L_2)}\right|_{s=0} = \frac{L_1+L_2}{R_2}$$

$$k_2 = \left.\frac{1}{s}\right|_{s=-\frac{R_2}{L_1+L_2}} = -\frac{L_1+L_2}{R_2}$$

を得る．こうして，式 (5.26) は，

$$\begin{aligned}
I(s) &= \frac{E}{R_2}\left\{\frac{1}{s} - \frac{1}{s+R_2/(L_1+L_2)}\right\} \\
&\quad + \frac{(R_1+R_2)L_1E + R_1L_2E}{R_1R_2(L_1+L_2)}\left\{\frac{1}{s+R_2/(L_1+L_2)}\right\} \\
&= \frac{E}{R_2}\left(\frac{1}{s}\right) + \left\{-\frac{E}{R_2} + \frac{(R_1+R_2)L_1E + R_1L_2E}{R_1R_2(L_1+L_2)}\right\}\left\{\frac{1}{s+R_2/(L_1+L_2)}\right\} \\
&= \frac{E}{R_2}\left(\frac{1}{s}\right) + \frac{L_1E}{R_1(L_1+L_2)}\left\{\frac{1}{s+R_2/(L_1+L_2)}\right\}
\end{aligned} \tag{5.28}$$

となる．ラプラス逆変換して次式を得る．

$$i(t) = \frac{E}{R_2} + \frac{L_1E}{R_1(L_1+L_2)}e^{-\frac{R_2}{L_1+L_2}t} \tag{5.29}$$

5.4.2 ▶ 相互誘導回路

3.5.2 項および 3.5.3 項で取り上げた図 5.5 の相互誘導回路の電流を，ラプラス変換で求めよう．回路方程式は，

$$R_1 i_1 + L_1 \frac{di_1}{dt} + M\frac{di_2}{dt} = E \tag{5.30}$$

$$R_2 i_2 + L_2 \frac{di_2}{dt} + M\frac{di_1}{dt} = 0 \tag{5.31}$$

である．これらの微分方程式をラプラス変換すると，

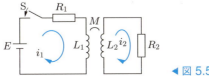

◀ 図 5.5

$$R_1I_1(s) + L_1(sI_1(s) - i_1(0_+)) + M(sI_2(s) - i_2(0_+)) = \frac{E}{s}$$

$$R_2I_2(s) + L_2(sI_2(s) - i_2(0_+)) + M(sI_1(s) - i_1(0_+)) = 0$$

であり，整理して，

$$R_1I_1(s) + L_1sI_1(s) + MsI_2(s) - (L_1i_1(0_+) + Mi_2(0_+)) = \frac{E}{s} \tag{5.32}$$

$$R_2I_2(s) + L_2sI_2(s) + MsI_1(s) - (L_2i_2(0_+) + Mi_1(0_+)) = 0 \tag{5.33}$$

となる．ここで，初期条件として $L_1L_2 - M^2 > 0$ の相互誘導回路の場合（式 (3.128)，(3.129) 参照），$L_1L_2 - M^2 = 0$ の場合（式 (3.156)，(3.157) 参照）とも，磁束鎖交数保存の理より，$i_1(0_-) = i_2(0_-) = 0$ であることを考慮して，

$$L_1i_1(0_+) + Mi_2(0_+) = 0 \tag{5.34}$$

$$L_2i_2(0_+) + Mi_1(0_+) = 0 \tag{5.35}$$

であったので，式 (5.34)，(5.35) を式 (5.32)，(5.33) に代入し，

$$R_1I_1(s) + L_1sI_1(s) + MsI_2(s) = \frac{E}{s} \tag{5.36}$$

$$R_2I_2(s) + L_2sI_2(s) + MsI_1(s) = 0 \tag{5.37}$$

となる．これらより $I_1(s)$，$I_2(s)$ を求める．

(i) $L_1L_2 - M^2 > 0$ の場合

式 (5.37) より，

$$I_2 = -\frac{Ms}{L_2s + R_2}I_1 \tag{5.38}$$

であり，これを式 (5.36) に代入して，

$$(R_1 + L_1s)I_1 - \frac{M^2s^2}{R_2 + L_2s}I_1 = \frac{E}{s}$$

となる．整理して，

$$I_1(s) = E\left[\frac{L_2s + R_2}{s\{(L_1L_2 - M^2)s^2 + (R_1L_2 + R_2L_1)s + R_1R_2\}}\right]$$

$$= \frac{E}{L_1L_2 - M^2}\left[\frac{L_2s + R_2}{s\{s^2 + (R_1L_2 + R_2L_1)s/(L_1L_2 - M^2) + R_1R_2/(L_1L_2 - M^2)\}}\right] \tag{5.39}$$

となる．分母の中括弧 $\{\quad\} = 0$ の根は，

5.4 複数のコイルをもつ回路

$$s = -\frac{R_1L_2 + R_2L_1}{2(L_1L_2 - M^2)} \pm \frac{1}{2}\sqrt{\frac{(R_1L_2 + R_2L_1)^2}{(L_1L_2 - M^2)^2} - \frac{4R_1R_2}{L_1L_2 - M^2}} \tag{5.40}$$

であるので，

$$\alpha = \frac{R_1L_2 + R_2L_1}{2(L_1L_2 - M^2)} \tag{5.41}$$

$$\beta = \frac{1}{2}\sqrt{\frac{(R_1L_2 + R_2L_1)^2}{(L_1L_2 - M^2)^2} - \frac{4R_1R_2}{L_1L_2 - M^2}}$$

$$= \frac{\sqrt{(R_1L_2 + R_2L_1)^2 - 4R_1R_2(L_1L_2 - M^2)}}{2(L_1L_2 - M^2)} \tag{5.42}$$

とおくと，式 (5.40) の二つの根は，

$$s_1 = -\alpha + \beta, \qquad s_2 = -\alpha - \beta \tag{5.43}$$

となる．これらを用いて，

$$I_1(s) = \frac{E}{L_1L_2 - M^2}\left[\frac{L_2s + R_2}{s\left\{s + (\alpha - \beta)\right\}\left\{s + (\alpha + \beta)\right\}}\right]$$

$$= \frac{E}{L_1L_2 - M^2}\left\{\frac{k_1}{s} + \frac{k_2}{s + (\alpha - \beta)} + \frac{k_3}{s + (\alpha + \beta)}\right\} \tag{5.44}$$

と部分分数展開できる．任意定数 k_1, k_2, k_3 は次のようになる．

$$k_1 = \left.\frac{L_2s + R_2}{\{s + (\alpha - \beta)\}\{s + (\alpha + \beta)\}}\right|_{s=0} = \frac{R_2}{\alpha^2 - \beta^2} = \frac{L_1L_2 - M^2}{R_1}$$

$$k_2 = \left.\frac{L_2s + R_2}{s\{s + (\alpha + \beta)\}}\right|_{s=-(\alpha-\beta)} = \frac{L_2}{2\beta} - \frac{R_2}{2\beta(\alpha - \beta)}$$

$$k_3 = \left.\frac{L_2s + R_2}{s\{s + (\alpha - \beta)\}}\right|_{s=-(\alpha+\beta)} = -\frac{L_2}{2\beta} + \frac{R_2}{2\beta(\alpha + \beta)}$$

こうして式 (5.44) は，

$$I_1 = \frac{E}{L_1L_2 - M^2}\left[\left(\frac{L_1L_2 - M^2}{R_1}\right)\frac{1}{s} + \left\{\frac{L_2}{2\beta} - \frac{R_2}{2\beta(\alpha - \beta)}\right\}\frac{1}{s + (\alpha - \beta)}\right.$$

$$\left. + \left\{-\frac{L_2}{2\beta} + \frac{R_2}{2\beta(\alpha + \beta)}\right\}\frac{1}{s + (\alpha + \beta)}\right] \tag{5.45}$$

となり，ラプラス逆変換して

$$i_1(t) = \frac{E}{R_1} + \frac{E}{L_1L_2 - M^2}\left\{\frac{L_2}{2\beta} - \frac{R_2}{2\beta(\alpha - \beta)}\right\}e^{-(\alpha-\beta)t}$$

$$+ \frac{E}{L_1L_2 - M^2}\left\{-\frac{L_2}{2\beta} + \frac{R_2}{2\beta(\alpha + \beta)t}\right\}e^{-(\alpha+\beta)t}$$

$$= \frac{E}{R_1} + \frac{EL_2}{2\beta(L_1L_2 - M^2)} e^{-\alpha t}(e^{\beta t} - e^{-\beta t})$$
$$+ \frac{ER_2}{2\beta(L_1L_2 - M^2)} e^{-\alpha t} \left(-\frac{1}{\alpha - \beta} e^{\beta t} + \frac{1}{\alpha + \beta} e^{-\beta t} \right) \quad (5.46)$$

となる．第3項の括弧内を計算すると，
$$-\frac{1}{\alpha - \beta} e^{\beta t} + \frac{1}{\alpha + \beta} e^{-\beta t} = \frac{1}{\alpha^2 - \beta^2} \left\{ -(\alpha + \beta)e^{\beta t} + (\alpha - \beta)e^{-\beta t} \right\}$$
$$= -\frac{L_1L_2 - M^2}{R_1R_2} \left\{ \alpha(e^{\beta t} - e^{-\beta t}) + \beta(e^{\beta t} + e^{-\beta t}) \right\}$$
$$= -\frac{2(L_1L_2 - M^2)}{R_1R_2} (\alpha \sinh \beta t + \beta \cosh \beta t)$$

であるから，第3項は，
$$-\frac{E}{\beta R_1} e^{-\alpha t} (\alpha \sinh \beta t + \beta \cosh \beta t)$$
$$= -\frac{E}{R_1} e^{-\alpha t} \left(\frac{\alpha}{\beta} \sinh \beta t + \cosh \beta t \right)$$
$$= -\frac{E}{R_1} e^{-\alpha t} \sinh(\beta t + \varphi) \qquad \left(\varphi = \tanh^{-1} \frac{\beta}{\alpha} \right)$$

である．第2項にも $e^{\beta t} - e^{-\beta t} = 2 \sinh \beta t$ を適用して，求める電流は，
$$i_1(t) = \frac{E}{R_1} + \frac{L_2 E}{\beta(L_1L_2 - M^2)} e^{-\alpha t} \sinh \beta t - \frac{E}{R_1} e^{-\alpha t} \sinh(\beta t + \varphi) \quad (5.47)$$

となる．これは式 (3.148) と一致する．

次に，$I_2(s)$ は式 (5.38) と式 (5.44) より，
$$I_2(s) = \frac{ME}{L_1L_2 - M^2} \left[\frac{1}{\{s + (\alpha - \beta)\}\{s + (\alpha + \beta)\}} \right]$$
$$= -\frac{ME}{\beta(L_1L_2 - M^2)} \frac{\beta}{(s+\alpha)^2 - \beta^2} \quad (5.48)$$

となり，逆変換して，
$$i_2(t) = -\frac{ME}{\beta(L_1L_2 - M^2)} e^{-\alpha t} \sinh \beta t \quad (5.49)$$

となる．これは式 (3.149) と同じになる．

(ii) $L_1L_2 - M^2 = 0$ の場合

この場合は，式 (5.39) において，$L_1L_2 - M^2 = 0$ を代入すると，

$$I_1(s) = E\left[\frac{L_2 s + R_2}{s\{(R_1 L_2 + R_2 L_1)s + R_1 R_2\}}\right] \tag{5.50}$$

となるので，変形して，

$$I_1(s) = \frac{E}{R_1 L_2 + R_2 L_1}\left[\frac{L_2 s + R_2}{s\{s + R_1 R_2/(R_1 L_2 + R_2 L_1)\}}\right] \tag{5.51}$$

となる．大括弧 [ ] の中を部分分数展開して

$$\frac{L_2 s + R_2}{s\{s + R_1 R_2/(R_1 L_2 + R_2 L_1)\}} = \frac{k_1}{s} + \frac{k_2}{s + R_1 R_2/(R_1 L_2 + R_2 L_1)}$$

とし，k_1，k_2 を求める．$a = R_1 R_2/(R_1 L_2 + R_2 L_1)$ とおいて，右辺を通分し，左辺と分子を比較して，

$$k_1 s + a k_1 + k_2 s = L_2 s + R_2 \quad \rightarrow \quad k_1 + k_2 = L_2, \qquad a k_1 = R_2$$

$$k_1 = \frac{R_2}{a}, \qquad k_2 = L_2 - \frac{R_2}{a}$$

を得る．こうして，

$$\begin{aligned}I_1(s) &= \frac{E}{R_1 L_2 + R_2 L_1}\left\{\frac{R_2}{as} + \left(L_2 - \frac{R_2}{a}\right)\frac{1}{s+a}\right\}\\ &= \frac{E}{R_1}\left\{\frac{1}{s} - \left(\frac{R_2 L_1}{R_1 L_2 + R_2 L_1}\right)\frac{1}{s+a}\right\}\end{aligned} \tag{5.52}$$

となるので，ラプラス逆変換して，

$$i_1(t) = \frac{E}{R_1}\left(1 - \frac{R_2 L_1}{R_1 L_2 + R_2 L_1}e^{-\frac{R_1 R_2}{R_1 L_2 + R_2 L_1}t}\right) \tag{5.53}$$

となる．これは式 (3.159) と同じである．

$I_2(s)$ は式 (5.38) に式 (5.50) を代入して，

$$I_2(s) = -\frac{ME}{(R_1 L_2 + R_2 L_1)s + R_1 R_2} = -\frac{ME}{(R_1 L_2 + R_2 L_1)(s+a)} \tag{5.54}$$

となるので，逆変換して

$$i_2(t) = -\frac{ME}{R_1 L_2 + R_2 L_1}e^{-\frac{R_1 R_2}{R_1 L_2 + R_2 L_1}t} \tag{5.55}$$

を得る．これは式 (3.160) と一致する．

5.5 ▶▶ 交流電源 — RL 直列回路

3.6.1 項で取り上げた図 5.6 の回路の電流を，ラプラス変換で求めよう．回路方程式は，

$$Ri(t) + L\frac{di(t)}{dt} = E_m \sin(\omega t + \theta) \tag{5.56}$$

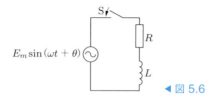

◀ 図 5.6

であり，初期条件は $i(0) = 0$ であるから，ラプラス変換は，

$$RI(s) + LsI(s) = E_m \frac{s\sin\theta + \omega\cos\theta}{s^2 + \omega^2} \tag{5.57}$$

となる．これより，

$$I(s) = \frac{E_m}{L} \frac{s\sin\theta + \omega\cos\theta}{(s + R/L)(s^2 + \omega^2)} \tag{5.58}$$

を得る．部分分数展開して，

$$I(s) = \frac{E_m}{L}\left(\frac{k_1}{s + R/L} + \frac{k_2 s + k_3}{s^2 + \omega^2}\right) \tag{5.59}$$

とし，k_1 を求めると，

$$k_1 = \left.\frac{s\sin\theta + \omega\cos\theta}{s^2 + \omega^2}\right|_{s=-\frac{R}{L}} = -L\frac{R\sin\theta - \omega L\cos\theta}{R^2 + (\omega L)^2}$$

となる．ここで，

$$Z = \sqrt{R^2 + (\omega L)^2} \tag{5.60}$$

とおくと，

$$k_1 = -\frac{L}{Z}\left(\frac{R}{Z}\sin\theta - \frac{\omega L}{Z}\cos\theta\right) = -\frac{L}{Z}\sin(\theta - \varphi) \quad \left(\varphi = \tan^{-1}\frac{\omega L}{R}\right)$$

と表すことができる．k_2，k_3 は，

$$k_2 s + k_3|_{s=j\omega} = \left.\frac{s\sin\theta + \omega\cos\theta}{s + R/L}\right|_{s=j\omega}$$

より，

$$j\omega k_2 + k_3 = \frac{\omega L}{Z^2}\{(R\cos\theta + \omega L\sin\theta) + j(R\sin\theta - \omega L\cos\theta)\}$$

であるから，両辺の実数部，虚数部を比較して，

$$k_2 = \frac{L}{Z^2}(R\sin\theta - \omega L\cos\theta) = \frac{L}{Z}\left(\frac{R}{Z}\sin\theta - \frac{\omega L}{Z}\cos\theta\right) = \frac{L}{Z}\sin(\theta - \varphi)$$

$$k_3 = \frac{\omega L}{Z^2}(R\cos\theta + \omega L\sin\theta) = \frac{\omega L}{Z}\left(\frac{R}{Z}\cos\theta + \frac{\omega L}{Z}\sin\theta\right) = \frac{\omega L}{Z}\cos(\theta - \varphi)$$

と求められる．こうして，

$$I(s) = \frac{E_m}{L}\left(k_1\frac{1}{s+R/L} + k_2\frac{s}{s^2+\omega^2} + k_3\frac{1}{s^2+\omega^2}\right)$$
$$= \frac{E_m}{Z}\left(-\sin(\theta-\varphi)\frac{1}{s+R/L} + \sin(\theta-\varphi)\frac{s}{s^2+\omega^2} + \cos(\theta-\varphi)\frac{\omega}{s^2+\omega^2}\right) \tag{5.61}$$

であるので,ラプラス逆変換して

$$i(t) = -\frac{E_m}{Z}\sin(\theta-\varphi)e^{-\frac{R}{L}t} + \frac{E_m}{Z}\cos\omega t\sin(\theta-\varphi) + \frac{E_m}{Z}\sin\omega t\cos(\theta-\varphi) \tag{5.62}$$

を得る. $\sin\omega t\cos(\theta-\varphi) + \cos\omega t\sin(\theta-\varphi) = \sin\{\omega t + (\theta-\varphi)\}$ を用いて,また,$E_m/Z = I_m$ とおいて,

$$i(t) = I_m\sin(\omega t + \theta - \varphi) - I_m\sin(\theta-\varphi)e^{-\frac{R}{L}t} \tag{5.63}$$

となる. これは式 (3.177) と一致する.

5.6 ▶▶ 電流源

図 5.7 の RC 並列回路(3.7.1 項参照)に,$t=0$ で定電流 I_0 を投入したときの電流 i_R, i_C を求めよう. はじめコンデンサに電荷はなかったとする. 回路方程式は,キルヒホッフの電流則と電圧則より,

$$i_R + i_C = I_0 \tag{5.64}$$
$$Ri_R - \frac{1}{C}\int i_C dt = 0 \tag{5.65}$$

である. これらをラプラス変換して,

$$I_R + I_C = \frac{I_0}{s} \tag{5.66}$$
$$RI_R - \frac{I_C}{Cs} = 0 \tag{5.67}$$

となる. 式 (5.67) より,

$$I_R = \frac{I_C}{CRs} \tag{5.68}$$

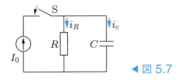

◀ 図 5.7

を式 (5.66) に代入して整理すると，I_C は，

$$I_C = \frac{I_0}{s + 1/CR} \tag{5.69}$$

となる．これをラプラス逆変換して，

$$i_C(t) = I_0 e^{-\frac{t}{CR}} \tag{5.70}$$

を得る．i_R は，式 (5.64) よりただちに次式となる．

$$i_R = I_0 - i_C = I_0 \left(1 - e^{-\frac{t}{CR}}\right) \tag{5.71}$$

定常状態では，$i_R = I_0$，$i_C = 0$ となる．

5.7 ▶▶ 複エネルギー回路

5.7.1 ▶ LC 回路

図 5.8 の LC 回路（3.8.1 項参照）を，ラプラス変換を用いて解析する．コンデンサには，スイッチ S を閉じる前に電荷 Q_0 が蓄えられているとする．これは図 3.34 においてスイッチ S を①側から②側に閉じた場合と同じである．回路方程式は，

$$L\frac{di(t)}{dt} + \frac{1}{C}\int i(t)dt = 0 \tag{5.72}$$

であり，ラプラス変換を適用して，

$$LsI(s) + \frac{1}{C}\left(\frac{I(s)}{s} + \frac{q(0)}{s}\right) = 0 \tag{5.73}$$

となる．電流の向きと電荷の正負の関係を考慮して，$q(0) = -Q_0$ とすると，上式は，

$$I(s) = \frac{Q_0}{LC}\frac{1}{s^2 + 1/LC} = \frac{Q_0}{\sqrt{LC}}\frac{1/\sqrt{LC}}{s^2 + (1/\sqrt{LC})^2} \tag{5.74}$$

となり，ラプラス逆変換して，次式となる．

$$i(t) = \frac{Q_0}{\sqrt{LC}}\sin\frac{t}{\sqrt{LC}} \tag{5.75}$$

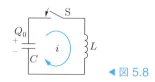

◀ 図 5.8

5.7.2 ▶ RLC 回路（自由振動）

図 5.9 の回路（3.8.2 項参照）の解くべき方程式は，

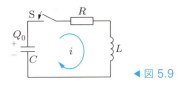

◀ 図 5.9

$$Ri(t) + L\frac{di(t)}{dt} + \frac{1}{C}\int i(t)dt = 0 \tag{5.76}$$

であり，また，初期条件は $q(0) = -Q_0$ である．ラプラス変換して，

$$RI(s) + LsI(s) + \frac{1}{C}\left(\frac{I(s)}{s} - \frac{Q_0}{s}\right) = 0 \tag{5.77}$$

であるから，

$$I(s) = \frac{Q_0}{LC\{s^2 + (R/L)s + 1/LC\}} \tag{5.78}$$

となる．分母の中括弧 $\{\ \} = 0$ の根は，

$$s = -\frac{R}{2L} \pm \frac{1}{2}\sqrt{\left(\frac{R}{L}\right)^2 - \frac{4}{CL}} = -\frac{R}{2L} \pm \frac{1}{2L}\sqrt{R^2 - \frac{4L}{C}} \tag{5.79}$$

であるので，

$$s_1 = -\alpha + \beta, \qquad s_2 = -\alpha - \beta \tag{5.80}$$

$$\alpha = \frac{R}{2L}, \qquad \beta = \frac{1}{2L}\sqrt{R^2 - \frac{4L}{C}}$$

とおくと，式 (5.78) は

$$I(s) = \frac{Q_0}{LC(s - s_1)(s - s_2)} \tag{5.81}$$

と表せる．以降の計算は，R^2 と $4L/C$ の大小関係によって，次の三つの場合に分かれる．

以下にそれぞれの場合につき解析を行う．

(ⅰ) $R^2 > 4L/C$ の場合

s_1, s_2 は相異なる実根（$s_1 = -\alpha + \beta$, $s_2 = -\alpha - \beta$）である．式 (5.81) を部分分数展開して，

$$I(s) = \frac{Q_0}{LC}\left(\frac{k_1}{s - s_1} + \frac{k_2}{s - s_2}\right) \tag{5.82}$$

とする．k_1, k_2 は，

$$k_1 = \left.\frac{1}{s - s_2}\right|_{s=s_1} = \frac{1}{s_1 - s_2}, \qquad k_2 = \left.\frac{1}{s - s_1}\right|_{s=s_2} = -\frac{1}{s_1 - s_2}$$

となり，また，$s_1 - s_2 = 2\beta$ であるので，式 (5.82) は，

$$I(s) = \frac{Q_0}{2\beta LC}\left(\frac{1}{s - s_1} - \frac{1}{s - s_2}\right) \tag{5.83}$$

となる．これをラプラス逆変換して，次式を得る．

$$i(t) = \frac{Q_0}{2\beta LC}\left(e^{s_1 t} - e^{s_2 t}\right) = \frac{Q_0}{2\beta LC}e^{-\alpha t}\left(e^{\beta t} - e^{-\beta t}\right)$$

$$= \frac{Q_0}{\beta LC}e^{-\alpha t}\sinh\beta t \tag{5.84}$$

(ii) $R^2 = 4L/C$ の場合

$\beta = 0$ であるので，$s_1 = s_2 \,(= s_0 = -\alpha)$ は2重根である．式 (5.81) は，

$$I(s) = \frac{Q_0}{LC(s - s_0)^2} \tag{5.85}$$

であるので，ただちにラプラス逆変換より，次式となる．

$$i(t) = \frac{Q_0}{LC}te^{s_0 t} = \frac{Q_0}{LC}te^{-\alpha t} \tag{5.86}$$

(iii) $R^2 < 4L/C$ の場合

$\gamma = \frac{1}{2L}\sqrt{\frac{4L}{C} - R^2}$ とおくと，$\beta = j\gamma$ であるので，s_1, s_2 は共役複素根 ($s_1 = -\alpha + j\gamma$，$s_2 = -\alpha - j\gamma$) である．

$$I(s) = \frac{Q_0}{LC(s_1 - s_2)}\left(\frac{1}{s - s_1} - \frac{1}{s - s_2}\right) \tag{5.87}$$

に $s_1 - s_2 = j2\gamma$ を代入し，ラプラス逆変換すると，次式となる．

$$i(t) = \frac{Q_0}{j2\gamma LC}\left(e^{s_1 t} - e^{s_2 t}\right) = \frac{Q_0}{j2\gamma LC}e^{-\alpha t}\left(e^{j\gamma t} - e^{-j\gamma t}\right)$$

$$= \frac{Q_0}{\gamma LC}e^{-\alpha t}\sin\gamma t \tag{5.88}$$

(i)～(iii) の結果は，$Q_0 = CE$ とおくと 3.8.2 項の電流と一致する．

5.7.3 ▶ RLC 直列回路 — 直流電源

3.8.3 項で取り上げた図 5.10 の回路の電流を，ラプラス変換を利用して求める．回路方程式は，

$$Ri(t) + L\frac{di(t)}{dt} + \frac{1}{C}\int i(t)dt = E \tag{5.89}$$

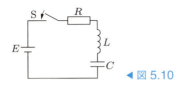

◀ 図 5.10

である．ラプラス変換して，

$$RI(s) + L\left(sI(s) - i(0)\right) + \frac{1}{C}\left(\frac{I(s)}{s} + \frac{q(0)}{s}\right) = \frac{E}{s} \quad (5.90)$$

となり，初期条件 $q(0) = 0$，$i(0) = 0$ を考慮して整理すると，

$$I(s) = \frac{E}{L\{s^2 + (R/L)s + 1/LC\}} \quad (5.91)$$

となる．式 (5.78) と比較して，$Q_0/C = E$ と置き換えれば，まったく同じ方程式である．よって，前項と同様の場合（ｉ）〜(iii) において，結果はただちに以下のようになる．

（ｉ）式 (5.84) において，$Q_0/\beta LC = E/\beta L$ と直して，

$$i(t) = \frac{E}{\beta L}e^{-\alpha t}\sinh\beta t = \frac{E}{\sqrt{(R/2)^2 - L/C}}e^{-\alpha t}\sinh\beta t \quad (5.92)$$

（ii）式 (5.86) において，$Q_0/C = E$ と直して，

$$i(t) = \frac{E}{L}te^{-\alpha t} \quad (5.93)$$

(iii) 式 (5.88) において，$Q_0/C = E$ と直して，

$$i(t) = \frac{E}{\gamma L}e^{-\alpha t}\sin\gamma t = \frac{2E}{\sqrt{4L/C - R^2}}e^{-\alpha t}\sin\gamma t \quad (5.94)$$

ここで得た結果は 3.8.3 項の結果と一致する．

5.8 ▶▶ RLC 直列回路 — 交流電源

3.8.4 項で取り上げた図 5.11 の回路の電流を，ラプラス変換で求める．回路方程式は，

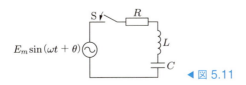

◀ 図 5.11

$$Ri(t) + L\frac{di(t)}{dt} + \frac{1}{C}\int i(t)dt = E_m \sin(\omega t + \theta) \tag{5.95}$$

であり，$i(0) = 0$，$q(0) = 0$ を考慮して，上式をラプラス変換すると，

$$RI(s) + LsI(s) + \frac{I(s)}{Cs} = E_m \frac{s\sin\theta + \omega\cos\theta}{s^2 + \omega^2} \tag{5.96}$$

となる．これより，$I(s)$ は次式となる．

$$I(s) = E_m \frac{s\sin\theta + \omega\cos\theta}{s^2 + \omega^2} \frac{s}{L\left\{s^2 + (R/L)s + 1/LC\right\}} \tag{5.97}$$

分母の $s^2 + (R/L)s + 1/LC = 0$ の根は，

$$s = -\frac{R}{2L} \pm \frac{1}{2}\sqrt{\left(\frac{R}{L}\right)^2 - \frac{4}{CL}} = -\frac{R}{2L} \pm \frac{1}{2L}\sqrt{R^2 - \frac{4L}{C}} \tag{5.98}$$

であるので，

$$s_1 = -\alpha + \beta, \qquad s_2 = -\alpha - \beta \tag{5.99}$$

$$\alpha = \frac{R}{2L}, \qquad \beta = \frac{1}{2L}\sqrt{R^2 - \frac{4L}{C}}$$

とおき，$I(s)$ を部分分数展開すると，

$$\begin{aligned} I(s) &= E_m \frac{s\sin\theta + \omega\cos\theta}{s^2 + \omega^2} \frac{s}{L(s - s_1)(s - s_2)} \\ &= E_m \left(\frac{k_1 s + k_2}{s^2 + \omega^2} + \frac{k_3}{s - s_1} + \frac{k_4}{s - s_2}\right) \end{aligned} \tag{5.100}$$

となる．k_1，k_2 をまず求める．

$$k_1 s + k_2|_{s=j\omega} = \left.\frac{s(s\sin\theta + \omega\cos\theta)}{L\left\{s^2 + (R/L)s + 1/LC\right\}}\right|_{s=j\omega}$$

$$j\omega k_1 + k_2 = \frac{j\omega(j\omega\sin\theta + \omega\cos\theta)}{L\left(-\omega^2 + j\omega R/L + 1/LC\right)} = \frac{\omega(\cos\theta + j\sin\theta)}{R + j\left(\omega L - 1/\omega C\right)}$$

であるから，ここで，

$$R + j\left(\omega L - \frac{1}{\omega C}\right) = \sqrt{R^2 + \left(\omega L - \frac{1}{\omega C}\right)^2} e^{j\varphi} = Ze^{j\varphi}$$

$$\left(Z = \sqrt{R^2 + \left(\omega L - \frac{1}{\omega C}\right)^2}, \quad \varphi = \tan^{-1}\frac{\omega L - 1/\omega C}{R}\right) \tag{5.101}$$

$$\cos\theta + j\sin\theta = e^{j\theta}$$

と書き換えると，

$$j\omega k_1 + k_2 = \frac{\omega e^{j\theta}}{Ze^{j\varphi}} = \frac{\omega}{Z}e^{j(\theta - \varphi)} = \frac{\omega}{Z}\left(j\sin(\theta - \varphi) + \cos(\theta - \varphi)\right)$$

となり，これより k_1, k_2 は次のようになる．
$$k_1 = \frac{1}{Z}\sin(\theta - \varphi), \qquad k_2 = \frac{\omega}{Z}\cos(\theta - \varphi)$$

次に k_3, k_4 は，
$$k_3 = \left.\frac{s(s\sin\theta + \omega\cos\theta)}{L(s-s_2)(s^2+\omega^2)}\right|_{s=s_1} = \frac{s_1(s_1\sin\theta + \omega\cos\theta)}{L(s_1-s_2)(s_1^2+\omega^2)}$$

$$k_4 = \left.\frac{s(s\sin\theta + \omega\cos\theta)}{L(s-s_1)(s^2+\omega^2)}\right|_{s=s_2} = -\frac{s_2(s_2\sin\theta + \omega\cos\theta)}{L(s_1-s_2)(s_2^2+\omega^2)}$$

と求められる．こうして，
$$\begin{aligned}I(s) = &E_m\left(\frac{1}{Z}\sin(\theta-\varphi)\frac{s}{s^2+\omega^2} + \frac{1}{Z}\cos(\theta-\varphi)\frac{\omega}{s^2+\omega^2}\right) \\ &+ \frac{E_m}{L(s_1-s_2)}\left\{\frac{s_1(s_1\sin\theta+\omega\cos\theta)}{s_1^2+\omega^2}\frac{1}{s-s_1} - \frac{s_2(s_2\sin\theta+\omega\cos\theta)}{s_2^2+\omega^2}\frac{1}{s-s_2}\right\}\end{aligned} \tag{5.102}$$

となる．ラプラス逆変換すると，次式となる．
$$\begin{aligned}i(t) = &\frac{E_m}{Z}\left(\cos\omega t\sin(\theta-\varphi) + \sin\omega t\cos(\theta-\varphi)\right) \\ &+ \frac{E_m}{L(s_1-s_2)}\left\{\frac{s_1(s_1\sin\theta+\omega\cos\theta)}{s_1^2+\omega^2}e^{s_1 t} - \frac{s_2(s_2\sin\theta+\omega\cos\theta)}{s_2^2+\omega^2}e^{s_2 t}\right\} \\ = &\frac{E_m}{Z}\sin(\omega t + \theta - \varphi) \\ &+ \frac{E_m}{L(s_1-s_2)}\left\{\frac{s_1(s_1\sin\theta+\omega\cos\theta)}{s_1^2+\omega^2}e^{s_1 t} - \frac{s_2(s_2\sin\theta+\omega\cos\theta)}{s_2^2+\omega^2}e^{s_2 t}\right\}\end{aligned} \tag{5.103}$$

第 1 項は定常項である．第 2 項以降の過渡項は，これまで同様，(i) $R^2 > 4L/C$ の場合，(ii) $R^2 = 4L/C$ の場合，(iii) $R^2 < 4L/C$ の場合に分けて考える必要がある．

式 (5.103) の過渡項は，3.8.4 項で微分方程式を直接解いて得た電流，式 (3.294)，(3.298)，(3.301) のそれらと違ってみえるが，同じ結果を与えている．ここで，それを示そう．

(ⅰ) $R^2 > 4L/C$ の場合

$$s_1 = -\alpha + \beta, \qquad s_2 = -\alpha - \beta, \qquad \alpha = \frac{R}{2L}, \qquad \beta = \frac{1}{2L}\sqrt{R^2 - \frac{4L}{C}} \tag{5.104}$$

とする．式 (5.103) において，$s_1 - s_2 = 2\beta$ を用いて，過渡項の部分のみを再記すると，

$$i_t(t) = \frac{E_m}{2\beta L} \left\{ \frac{s_1(s_1 \sin\theta + \omega\cos\theta)}{s_1^2 + \omega^2} e^{s_1 t} - \frac{s_2(s_2 \sin\theta + \omega\cos\theta)}{s_2^2 + \omega^2} e^{s_2 t} \right\} \tag{5.105}$$

である．通分して，

$$i_t = \frac{E_m}{2\beta L}$$
$$\times \left[\frac{s_1\{s_1(s_2^2+\omega^2)\sin\theta + \omega(s_2^2+\omega^2)\cos\theta\}e^{s_1 t} + s_2\{-s_2(s_1^2+\omega^2)\sin\theta - \omega(s_1^2+\omega^2)\cos\theta\}e^{s_2 t}}{(s_1^2+\omega^2)(s_2^2+\omega^2)} \right] \tag{5.106}$$

となる．ここで分母を計算すると，

$$(s_1^2 + \omega^2)(s_2^2 + \omega^2) = (\alpha^2 - \beta^2 - \omega^2)^2 + 4\alpha^2\omega^2 \tag{5.107}$$

であり，式 (5.104) の α, β を代入して整理すると，

$$\alpha^2 - \beta^2 - \omega^2 = \frac{1}{LC} - \omega^2 = -\frac{\omega}{L}\left(\omega L - \frac{1}{\omega C}\right) \tag{5.108}$$

$$2\alpha\omega = \frac{\omega}{L}R \tag{5.109}$$

であるので，

$$(s_1^2 + \omega^2)(s_2^2 + \omega^2) = \frac{\omega^2}{L^2}\left\{ R^2 + \left(\omega L - \frac{1}{\omega C}\right)^2 \right\} \tag{5.110}$$

となる．式 (5.101) のインピーダンス Z を用いると，

$$(s_1^2 + \omega^2)(s_2^2 + \omega^2) = \frac{\omega^2}{L^2}Z^2$$
$$\sqrt{(s_1^2 + \omega^2)(s_2^2 + \omega^2)} = \frac{\omega Z}{L} \tag{5.111}$$

と表せる．また，式 (5.111) と式 (5.109) より，

$$\frac{2\alpha\omega}{\sqrt{(s_1^2 + \omega^2)(s_2^2 + \omega^2)}} = \frac{R}{Z} = \cos\varphi \tag{5.112}$$

であり，式 (5.111) と式 (5.108) より，

$$\frac{\alpha^2 - \beta^2 - \omega^2}{\sqrt{(s_1^2 + \omega^2)(s_2^2 + \omega^2)}} = -\frac{\omega L - 1/\omega C}{Z} = -\sin\varphi \tag{5.113}$$

となる．さらに，式 (5.112)，(5.113) より，

$$\frac{-(\alpha^2 - \beta^2 - \omega^2)}{2\alpha\omega} = \tan\varphi \qquad \left(\varphi = \tan^{-1}\frac{\omega L - 1/\omega C}{R} \right) \tag{5.114}$$

となる．これらの関係を用いて式 (5.106) の分子を計算していこう．計算が複雑になるので，あらかじめ式中に現れる各項の計算を進めておく．まず分子第 1 項から計算

する．
$$s_1(s_2^2 + \omega^2) = -\{(\alpha+\beta)(\alpha^2-\beta^2-\omega^2) + 2\alpha\omega^2\} \tag{5.115}$$
ここで，式 (5.112)，(5.113) の結果を用いて，式 (5.115) は次式となる．
$$s_1(s_2^2 + \omega^2) = \frac{\omega Z}{L}\{(\alpha+\beta)\sin\varphi - \omega\cos\varphi\} \tag{5.116}$$
同様に，
$$\omega(s_2^2 + \omega^2) = -\omega(\alpha^2-\beta^2-\omega^2) + 2(\alpha+\beta)\alpha\omega$$
$$= \frac{\omega Z}{L}\{\omega\sin\varphi + (\alpha+\beta)\cos\varphi\} \tag{5.117}$$
となる．こうして，式 (5.106) の $e^{s_1 t}$ の項の中括弧{ }部分は，
$$s_1(s_2^2 + \omega^2)\sin\theta + \omega(s_2^2 + \omega^2)\cos\theta$$
$$= \frac{\omega Z}{L}[\{(\alpha+\beta)\sin\varphi - \omega\cos\varphi\}\sin\theta + \{\omega\sin\varphi + (\alpha+\beta)\cos\varphi\}\cos\theta]$$
$$= \frac{\omega Z}{L}\{-\omega(\sin\theta\cos\varphi - \cos\theta\sin\varphi) + (\alpha+\beta)(\cos\theta\cos\varphi + \sin\theta\sin\varphi)\}$$
$$= \frac{\omega Z}{L}\{-\omega\sin(\theta-\varphi) + (\alpha+\beta)\cos(\theta-\varphi)\} \tag{5.118}$$
であるので，これに $s_1 = -(\alpha-\beta)$ と $e^{s_1 t}$ を掛けると，式 (5.106) の分子第 1 項は，
$$s_1\{s_1(s_2^2+\omega^2)\sin\theta + \omega(s_2^2+\omega^2)\cos\theta\}e^{s_1 t}$$
$$= \frac{\omega Z}{L}\{\omega(\alpha-\beta)\sin(\theta-\varphi) - (\alpha^2-\beta^2)\cos(\theta-\varphi)\}e^{-(\alpha-\beta)t} \tag{5.119}$$
となる．

式 (5.106) の分子第 2 項も同様の手順で求められる．
$$-s_2(s_1^2 + \omega^2) = (\alpha-\beta)(\alpha^2-\beta^2-\omega^2) + 2\alpha\omega^2$$
$$= \frac{\omega Z}{L}\{-(\alpha-\beta)\sin\varphi + \omega\cos\varphi\} \tag{5.120}$$
$$-\omega(s_1^2+\omega^2) = \omega(\alpha^2-\beta^2-\omega^2) - 2(\alpha-\beta)\alpha\omega$$
$$= \frac{\omega Z}{L}\{-\omega\sin\varphi - (\alpha-\beta)\cos\varphi\} \tag{5.121}$$
$$-s_2(s_1^2+\omega^2)\sin\theta - \omega(s_1^2+\omega^2)\cos\theta$$
$$= \frac{\omega Z}{L}[\{-(\alpha-\beta)\sin\varphi + \omega\cos\varphi\}\sin\theta + \{-\omega\sin\varphi - (\alpha-\beta)\cos\varphi\}\cos\theta]$$
$$= \frac{\omega Z}{L}\{\omega\sin(\theta-\varphi) - (\alpha-\beta)\cos(\theta-\varphi)\} \tag{5.122}$$
式 (5.122) に $s_2 = -(\alpha+\beta)$ と $e^{s_2 t}$ を掛けると，式 (5.106) の分子第 2 項は，

$$s_2\{-s_2(s_1^2+\omega^2)\sin\theta - \omega(s_1^2+\omega^2)\cos\theta\}e^{s_2 t}$$
$$= -\frac{\omega Z}{L}\left\{(\alpha+\beta)\omega\sin(\theta-\varphi) - (\alpha^2-\beta^2)\cos(\theta-\varphi)\right\}e^{-(\alpha+\beta)t} \tag{5.123}$$

となる．こうして，式 (5.106) に式 (5.111), (5.119), (5.123) を代入すると次式が得られる．

$$i_t(t) = \frac{I_m}{2\beta\omega}\left[\{(\alpha-\beta)\omega\sin(\theta-\varphi) - (\alpha^2-\beta^2)\cos(\theta-\varphi)\}e^{-\alpha t}e^{\beta t}\right.$$
$$\left. -\{(\alpha+\beta)\omega\sin(\theta-\varphi) - (\alpha^2-\beta^2)\cos(\theta-\varphi)\}e^{-\alpha t}e^{-\beta t}\right] \tag{5.124}$$

この結果は，式 (3.291) と同じであるので，以後の式の変形は式 (3.291) 以降と同じである．あとで述べる (ii) の場合の解析のため，式 (3.292) において β に関する項をまとめ，次のように再記する．

$$i_t(t) = I_m\left\{\sin(\theta-\varphi)e^{-\alpha t}\left(\frac{\alpha}{\beta}\sinh\beta t - \cosh\beta t\right)\right.$$
$$\left. -\frac{1}{\omega}\cos(\theta-\varphi)e^{-\alpha t}\frac{\alpha^2-\beta^2}{\beta}\sinh\beta t\right\} \tag{5.125}$$

第 3 章に示したように，さらに式の変形をし，最終的に式 (5.103) は式 (3.294) と同じ次の結果となる．

$$i(t) = I_m\sin(\omega t+\theta-\varphi) + \frac{2I_m}{\sqrt{C/L}\sqrt{R^2-4L/C}}\sin(\theta-\varphi)e^{-\alpha t}\cosh(\beta t-\varphi')$$
$$-\frac{I_m}{\omega\beta LC}\cos(\theta-\varphi)e^{-\alpha t}\sinh\beta t \tag{5.126}$$

(ii) $R^2 = 4L/C$ の場合

この場合は，$s_1 = s_2 = (s_0 = -\alpha)$ であるので，$s_1 - s_2 = 0$ となり，式 (5.103) に直接代入して求めることはできない．ここでは，式 (5.125) において，$\beta \to 0$ の極限をとることで求める．

$$\lim_{\beta\to 0}\frac{\sinh\beta t}{\beta} = \lim_{\beta\to 0}\frac{d(\sinh\beta t)/d\beta}{d(\beta)/d\beta} = \lim_{\beta\to 0}\frac{d}{d\beta}\left(\frac{e^{t\beta}-e^{-t\beta}}{2}\right)$$
$$= \lim_{\beta\to 0}\frac{1}{2}(te^{t\beta}+te^{-t\beta}) = t$$

$$\lim_{\beta\to 0}\cosh\beta t = \lim_{\beta\to 0}\frac{e^{t\beta}+e^{-t\beta}}{2} = 1$$

の関係を式 (5.125) に適用すると，

$$i_t(t) = I_m \left\{ \sin(\theta - \varphi)e^{-\alpha t}(\alpha t - 1) - \frac{1}{\omega}\cos(\theta - \varphi)e^{-\alpha t}\alpha^2 t \right\} \tag{5.127}$$

となる．定常項を加えて，

$$i(t) = I_m \sin(\omega t + \theta - \varphi) - I_m \sin(\theta - \varphi)e^{-\alpha t}(1 - \alpha t) - \frac{\alpha^2}{\omega}I_m \cos(\theta - \varphi)te^{-\alpha t} \tag{5.128}$$

となり，式 (3.298) と同じ結果になる．

式 (5.128) の過渡項は，$e^{-\alpha t}$ の項と $te^{-\alpha t}$ の項に分けて，次のような形で書くこともできる．

$$i_t(t) = -I_m \sin(\theta - \varphi)e^{-\alpha t} + I_m \frac{\alpha}{\omega}\left(\omega \sin(\theta - \varphi) - \alpha \cos(\theta - \varphi)\right)te^{-\alpha t} \tag{5.129}$$

ここで，まず，第 2 項の括弧内を次のように変形する．

$$\omega \sin(\theta - \varphi) - \alpha \cos(\theta - \varphi) = (\omega \cos\varphi - \alpha \sin\varphi)\sin\theta - (\omega \sin\varphi + \alpha \cos\varphi)\cos\theta \tag{5.130}$$

次に，$\beta = 0$ であるので，式 (5.111) は，

$$\sqrt{(s_0^2 + \omega^2)(s_0^2 + \omega^2)} = s_0^2 + \omega^2 = \alpha^2 + \omega^2 = \frac{\omega Z}{L} \tag{5.131}$$

となり，また，式 (5.112), (5.113) は次式となる．

$$\frac{2\alpha\omega}{s_0^2 + \omega^2} = \cos\varphi, \qquad \frac{\alpha^2 - \omega^2}{s_0^2 + \omega^2} = -\sin\varphi \tag{5.132}$$

これらを式 (5.130) の各項に代入する．

$$\omega \cos\varphi - \alpha \sin\varphi = \frac{L}{\omega Z}\left\{2\alpha\omega^2 + \alpha(\alpha^2 - \omega^2)\right\} = \frac{L}{\omega Z}\alpha(\alpha^2 + \omega^2) = \alpha$$

$$\omega \sin\varphi + \alpha \cos\varphi = \frac{L}{\omega Z}\left\{-\omega(\alpha^2 - \omega^2) + 2\alpha^2\omega\right\} = \frac{L}{\omega Z}\omega(\alpha^2 + \omega^2) = \omega$$

したがって，式 (5.130) は，

$$\omega \sin(\theta - \varphi) - \alpha \cos(\theta - \varphi) = \alpha \sin\theta - \omega \cos\theta \tag{5.133}$$

となる．こうして，式 (5.129) は，

$$i_t(t) = -I_m \sin(\theta - \varphi)e^{-\alpha t} + I_m \frac{\alpha}{\omega}\left(\alpha \sin\theta - \omega \cos\theta\right)te^{-\alpha t} \tag{5.134}$$

となり，式 (5.128) は次式となる．

$$i(t) = I_m \sin(\omega t + \theta - \varphi) - I_m \sin(\theta - \varphi)e^{-\alpha t} + I_m \frac{\alpha}{\omega}\left(\alpha \sin\theta - \omega \cos\theta\right)te^{-\alpha t} \tag{5.135}$$

式 (5.135) は，式 (5.100) を

$$I(s) = E_m \left\{ \frac{k_1 s + k_2}{s^2 + \omega^2} + \frac{k_3}{s - s_0} + \frac{k_4}{(s - s_0)^2} \right\} \tag{5.136}$$

とし，これを計算することでも得られる（演習問題 5.23 参照）．

(iii) $R^2 < 4L/C$ の場合

$$\gamma = \frac{1}{2L}\sqrt{\frac{4L}{C} - R^2}, \quad s_1 = -\alpha + j\gamma, \quad s_2 = -\alpha - j\gamma$$

とする．この場合の結果は，式 (5.103) に上の関係を代入し，（ⅰ）の場合と同様に計算しても得られるし，3.8.4 項に示したように，（ⅰ）で得られた結果に $\beta = j\gamma$ を代入しても得られる．結果のみを記すと，式 (3.301) と同じで，

$$\begin{aligned} i(t) = & I_m \sin(\omega t + \theta - \varphi) + \frac{\sqrt{L/C}}{\sqrt{L/C - R^2/4}} I_m \sin(\theta - \varphi) e^{-\alpha t} \sin(\gamma t - \varphi') \\ & - \frac{1}{\omega C \sqrt{L/C - R^2/4}} I_m \cos(\theta - \varphi) e^{-\alpha t} \sin \gamma t \quad \left(\varphi' = \tan^{-1} \frac{\gamma}{\alpha} \right) \end{aligned} \tag{5.137}$$

となる．

5.9 ▶▶ 電流源 LC 回路

電流源回路の例として，3.7.1 項では RL 並列回路に定電流源を接続した場合の解析を示したが，ここでは図 5.12 の LC 並列回路に，$t = 0$ で定電流 I_0 を流したときの電流を求めよう．回路方程式は，

$$i_C + i_L = I_0 \tag{5.138}$$

$$L \frac{di_L}{dt} - \frac{1}{C} \int i_C dt = 0 \tag{5.139}$$

である．スイッチ S を閉じる前，コンデンサには電荷はなかったとすると，初期条件は $q(0) = 0$，また，コイルにも電流は流れていなかったので，$i_L(0) = 0$ である．これらを考慮し，上式をラプラス変換すると，

$$I_C + I_L = \frac{I_0}{s} \tag{5.140}$$

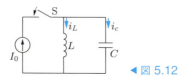

◀ 図 5.12

$$LsI_L = \frac{I_C}{Cs} \tag{5.141}$$

となる．式 (5.141) より $I_L = I_C/LCs^2$，これを式 (5.140) に代入して整理する．

$$I_C = I_0 \frac{s}{s^2 + 1/LC} \tag{5.142}$$

ラプラス逆変換すると，

$$i_C(t) = I_0 \cos \frac{t}{\sqrt{LC}} \tag{5.143}$$

となる．$i_L = I_0 - i_C$ であるので，ただちに，

$$i_L = I_0 \left(1 - \cos \frac{t}{\sqrt{LC}}\right) \tag{5.144}$$

となる．

5.10 ▶▶ 回路網関数とインパルス応答

これまで扱ってきたように，電気回路は，抵抗，コイル，コンデンサが導線で接続されたもので，これらは**回路網**ともよばれる．回路網を入力と出力の観点でみると，図 5.13(a)，(b) のような二端子回路網と二端子対回路網になる．ここでは，回路網の端子に外部から入力を加えたとき，出力がどうなるか調べる．入力は**励振**ともよばれ，出力はその結果としての**応答**ともよばれる．

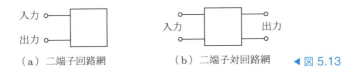

(a) 二端子回路網　　(b) 二端子対回路網　　◀ 図 5.13

図 5.13 の回路で，初期条件はすべて 0 であるとして，電圧や電流のラプラス変換を考え，$E(s)$ や $I(s)$ のように s 領域で表すと図 5.14(a)〜(c) のようになる．これらを一括して，一般的に同図 (d) のように表し，入力関数を $X(s)$，出力関数を $P(s)$

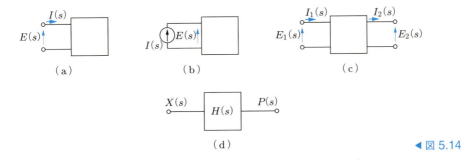

◀ 図 5.14

とすると，それらの関係を

$$P(s) = H(s)X(s) \tag{5.145}$$

のように表すことができる．この $H(s)$ は一般に**回路網関数**とよばれ，図 5.14 の回路における回路網関数は，入力と出力の関係からそれぞれに名称がある．同図 (a) の場合は，電圧 $E(s)$ が入力で，電流 $I(s)$ が出力であるので，$H(s)$ はアドミタンスの次元となり，

$$H(s) = \frac{I(s)}{E(s)} = Y(s) \quad \text{駆動点アドミタンス} \tag{5.146}$$

とよばれる．同図 (b) の場合は，入力が電流 $I(s)$ で出力が電圧 $E(s)$ であるので，

$$H(s) = \frac{E(s)}{I(s)} = Z(s) \quad \text{駆動点インピーダンス} \tag{5.147}$$

とよばれる．同図 (a), (b) の回路では，二端子に電圧源や電流源が接続されるので，その端子を**駆動点**とよぶ．駆動点アドミタンス，駆動点インピーダンスを総称して**駆動点関数**という．同図 (c) の場合は，入力，出力の組み合わせが 4 通りあり，それぞれ

$$H(s) = \frac{I_2(s)}{E_1(s)} = Y_a(s) \quad \text{伝達アドミタンス} \tag{5.148}$$

$$H(s) = \frac{E_2(s)}{I_1(s)} = Z_a(s) \quad \text{伝達インピーダンス} \tag{5.149}$$

$$H(s) = \frac{E_2(s)}{E_1(s)} = G_E(s) \quad \text{電圧伝達関数} \tag{5.150}$$

$$H(s) = \frac{I_2(s)}{I_1(s)} = G_I(s) \quad \text{電流伝達関数} \tag{5.151}$$

とよばれる．これら四つを総称して**伝達関数**という．また，駆動点関数と伝達関数を総称して**回路網関数**という．

次に，入力関数がインパルスの場合を考える．インパルスとは，時間幅が無限小で高さが無限大のパルス，すなわち 4.4.2 項で述べたデルタ関数である．インパルス入力のラプラス変換は，$X(s) = \mathcal{L}[\delta(t)] = 1$ であったので，出力関数は，

$$P(s) = H(s) \tag{5.152}$$

となる．これをラプラス逆変換すると，

$$\mathcal{L}^{-1}[P(s)] = h(t) \tag{5.153}$$

となり，この $h(t)$ は**インパルス応答**とよばれる．

ここで，例として RLC 直列回路をとり，デルタ関数の電圧 $\delta(t)$ を加えたときの電流 $i(t)$ を調べてみよう．いま，初期条件は 0，すなわち，スイッチ S を閉じる直前にコイルに電流は流れておらず，コンデンサに電荷は蓄えられていない状態を考えてい

るので，回路方程式をラプラス変換すると，
$$RI(s) + LsI(s) + \frac{I(s)}{Cs} = 1 \tag{5.154}$$
となる．これより回路網関数は，
$$H(s) = I(s) = \frac{1}{Ls + R + 1/Cs} \tag{5.155}$$
となり，この $H(s)$ は右辺をみてわかるように，RLC 回路固有の s の関数となっており，この応答がわかれば回路を把握しやすくなる．上式をラプラス逆変換すると，
$$i(t) = \mathcal{L}^{-1}[H(s)] = h(t) \tag{5.156}$$
となる．インパルス応答がわかっていると，同じ回路に他の電圧 $E(s)$ を加えた場合の電流を，次のようにして求めることができる．
$$I(s) = H(s)E(s) \tag{5.157}$$
ここで，
$$H(s)E(s) = \mathcal{L}[h(t)]\mathcal{L}[e(t)] = \mathcal{L}[h(t) * e(t)] \tag{5.158}$$
であるので，式 (5.157) をラプラス逆変換して
$$i(t) = \mathcal{L}^{-1}[H(s)E(s)] = h(t) * e(t) \tag{5.159}$$
となる．上式は，4.8 節の畳み込み積分のラプラス変換を用いて，
$$i(t) = \int_0^t h(t-\tau)e(\tau)d\tau = \int_0^t h(\tau)e(t-\tau)d\tau \tag{5.160}$$
から得られる．

例題 5.2 RL 直列回路のインパルス応答を求めよ．

解 $RI + Ls = 1$ より
$$H(s) = I(s) = \frac{1}{Ls + R} = \frac{1}{L(s + R/L)}$$
であるので，
$$h(t) = \frac{1}{L}e^{-\frac{R}{L}t}$$
となる．

例題 5.3 RL 直列回路に $e(t) = e^{-3t}$ の電圧を加えたとき，インパルス応答を利用して回路に流れる電流を求めよ．

解 例題 5.2 より $h(t) = (1/L)e^{-(R/L)t}$ であるので，以下のように求められる．
$$i(t) = h(t) * e(t) = \int_0^t e^{-3\tau}\frac{1}{L}e^{-\frac{R}{L}(t-\tau)}d\tau = \frac{1}{R - 3L}\left(e^{-3t} - e^{-\frac{R}{L}t}\right)$$

演習問題

5.1 図 5.15 の回路において，スイッチ S が閉じられていて十分時間が経っている．S を開いて t_1 秒後に，コンデンサの両端の電圧は E_1 に減少したという．コンデンサの静電容量はいくらか．

5.2 図 5.16 の回路において，スイッチ S を開いておき，十分時間が経ってから S を閉じた．電流 $i(t)$ の時間変化を求めよ．また，$R_1 = R_2 = R_0$ のときの結果を図示せよ．

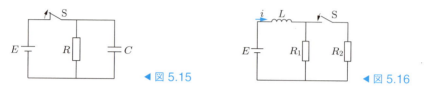

◀図 5.15　　　　　　　　　◀図 5.16

5.3 図 5.17 の回路において，スイッチ S は①側にあり十分時間が経っている．次に $t=0$ で S を②側に閉じたとき，抵抗，コイルに流れる電流を求めよ．

5.4 図 5.18 の回路において，スイッチ S を閉じて十分時間が経ってから，$t=0$ で S を開いた．コイルのエネルギーが半分になるまでの時間を求めよ．

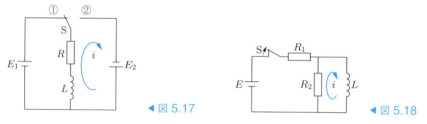

◀図 5.17　　　　　　　　　◀図 5.18

5.5 図 5.19 の回路において，$t=0$ でスイッチ S を閉じた．電流 $i(t)$ を求めよ．

5.6 図 5.20 に示すように，RL 直列回路に半波整流電圧を加えたとき，回路に流れる電流 $i(t)$ を求めよ．

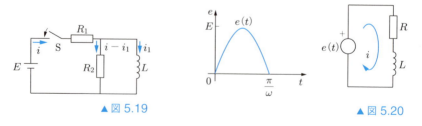

▲図 5.19　　　　　　　　　▲図 5.20

5.7 図 5.10 の RLC 直列回路において，$t=0$ でスイッチ S を閉じた．回路に流れる電流 $i(t)$ を求めよ．$E=1\,\mathrm{V}$，$R=1\,\Omega$，$L=0.5\,\mathrm{H}$，$C=1\,\mathrm{F}$ とする．

5.8 図 5.21 の回路において，スイッチ S は閉じられており十分時間が経っている．

(1) コンデンサに蓄えられている電荷 q_0 を求めよ．

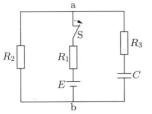
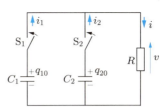

◀ 図 5.21　　　　　　　　　　　　　　　◀ 図 5.22

(2) $t=0$ で S を開いたときの電流 $i(t)$ を求めよ.

5.9 図 5.22 の回路において, $t=0$ で二つのスイッチ S_1, S_2 を同時に閉じたとき, $v(t)$ を求めよ. ただし, スイッチを閉じる前, 静電容量 C_1 のコンデンサには q_{10} の電荷が, また, C_2 のコンデンサには q_{20} の電荷が蓄えられていたとする.

5.10 図 5.23 の回路において, $t=0$ でスイッチ S を閉じた. $i_1(t)$, $i_2(t)$ を求めよ.

5.11 図 5.24 の回路において, $t=0$ でスイッチ S を閉じたとき, $i_1(t)$, $i_2(t)$ がどのように変化するかを求めよ.

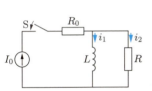
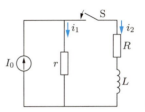

◀ 図 5.23　　　　　　　　　　　　　　　◀ 図 5.24

5.12 RL 直列回路に $t=0$ で $e(t)=E_m e^{-\alpha t}$ の電圧を加えたとき, 回路に流れる電流 $i(t)$ を求めよ.

5.13 例題 3.8 の図 3.24 の回路において, スイッチ S は閉じられており, $t=0$ で S を開いた. $t \geq 0$ での $i_R(t)$, $i_L(t)$ の変化を求め, 回路のエネルギーの状態を調べよ.

5.14 図 5.25 の回路において, スイッチ S を閉じて十分時間が経っている. $t=0$ で S を開いたとき, $i_1(t)$, $i_2(t)$ の時間変化を求めよ. $R=100\,\Omega$, $C=1\,\mathrm{F}$, $e(t)=100\cos 100t\,[\mathrm{V}]$ とする.

5.15 図 5.26 の回路において, スイッチ S は閉じられており, 十分な時間が経っている. $t=0$ で S を開いたとき, 抵抗 R の両端の電圧 $v_R(t)$ を求めよ. ただし, $R=8\,\Omega$, $L=1\,\mathrm{H}$, $C=0.04\,\mathrm{F}$, $E=24\,\mathrm{V}$ とする.

5.16 図 5.27 の回路において $t=0$ でスイッチ S を閉じたとき, $i_1(t)$, $i_2(t)$ を求めよ. ただし, コンデンサにはじめ電荷はないとする.

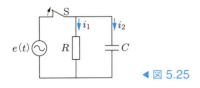
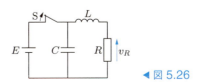

◀ 図 5.25　　　　　　　　　　　　　　　◀ 図 5.26

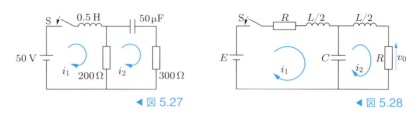

◀図 5.27　　　　　　　　　　　◀図 5.28

5.17　図 5.28 の回路において $t=0$ でスイッチ S を閉じたとき，$v_0(t)$ を求めよ．ただし，$R=\sqrt{L/C}$ の関係があるとする．また，はじめコンデンサには電荷はないとする．

5.18　図 5.29 の回路において，$t=0$ でスイッチ S を開いた．$i(t)$ および $v(t)$ を求めよ．

5.19　図 5.30 の回路において，$t=0$ でスイッチ S を閉じた．$i_1(t)$，$i_2(t)$ を求めよ．コンデンサにはじめ電荷はないとする．

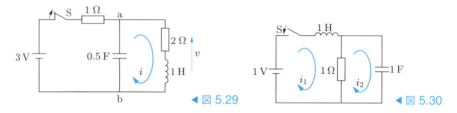

◀図 5.29　　　　　　　　　　　◀図 5.30

5.20　図 5.31 の回路において，$t=0$ でスイッチ S を開いた．次の場合の $v_0(t)$ を求めよ．
  (1) $E=1\,\mathrm{V}$，$R_0=6\,\Omega$，$R=2\,\Omega$，$L=3\,\mathrm{H}$，$C=1/6\,\mathrm{F}$ の場合
  (2) $E=1\,\mathrm{V}$，$R_0=1\,\Omega$，$R=1/2\,\Omega$，$L=1\,\mathrm{H}$，$C=1\,\mathrm{F}$ の場合

5.21　図 5.32 の回路において，スイッチ S は閉じられており十分な時間が経っている．いま，$t=0$ で S を開いたとき電流 $i(t)$ を求めよ．$E=5\,\mathrm{V}$，$R_1=1\,\Omega$，$R_2=4\,\Omega$，$L=1\,\mathrm{H}$，$C=0.2\,\mathrm{F}$ とする．

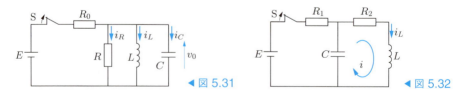

◀図 5.31　　　　　　　　　　　◀図 5.32

5.22　図 5.33 の回路において，$t=0$ でスイッチ S を閉じた．コイルに流れる電流 $i_L(t)$ を求めよ．ただし，コンデンサにはじめ電荷はなかったものとする．また，$E_m=2\,\mathrm{V}$，

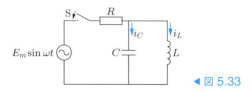

◀図 5.33

$R = 1\,\Omega$, $L = 3/2\,\text{H}$, $C = 1/3\,\text{F}$ とする.

5.23 5.8 節の RLC 直列回路に交流電圧を加えた図 5.11 において,式 (5.135) の電流を式 (5.97) および式 (5.136) より求めよ.

5.24 RLC 直列回路に,$E_m \sin \omega t$ なる電圧を加えたときの電流 $i(t)$ を,次の三つの場合について計算せよ.

(1) $R = 5\,\Omega$, $L = 0.2\,\text{H}$, $C = 0.05\,\text{F}$, $E_m = 10\,\text{V}$, $\omega = 10\,\text{rad/s}$

(2) $R = 4\,\Omega$, $L = 0.4\,\text{H}$, $C = 0.1\,\text{F}$, $E_m = 10\,\text{V}$, $\omega = 10\,\text{rad/s}$

(3) $R = 6\,\Omega$, $L = 1\,\text{H}$, $C = 0.04\,\text{F}$, $E_m = 12\,\text{V}$, $\omega = 5\,\text{rad/s}$

5.25 図 5.34 において,スイッチ S_1 は開かれ,S_2 と S_3 は閉じられた状態で十分な時間が経っている.S_2 と S_3 を開くと同時に S_1 を閉じると,回路にはどのような電流が流れるか.$R = 5\,\Omega$, $L = 1.25\,\text{H}$, $C = 0.16\,\text{F}$, $E_m = 10\,\text{V}$, $\omega = 5\,\text{rad/s}$, $E_a = 3\,\text{V}$, $R_a = 3\,\Omega$, $E_b = 5\,\text{V}$ とする.

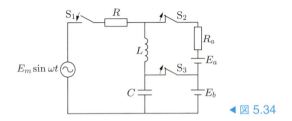

◀ 図 5.34

5.26 インパルス応答がステップ関数,すなわち $h(t) = u(t)$ の回路がある.この回路に $x(t) = e^{-at}$ の入力を加えた.出力を求めよ.

演習問題詳解

▶▶ 第1章

1.1 電流は $i=(E/R)e^{-t/CR}$ であるので，時刻 t_1 での接線の傾きは，
$$\tan\theta_1 = \left.\frac{di}{dt}\right|_{t=t_1} = -\frac{E}{CR^2}e^{-\frac{t_1}{CR}}$$
となる．一方，この接線が $i=0$ の直線と交わる時刻を t とすると，図1.10 より
$$|\tan\theta_1| = \frac{(E/R)e^{-\frac{t_1}{CR}}}{t-t_1} = \frac{E}{CR^2}e^{-\frac{t_1}{CR}}$$
であり，これより $t-t_1=CR$，すなわち $t=t_1+T$ となる．

1.2 式 (1.40) より，$i(t)=I_s e^{-t/T}$ ($I_s=E/R$) であるので，下記のとおりとなる．

t	T	$2T$	$3T$	$4T$	$5T$
$e^{-\frac{t}{T}}$	36.8	13.5	5	1.8	0.7

1.3 RL 直列回路では，$v_R = E(1-e^{-Rt/L})$，$v_L = Ee^{-Rt/L}$ であるので，$v_R = v_L$ より，$e^{-Rt/L}=1/2 \to e^{Rt/L}=2 \to (R/L)t = \ln 2 \to t=(L/R)\ln 2$ となる．

RC 直列回路では，$v_R = Ee^{-t/CR}$，$v_C = E(1-e^{-t/CR})$ であるので，$v_R=v_C$ より，$e^{t/CR}=2 \to t=CR\ln 2$ となる．

いずれもそれぞれの回路の時定数 T を用いて，$t = T\ln 2$ のときとなる．

1.4 いずれの回路も，過渡項は $Ie^{-t/T}$ の形をしている．よって，$(x/100)I = Ie^{-t/T}$，これより，$e^{t/T}=100/x \to t/T = \ln(100/x) \to t = T\ln(100/x)$ となる．

1.5
$$W_R = \int_0^T Ri^2 dt = RI_m^2 \int_0^T e^{-2\alpha t}dt$$
$$= RI_m^2 \left(-\frac{1}{2\alpha}\right)\left[e^{-2\alpha t}\right]_0^T$$
$$= \frac{RI_m^2}{2\alpha}\left(1-e^{-2\alpha T}\right)$$

▶▶ 第2章

2.1 (1) $y' = -(b/a)y \to dy/y = -(b/a)dx$
$\to \ln y = -(b/a)x \to y(x) = ke^{-(b/a)x}$
k は任意定数．

(2) $dy/dx = -a(y-b/a)$
$\to dy/(y-b/a) = -adx$
$\to \ln(y-b/a) = -ax$
$\to y(x) = ke^{-ax}+b/a$
k は任意定数．

2.2 (1) 特性方程式は $\lambda^2 - 3\lambda + 2 = 0$．根は $\lambda=1, 2$．
よって $y(t) = k_1 e^x + k_2 e^{2x}$．

(2) 特性方程式は $\lambda^2+4\lambda+4=(\lambda+2)^2=0$．根は $\lambda=-2$ の重根．
よって $y(t) = (k_1+k_2 x)e^{-2x}$．

(3) 特性方程式は $\lambda^2+(3/5)\lambda+1/10=0$．根は $\lambda=-3/10\pm j(1/10)$．よって，
$$y(x) = e^{-\frac{3}{10}x}\left(k_1 \cos\frac{1}{10}x + k_2 \sin\frac{1}{10}x\right).$$

2.3 (1) $y_s = A\cos x + B\sin x$ とおく．
$y'_s = -A\sin x + B\cos x$
$y''_s = -A\cos x - B\sin x$
をもとの方程式に代入して，$A=1/10$，$B=-3/10$．
よって，$y_s = (1/10)\cos x - (3/10)\sin x$．

(2) $y_s = Ae^x \cos x + Be^x \sin x$ とおく．
$y'_s = (A+B)e^x \cos x + (-A+B)e^x \sin x$
$y''_s = 2Be^x \cos x - 2Ae^x \sin x$
をもとの方程式に代入して，$4(A+B)=1$，$B-A=0$ より $A=B=1/8$．
よって，$y_s = \dfrac{1}{8}e^x(\cos x + \sin x)$．

(3) $y_s = (Ax^2+Bx+C)e^{3x}$ とおく．
$y'_s = \{3Ax^2+(2A+3B)x+B+3C\}e^{3x}$
$y''_s = \{9Ax^2+(12A+9B)x+2A+6B$
$\quad + 9C\}e^{3x}$
をもとの方程式に代入して，$4A=1$，$2A+B=0$，$A+2B+2C=0$ より $A=1/4$，$B=-1/2$，$C=3/8$．

よって，$y_s = \left(\dfrac{x^2}{4} - \dfrac{x}{2} + \dfrac{3}{8}\right)e^{3x}$．

(4) $y_s = Ax + B$ では $y_s' = A$, $y_s'' = 0$ となり，方程式の左辺に x の項が現れない．そこで $y_s = x(Ax + B)$ とおく．

$$y_s' = 2Ax + B, \quad y_s'' = 2A$$

をもとの方程式に代入して，$A = -3/4$, $B = 5/4$.

よって，$y_s(x) = -\dfrac{1}{4}x(3x - 5)$．

(5) $y_s = A\cos x + B\sin x$ とおくと，特性方程式は $\lambda^2 + 1 = 0$, 根は $\lambda = \pm j$ であるので，同次方程式の一般解は $y_t = k_1\cos x + k_2\sin x$ となり，この中に仮定した y_s が含まれてしまう．うまくいかない．そこで，$y_s = x(A\cos x + B\sin x)$ とおく．

$$y_s' = -A\cos x + B\sin x + x(-A\sin x + B\cos x)$$

$$y_s'' = -2A\sin x + 2B\cos x - x(A\cos x + B\sin x)$$

をもとの方程式に代入して，$2A = 0$, $2B = 1$ より，$A = 0$, $B = 1/2$.

よって，$y_s = \dfrac{1}{2}x\sin x$．

(6) $y_s = Ae^x\cos x + Be^x\sin x$ とおくと，特性方程式は $\lambda^2 - 2\lambda + 5 = 0$, 根は $\lambda = 1 \pm j2$ であるので，同次方程式の一般解は $y_t = k_1 e^x\cos 2x + k_2 e^x\sin 2x$ となり，この中に仮定した y_s が含まれてしまう．そこで，$y_s = x(Ae^x\cos 2x + Be^x\sin 2x)$ とおく．

$$y_s' = \{Ae^x + (A + 2B)xe^x\}\cos 2x$$
$$\quad + \{Be^x + (-2A + B)xe^x\}\sin 2x$$

$$y_s'' = \{(2A + 4B)e^x + (-3A + 4B)xe^x\}\cos 2x$$
$$\quad + \{(-4A + 2B)e^x + (-4A - 3B)xe^x\}\sin 2x$$

をもとの方程式に代入して，$4B = 1$, $-4A = 0$ より，$A = 0$, $B = 1/4$.

よって，$y_s = \dfrac{1}{4}xe^x\sin 2x$．

(7) $2\cos x\cos 3x = \cos(3x + x) + \cos(3x - x) = \cos 4x + \cos 2x$ と書き直す．$y_s = A\cos 4x + B\sin 4x + C\cos 2x + D\sin 2x$ とおくと，特性方程式は $\lambda^2 + 4 = 0$, 根は $\lambda = \pm j2$ であるので，同次方程式 $y'' + 4y = 0$ の一般解は $y_t = k_1\cos 2x + k_2\sin 2x$ となり，$\cos 2x$ の項に対して仮定した y_s の項が含まれてしまう．そこで，$y_s = A\cos 4x + B\sin 4x + Cx\cos 2x + Dx\sin 2x$ とおく．

$$y_s'' = -16A\cos 4x - 16B\sin 4x + 4D\cos 2x$$
$$\quad - 4C\sin 2x - 4Cx\cos 2x - 4Dx\sin 2x$$

をもとの方程式に代入して，$-12A = 1$, $-12B = 0$, $-4C = 0$, $4D = 1$ より，$A = -1/12$, $B = 0$, $C = 0$, $D = 1/4$.

よって，$y_s = -\dfrac{1}{12}\cos 4x + \dfrac{1}{4}x\sin 2x$．

2.4 (1) 特殊解を $y_s = Ax + B$ とおく．もとの方程式に適用して，$A + a(Ax + B) = x$ より，係数を比較して $aA = 1$, $A + aB = 0$ なので，$A = 1/a$, $B = -1/a^2$.

よって $y_s = \dfrac{1}{a}\left(x - \dfrac{1}{a}\right)$．

同次方程式 $y' + ay = 0$ の解は，変数分離法を用いて，$dy/dx = -ay \to dy/y = -adx \to \ln y = -ax + k' \to y_t = ke^{-ax}$.

よって，一般解は $y = (1/a)(x - 1/a) + ke^{-ax}$ となる．この結果は，2.2.2 項で定数変化法より得た式 (2.24) と一致する．

(2) 特殊解として $y_s = Ae^{2x}$ とおく．もとの方程式に適用して，$2Ae^{2x} - Ae^{2x} = e^{2x}$ より，$A = 1$ を得る．同次方程式は $y' - y = 0$, その解は $y_t = ke^x$.

よって，一般解は $y = e^{2x} + ke^x$．

(3) $y' + y = x$ の特殊解は $y_{s1} = Ax + B$ とおいて，$A = 1$, $B = -1$ より，$y_{s1} = x - 1$.
$y' + y = e^x$ の特殊解は $y_{s2} = Ae^x$ とおいて，$A = 1/2$ より，$y_{s2} = e^x/2$.

$y' + y = 0$ の一般解は $y_t = ke^{-x}$．こうしてもとの方程式の一般解は，次式となる．

$$y(x) = x - 1 + \dfrac{e^x}{2} + ke^{-x}$$

(4) 特殊解として，$y_s = A$ とおくと，ただちに $y_s = -2$. 同次方程式の特性方程式は $\lambda^2 - 1 = 0$, 根は $\lambda = \pm 1$ なので，$y_t = k_1 e^x + k_2 e^{-x}$. よって一般解は次式となる．

$$y = -2 + k_1 e^x + k_2 e^{-x}$$

(5) 特殊解として，$y_s = Ae^{2x}$ とおくと，$A = -1/8$, よって $y_s = -e^{2x}/8$. $y'' - 2y' - 8y = 0$ の特性方程式は $\lambda^2 - 2\lambda - 8 = 0$, 根は $\lambda = 4$, -2, したがって，同次方程式の一般解は $y_t = $

$k_1 e^{4x} + k_2 e^{-2x}$. よって，求める方程式の一般解は次式となる．

$$y = -\frac{e^{2x}}{8} + k_1 e^{4x} + k_2 e^{-2x}$$

(6) 同次方程式 $y'' + ay = 0$ の一般解は，特性方程式が $\lambda^2 + a = 0$，根は $\lambda = \pm j\sqrt{a}$，よって $y_t(x) = k_1 \cos\sqrt{a}x + k_2 \sin\sqrt{a}x$．次に特殊解は，$y_s(x) = A\cos\omega x + B\sin\omega x$ と仮定すると，$y_s''(x) = -A\omega^2 \sin\omega x - B\omega^2 \cos\omega x$ であるので，

$$\begin{aligned}y_s''(x) &+ ay_s(x) \\ &= -A\omega^2 \sin\omega x - B\omega^2 \cos\omega x \\ &\quad + aA\sin\omega x + aB\cos\omega x \\ &= b\cos\omega x\end{aligned}$$

より，$A(a-\omega^2) = 0$, $B(a-\omega^2) = b \to A = 0$, $B = b/(a-\omega^2)$．よって $y_s(x) = \{b/(a-\omega^2)\} \times \cos\omega x$．したがって，求める方程式の一般解は次式となる．

$$\begin{aligned}y(x) = y_s + y_t &= \frac{b}{(a-\omega^2)}\cos\omega x \\ &\quad + k_1 \cos\sqrt{a}x + k_2 \sin\sqrt{a}x\end{aligned}$$

(7) 同次方程式 $y'' + y' - 6y = 0$ の一般解は，特性方程式 $\lambda^2 + \lambda - 6 = 0$ より，根は $\lambda = 2, -3$ となるので，$y_t = k_1 e^{2x} + k_2 e^{-3x}$ となる．k_1, k_2 は任意定数である．

特殊解は，右辺が多項式と指数関数の和であるので，x に関しては $Ax + B$，指数関数に対しては，同次方程式の一般解に e^{2x} が含まれるため Cxe^{2x} と仮定し，それらの和として，$y_s = Ax + B + Cxe^{2x}$ とおく．

$$y_s' = A + C(e^{2x} + 2xe^{2x})$$
$$y_s'' = C(2e^{2x} + 2e^{2x} + 4xe^{2x})$$

であるので，これを解くべき方程式に代入すると，$A - 6B - 6Ax + 5Ce^{2x} = x + e^{2x}$ となる．両辺を比較して，$A - 6B = 0$, $-6A = 1$, $5C = 1$ となる．これらより，$A = -1/6$, $B = -1/36$, $C = 1/5$ を得る．よって，特殊解は，$y_s = -1/36 - x/6 + (1/5)xe^{2x}$ となる．

こうして与えられた方程式の一般解は，次式となる．

$$\begin{aligned}y &= y_s + y_t \\ &= -\frac{1}{36} - \frac{x}{6} + \frac{1}{5}xe^{2x} + k_1 e^{2x} + k_2 e^{-3x}\end{aligned}$$

2.5 (1) 同次方程式 $y' + 3y = 0$ より，特性方程式は $\lambda + 3 = 0$，根は $\lambda = -3$，よって $y_t = ke^{-3x}$．特殊解は $y_s = A$ とおくと，$A = 1/3$．求める一般解は $y = 1/3 + ke^{-3x}$．$x = 0$ で $y(0) = 0$ より，$k = -1/3$．

よって，$y(x) = \dfrac{1 - e^{-3x}}{3}$．

(2) 特性方程式は $\lambda^2 - (2/3)\lambda - 1/3 = 0$，根は $\lambda = 1, -1/3$．よって，方程式の解は $y = k_1 e^x + k_2 e^{-x/3}$．また，$y' = k_1 e^x - (1/3)k_2 e^{-x/3}$．$x = 0$ で $y(0) = 1$, $y'(0) = 0$ より，代入して $k_1 + k_2 = 1$, $k_1 - (1/3)k_2 = 0$，よって $k_1 = 1/4$, $k_2 = 3/4$．

したがって，$y(x) = \dfrac{1}{4}(e^x + 3e^{-\frac{x}{3}})$．

(3) 特性方程式は $\lambda^2 + 2\lambda + 2 = 0$，根は $\lambda = -1 \pm j$．よって，方程式の解は

$$y = e^{-x}(k_1 \cos x + k_2 \sin x)$$

また，

$$y' = e^{-x}\{(k_2 - k_1)\cos x - (k_1 + k_2)\sin x\}$$

$x = 0$ で $y(0) = 1$ より，$k_1 = 1$．$y'(0) = 0$ より，$-k_1 + k_2 = 0 \to k_2 = k_1 = 1$．

こうして，$y(x) = e^{-x}(\cos x + \sin x)$ となる．

(4) 特性方程式は $\lambda^2 + 9 = 0$．根は $\lambda = \pm j3$．同次方程式の一般解は，$y = k_1 \cos 3x + k_2 \sin 3x$．$x = 0$ で $y(0) = 2$ より，$k_1 = y(0) = 2$．また，$y' = -3k_1 \sin 3x + 3k_2 \cos 3x$ より，$y'(0) = 0 = 3k_2 \to k_2 = 0$．

こうして，$y(x) = 2\cos 3x$．

(5) 特性方程式は $\lambda^2 + 6\lambda + 9 = (\lambda + 3)^2 = 0$．根は $\lambda = -3$ で重根．よって，方程式の解は $y = (k_1 + k_2 x)e^{-3x}$．$x = 0$ で $y(0) = 0$ なので，$k_1 = 0$．また，$y' = k_2 e^{-3x} - 3(k_1 + k_2 x)e^{-3x}$ より，$y'(0) = 3 = k_2 - 3k_1 \to k_2 = 3$．

こうして，$y(x) = 3xe^{-3x}$．

(6) この問題の方程式は例題 2.9 で取り上げており，その特殊解は $y_s = -x/4 - 3/16$ と求められている．同次方程式の一般解を求めると，特性方程式は $\lambda^2 + 3\lambda - 4 = (\lambda - 1)(\lambda + 4) = 0$．根は $\lambda = 1, -4$ であるので，一般解は，$y_t = k_1 e^x + k_2 e^{-4x}$ となる．よって，

$$y(x) = -\frac{x}{4} - \frac{3}{16} + k_1 e^x + k_2 e^{-4x}$$

となる．これより，

$$y'(x) = -\frac{1}{4} + k_1 e^x - 4k_2 e^{-4x}$$

となるので，これらに初期条件を適用すると，$0 = -3/16 + k_1 + k_2$，$0 = -1/4 + k_1 - 4k_2$ より，$k_1 = 1/5$，$k_2 = -1/80$．

こうして求める解は，次式となる．

$$y(x) = \frac{1}{80}(-20x - 15 + 16e^x - e^{-4x})$$

(7) 同次方程式 $y'' + 4y' + 3y = 0$ の一般解は，特性方程式 $\lambda^2 + 4\lambda + 3 = (\lambda + 1)(\lambda + 3) = 0$，根 $\lambda = -1, -3$ より，$y_t = k_1 e^{-x} + k_2 e^{-3x}$．特殊解は，$y_s = Ae^{-x}$ では同次方程式の一般解に含まれているので，$y_s = Axe^{-x}$ とおく．

$$y'_s = A(e^{-x} - xe^{-x})$$
$$y''_s = A(-2e^{-x} + xe^{-x})$$

をもとの方程式に代入して，$2A = 4 \to A = 2$．こうしてもとの非同次方程式の一般解は，

$$y = 2xe^{-x} + k_1 e^{-x} + k_2 e^{-3x}$$

$x = 0$ で $y(0) = 0$ より，$k_1 + k_2 = 0$．

$$y' = (2 - 2x - k_1)e^{-x} - 3k_2 e^{-3x}$$

より，$y'(0) = 2 \to 2 = 2 - k_1 - 3k_2 \to k_1 + 3k_2 = 0 \to k_1 = k_2 = 0$．こうして，$y(x) = 2xe^{-x}$．

(8) 同次方程式の特性方程式は $\lambda^2 + 4 = 0$，根は $\lambda = \pm j2$．よって，一般解は $y_t = k_1 \cos 2x + k_2 \sin 2x$．特殊解は，$y_s = A\cos x + B\sin x$ とおいて，

$$y'_s = -A\sin x + B\cos x$$
$$y''_s = -A\cos x - B\sin x$$

をもとの方程式に代入して，$3A = 0$，$3B = 1$ より，$A = 0$，$B = 1/3$．こうして

$$y = \frac{1}{3}\sin x + k_1 \cos 2x + k_2 \sin 2x$$
$$y' = \frac{1}{3}\cos x - 2k_1 \sin 2x + 2k_2 \cos 2x$$

より，$x = 0$ で，$y(0) = 0$，$y'(0) = 0$ だから，$k_1 = 0$，$0 = 1/3 + 2k_2 \to k_2 = -1/6$．

よって，$y(x) = \dfrac{1}{3}\sin x - \dfrac{1}{6}\sin 2x$．

(9) 特殊解を $y_s = e^{2x}(A\cos x + B\sin x)$ とおくと，

$$y'_s = e^{2x}\{(2A + B)\cos x + (2B - A)\sin x\}$$
$$y''_s = e^{2x}\{(3A + 4B)\cos x + (3B - 4A)\sin x\}$$

であるので，もとの方程式に代入して，$-3A = 0$，$-2B = 1$ より，$A = 0$，$B = -1/2$．こうして，$y_s = -(1/2)e^{2x}\sin x$ となる．同次方程式 $y'' - 4y' + 3y = 0$ の一般解は，特性方程式が $\lambda^2 - 4\lambda + 3 = (\lambda - 1)(\lambda - 3) = 0$，根が $\lambda = 1, 3$ なので，$y_t = k_1 e^x + k_2 e^{3x}$．もとの非同次方程式の一般解は，$y = -(1/2)e^{2x}\sin x + k_1 e^x + k_2 e^{3x}$ となる．

$$y' = -e^{2x}\sin x - \frac{1}{2}e^{2x}\cos x + k_1 e^x + 3k_2 e^{3x}$$

なので，$x = 0$ で $y(0) = 0$，$y'(0) = 2$ より，$0 = k_1 + k_2$，$k_1 + 3k_2 = 5/2$，よって $k_1 = -5/4$，$k_2 = 5/4$．

こうして，次式となる．

$$y(x) = -\frac{1}{2}e^{2x}\sin x - \frac{5}{4}e^x + \frac{5}{4}e^{3x}$$

2.6 第 2 式より，$w = (1/2)dy/dx$，これを第 1 式に代入して，$d^2y/dx^2 + 6y = 0$．この特性方程式は $\lambda^2 + 6 = 0$，根は $\lambda = \pm j\sqrt{6}$．したがって，

$$y(x) = k_1 \cos\sqrt{6}x + k_2 \sin\sqrt{6}x$$
$$w(x) = \frac{1}{2}\frac{dy}{dx}$$
$$= \frac{1}{2}(-\sqrt{6}k_1 \sin\sqrt{6}x + \sqrt{6}k_2 \cos\sqrt{6}x)$$

$w(0) = \sqrt{6}$，$y(0) = 1$ より，$\sqrt{6} = (\sqrt{6}/2)k_2$，$1 = k_1$ なので，$k_1 = 1$，$k_2 = 2$．こうして，次式となる．

$$y(x) = \cos\sqrt{6}x + 2\sin\sqrt{6}x$$
$$w(x) = \sqrt{6}\left(\cos\sqrt{6}x - \frac{1}{2}\sin\sqrt{6}x\right)$$

▶ 第 3 章

3.1 回路方程式 $Ri + L(di/dt) = E$ より，$i = E/R + ke^{-\frac{R}{L}t}$．$t = 0$ で $i(0) = E/2R \to E/2R = E/R + k \to k = -E/2R$．

よって，$i(t) = \dfrac{E}{R}\left(1 - \dfrac{1}{2}e^{-\frac{R}{L}t}\right)$．

3.2 スイッチ S を閉じる前，コイルには $i_2 = 3/(2 + 1) = 1\,\text{A}$ の電流が流れている．S を閉じたあとの回路方程式は，キルヒホッフの電圧則をループ①，②に適用して，

$$2(i_1 + i_2) + i_1 = 3$$
$$i_2 + \frac{di_2}{dt} - i_1 = 0$$

となる．第2式より，$i_1 = i_2 + di_2/dt$．これを第1式に代入して，$di_2/dt + (5/3)i_2 = 1$．変数分離法を用いて，

$$\frac{di_2}{dt} = -\frac{5}{3}i_2 + 1 = -\frac{5}{3}\left(i_2 - \frac{3}{5}\right)$$

$$\to \frac{di_2}{(i_2 - 3/5)} = -\frac{5}{3}dt$$

両辺を積分して，

$$\ln\left(i_2 - \frac{3}{5}\right) = -\frac{5}{3}t + k_1$$

$$\to i_2 - \frac{3}{5} = ke^{-\frac{5}{3}t}$$

$t = 0$ で $i_2(0) = 1\,\mathrm{A}$ であるので，$k = 1 - 3/5 = 2/5$．こうして，

$$i_2 = \frac{3}{5} + \frac{2}{5}e^{-\frac{5}{3}t}\,[\mathrm{A}]$$

となる．これを用いて，

$$i_1 = i_2 + \frac{di_2}{dt}$$
$$= \frac{3}{5} + \frac{2}{5}e^{-\frac{5}{3}t} - \frac{2}{3}e^{-\frac{5}{3}t}$$
$$= \frac{3}{5} - \frac{4}{15}e^{-\frac{5}{3}t}$$

を得る．

3.3 S が閉じられていたとき，
$$i_1 = \frac{R_2}{(R_1 + R_2)}I_0$$
$$i_2 = \frac{R_1}{(R_1 + R_2)}I_0$$

の電流が流れている．S を開いたあとの回路方程式は，$(R_1 + R_2)i + L(di/dt) = 0$ であるので，この一般解は変数分離法などにより，$i = ke^{-(R_1+R_2)t/L}$．コイルに流れる電流は $t = 0$ で不変であるので，$i(0) = i_2(0_-) = \{R_1/(R_1+R_2)\}I_0$ より，$k = \{R_1/(R_1+R_2)\}I_0$ となる．よって，

$$i(t) = i_2(t) = -i_1(t)$$
$$= \frac{R_1}{(R_1 + R_2)}I_0 e^{-\frac{R_1+R_2}{L}t}$$

となる．i_1 は $t = 0$ で急変する．

3.4 回路方程式は，
$$R_1(i_1 + i_2) + R_2 i_1 = E$$
$$v = R_2 i_1$$
$$i_2 = \frac{dq}{dt} = C\frac{dv}{dt}$$

第2式，第3式を第1式に代入して，v に関する方程式を作ると，$(R_1/R_2)v + R_1 C(dv/dt) + v = E$ となる．整理して，

$$\frac{dv}{dt} + \frac{R_1 + R_2}{CR_1 R_2}v = \frac{E}{CR_1}$$

この定常解は，解図 3.1 から，$v_s = \{R_2/(R_1+R_2)\}E$．同次方程式

$$\frac{dv}{dt} + \frac{R_1 + R_2}{CR_1 R_2}v = 0$$

の一般解は，変数分離法などにより，

$$\frac{dv}{dt} = -\frac{R_1 + R_2}{CR_1 R_2}v \to v_t = ke^{-\frac{R_1+R_2}{CR_1 R_2}t}$$

よって，$v = v_s + v_t = \dfrac{R_2 E}{R_1 + R_2} + ke^{-\frac{R_1+R_2}{CR_1 R_2}t}$．

$t = 0$ で $q(0) = Q_0$，$v(0) = q(0)/C = Q_0/C$ なので，$k = Q_0/C - R_2 E/(R_1 + R_2)$．よって，

$$v(t) = \frac{R_2 E}{R_1 + R_2}$$
$$+ \left(\frac{Q_0}{C} - \frac{R_2 E}{R_1 + R_2}\right)e^{-\frac{R_1+R_2}{CR_1 R_2}t}$$

$$i_1(t) = \frac{v(t)}{R_2}$$
$$= \frac{E}{R_1 + R_2} + \left(\frac{Q_0}{CR_2} - \frac{E}{R_1 + R_2}\right)e^{-\frac{R_1+R_2}{CR_1 R_2}t}$$

$$i_2(t) = C\frac{dv(t)}{dt}$$
$$= \left(\frac{E}{R_1} - \frac{Q_0(R_1 + R_2)}{CR_1 R_2}\right)e^{-\frac{R_1+R_2}{CR_1 R_2}t}.$$

◀ 解図 3.1

3.5 $W = \displaystyle\int_0^\tau E i\,dt = \frac{E^2}{R}\int_0^\tau e^{-\frac{t}{RC}}dt$
$$= CE^2\left(1 - e^{-\frac{t}{RC}}\right)$$

$W_R = \displaystyle\int_0^\tau Ri^2\,dt = \frac{E^2}{R}\int_0^\tau e^{-\frac{2}{RC}t}dt$
$$= \frac{CE^2}{2}\left(1 - e^{-\frac{2}{RC}t}\right)$$

$W_C = \displaystyle\int_0^\tau v_C i\,dt = \frac{1}{C}\int_0^\tau q i\,dt$
$$= \frac{CE}{R}\int_0^\tau e^{-\frac{t}{RC}}\left(1 - e^{-\frac{t}{RC}}\right)dt$$
$$= CE^2\left(1 - e^{-\frac{t}{RC}}\right) - \frac{CE^2}{2}\left(1 - e^{-\frac{2}{RC}t}\right)$$

となり，$W = W_R + W_C$ が成り立つ．

3.6 S が開かれる直前のコイルに流れている電流は，解図 3.2(a) の回路から

$$i_1(0_-) = \frac{R_1 + R_2}{R_1 R_2} E$$

$$i_2(0_-) = \frac{E}{R_2}$$

である．S を開いたあとの回路方程式は，同図 (b) より

$$\frac{di}{dt} + \frac{R_2}{L_1 + L_2} i = \frac{E}{L_1 + L_2}$$

この微分方程式の定常解は，コイルが短絡状態であるので，$i_s = E/R_2$ となる．また，同次方程式

$$\frac{di}{dt} + \frac{R_2}{L_1 + L_2} i = 0$$

の一般解は，$i_t = k e^{-\frac{R_2}{L_1 + L_2} t}$．こうして，電流 i の一般解は

$$i = i_s + i_t = \frac{E}{R_2} + k e^{-\frac{R_2}{L_1 + L_2} t}$$

となる．ここで，$t = 0$ における初期条件 $i(0_+)$ は磁束鎖交数保存の理を用い，$L_1 i_1(0_-) + L_2 i_2(0_-) = (L_1 + L_2) i(0_+)$ から，

$$i(0_+) = \frac{E}{L_1 + L_2} \left\{ \frac{L_1(R_1 + R_2) + L_2 R_1}{R_1 R_2} \right\}$$

となる．また，$i(0_+) = E/R_2 + k$ であるので，$k = L_1 E / R_1(L_1 + L_2)$．こうして，次式となる．

$$i(t) = \frac{E}{R_2} + \frac{L_1 E}{R_1(L_1 + L_2)} e^{-\frac{R_2}{L_1 + L_2} t}$$

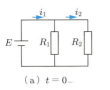 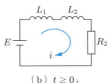

(a) $t = 0_-$ 　　(b) $t \geq 0_+$

▲ 解図 3.2

3.7 (1) S が開かれる直前に，コイルには $i_1(0_-) = E/R_1$, $i_2(0_-) = E/R_2$ の電流が流れていた．S を開いてからの回路方程式は，

$$R i_1 + L_1 \frac{di_1}{dt} - L_2 \frac{di_2}{dt} - R_2 i_2 = 0$$

$$i_1 + i_2 = 0$$

であるので，第 2 式を第 1 式に代入し，$i = i_1 = -i_2$ で表すと，

$$\frac{di}{dt} + \frac{R_1 + R_2}{L_1 + L_2} i = 0$$

この解は変数分離法などにより，$i = k e^{-\frac{R_1 + R_2}{L_1 + L_2} t}$ となる．ここで，k は $k = i(0)$ より求められるが，$i(0)$ は磁束鎖交数保存の理より，

$$(L_1 + L_2) i(0_+) = L_1 i_1(0_-) - L_2 i_2(0_-)$$

$$\to (L_1 + L_2) i(0_+) = L_1 \frac{E}{R_1} - L_2 \frac{E}{R_2}$$

$$\to i(0_+) = \frac{E}{L_1 + L_2} \left(\frac{L_1}{R_1} - \frac{L_2}{R_2} \right) = k$$

となる．よって，次式となる．

$$i(t) = i_1(t) = -i_2(t)$$
$$= \frac{E}{L_1 + L_2} \left(\frac{L_1}{R_1} - \frac{L_2}{R_2} \right) e^{-\frac{R_1 + R_2}{L_1 + L_2} t}$$

(2) 回路方程式は，

$$R_1 i_1 + L_1 \frac{di_1}{dt} + M \frac{di_2}{dt}$$
$$- \left(R_2 i_2 + L_2 \frac{di_2}{dt} + M \frac{di_1}{dt} \right) = 0$$

$i = i_1 = -i_2$ で電流を表すと，上式は

$$(R_1 + R_2) i + (L_1 + L_2 - 2M) \frac{di}{dt} = 0$$

となる．この一般解は，$i = k e^{-\frac{R_1 + R_2}{L_1 + L_2 - 2M} t}$ となる．$k = i(0_+)$ なので，磁束鎖交数保存の理より，

$$(L_1 + L_2 - 2M) i(0_+)$$
$$= (L_1 - M) i_1(0_-) - (L_2 - M) i_2(0_-)$$
$$= \frac{E(L_1 - M)}{R_1} - \frac{E(L_2 - M)}{R_2}$$

$$\to i(0_+) = \frac{E}{L_1 + L_2 - 2M} \left(\frac{L_1 - M}{R_1} - \frac{L_2 - M}{R_2} \right)$$
$$= k$$

こうして，

$$i(t) = i_1(t) = -i_2(t)$$
$$= \frac{E}{L_1 + L_2 - 2M} \left(\frac{L_1 - M}{R_1} - \frac{L_2 - M}{R_2} \right)$$
$$\times e^{-\frac{R_1 + R_2}{L_1 + L_2 - 2M} t}$$

となる．$M = 0$ とおくと，当然 (1) の結果と同じになる．

3.8 S が①側にあるときコンデンサの両端の電圧は，

$$V_{ab} = \frac{R_2}{R_1 + R_2} E$$

コンデンサに蓄えられている電荷は,
$$q(0) = CV_{ab} = \frac{CR_2 E}{R_1 + R_2}$$

S を②側に閉じたときの回路方程式は,解図 3.3 から
$$\frac{1}{C} \int i dt + R_0 i = 0$$
$$R_0 = \frac{R_1 R_2}{R_1 + R_2}$$

であるので,$i = -dq/dt$ を用いて電荷の方程式に直すと,
$$-\frac{1}{C} q - R_0 \frac{dq}{dt} = 0$$

これを整理して,
$$\frac{dq}{dt} = -\frac{1}{R_0 C} q$$

変数分離法などにより,$q(t) = k e^{-\frac{t}{R_0 C}}$.
$t = 0$ で $q(0) = CR_2 E/(R_1 + R_2)$ なので,
$k = CR_2 E/(R_1 + R_2)$.こうして,
$$q(t) = \frac{CR_2 E}{R_1 + R_2} e^{-\frac{t}{R_0 C}}$$

となる.これより電流は,
$$i(t) = -\frac{dq}{dt} = \frac{E}{R_1} e^{-\frac{t}{R_0 C}}$$

となる.解図 3.3 のように電流の向きを考慮して,
$$i_C(t) = -i(t) = -\frac{E}{R_1} e^{-\frac{R_1+R_2}{R_1 R_2 C} t}$$
$$i_{R_2}(t) = \frac{R_1}{R_1 + R_2} i(t) = \frac{E}{R_1 + R_2} e^{-\frac{R_1+R_2}{R_1 R_2 C} t}$$
$$i_{R_1}(t) = -\frac{R_2}{R_1 + R_2} i(t)$$
$$= -\frac{R_2 E}{R_1(R_1 + R_2)} e^{-\frac{R_1+R_2}{R_1 R_2 C} t}$$

となる.

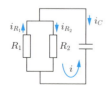

◀ 解図 3.3

3.9 回路方程式は,
$$E = L \frac{di}{dt} + \frac{1}{C} \int i dt$$

$i = dq/dt$ を代入して,
$$\frac{d^2 q}{dt^2} + \frac{1}{LC} q = \frac{E}{L}$$

図 3.55 において,S を閉じて時間が十分経つと,電源電圧 E はすべてコンデンサにかかるので,定常解は $q_s = CE$ となる.同次方程式 $d^2q/dt^2 + (1/LC)q = 0$ の一般解は
$$q_t = k_1 \cos \frac{t}{\sqrt{LC}} + k_2 \sin \frac{t}{\sqrt{LC}}$$

となる.よって,
$$q = q_s + q_t$$
$$= CE + k_1 \cos \frac{t}{\sqrt{LC}} + k_2 \sin \frac{t}{\sqrt{LC}}$$

$t = 0$ で $q(0) = Q_0 \rightarrow Q_0 = CE + k_1$ より,
$k_1 = Q_0 - CE$.また,$t = 0$ で $i(0) = 0$ であるので,
$$i = \frac{dq}{dt}$$
$$= -k_1 \frac{1}{\sqrt{LC}} \sin \frac{t}{\sqrt{LC}} + k_2 \cos \frac{t}{\sqrt{LC}}$$

より,$k_2 = 0$ となる.こうして,次式を得る.
$$q(t) = CE + (Q_0 - CE) \cos \frac{t}{\sqrt{LC}}$$
$$i(t) = \frac{CE - Q_0}{\sqrt{LC}} \sin \frac{t}{\sqrt{LC}}$$

3.10 RL 直列回路の微分方程式は,
$$\frac{di}{dt} + \frac{R}{L} i = \frac{E_m}{L} \sin(\omega t + \theta)$$

$P_0(t) = R/L$,$Q(t) = (E_m/L)\sin(\omega t + \theta)$ とおくと,まず,
$$\int P_0(t) dt = \frac{R}{L} \int dt = \frac{R}{L} t, \quad y_1 = e^{-\frac{R}{L} t}$$

次に,
$$\int \frac{Q(t)}{y_1} dt = \frac{E_m}{L} \int e^{\frac{R}{L} t} \sin(\omega t + \theta) dt$$

積分公式 $\int e^{at} \sin bt \, dt = \dfrac{e^{at}(a \sin bt - b \cos bt)}{a^2 + b^2}$,
$\int e^{ax} \cos bt \, dt = \dfrac{e^{ax}(b \sin bt + a \cos bt)}{a^2 + b^2}$ を用いて,
$$\int \frac{Q(t)}{y_1} dt$$
$$= \left\{ \frac{E_m}{Z} e^{\frac{R}{L} t} \frac{R \sin(\omega t + \theta) - \omega L \cos(\omega t + \theta)}{Z} \right\}$$

ここで，$Z = \sqrt{R^2 + (\omega L)^2}$ とおいている．
$R/Z = \cos\varphi$, $\omega L/Z = \sin\varphi$, $E_m/Z = I_m$ と
おいて整理すると，

$$\int \frac{Q(t)}{y_1} dt = \left\{ I_m e^{\frac{R}{L}t} \sin(\omega t + \theta - \varphi) \right\}$$
$$\left(\varphi = \tan^{-1} \frac{\omega L}{R} \right)$$

求める電流は，

$$i(t) = y_1(t) \left(\int \frac{Q(t)}{y_1(t)} dt + k \right)$$

より

$$i(t) = e^{-\frac{R}{L}t} \left\{ I_m e^{\frac{R}{L}t} \sin(\omega t + \theta - \varphi) + k \right\}$$
$$= I_m \sin(\omega t + \theta - \varphi) + k e^{-\frac{R}{L}t}$$

となる．k は積分定数である．これは式 (3.175) の結果と一致する．以後の解析は 3.6.1 項と同じであるので省略する．

RC 直列回路の場合も同様の手順で，電荷の微分方程式は

$$\frac{dq}{dt} + \frac{1}{RC} q = \frac{E_m}{R} \sin(\omega t + \theta)$$

$P_0(t) = 1/RC$, $Q(t) = (E_m/R)\sin(\omega t + \theta)$ とおいて計算を進めると，$Z = \sqrt{R^2 + (1/\omega C)^2}$, $\varphi = \tan^{-1}(1/R\omega C)$ として，

$$q(t) = -\frac{I_m}{\omega} \cos(\omega t + \theta + \varphi) + k e^{-\frac{t}{RC}}$$

となる．式 (3.186) と同じ結果である．これ以後の解析は 3.6.2 項と同じであるので省略する．

3.11 例題 3.7 から，$\theta = \varphi = \tan^{-1}(\omega L/R)$ のとき過渡電流は流れない．すなわち，

$$\theta = \varphi = \tan^{-1} \frac{100}{2\pi \times 50 \times 1/\pi}$$
$$= \tan^{-1} 1 = \frac{\pi}{4} \text{ [rad]}$$

のときとなる．

3.12 定常状態で，$i_R = (E_m/R)\sin\omega t$, $i_L = -(E_m/\omega L)\cos\omega t$．S を開いた状態の回路方程式は，$L(di/dt) + Ri = 0$，またその解は $i = ke^{-(R/L)t}$ となる．$i = i_L = -i_R$ である．$t = 0$ で $i(0) = i_L(0) = -E_m/\omega L$ であるので，$k = -E_m/\omega L$ となる．こうして，

$$i_L(t) = -i_R(t) = -\frac{E_m}{\omega L} e^{-\frac{R}{L}t}$$

数値を代入して，

$$i_L(t) = -i_R(t) = -e^{-100t} \text{ [A]}$$

抵抗でのジュール熱は，

$$W_R = \int_0^\infty R i_R^2 dt = R \left(\frac{E_m}{\omega L} \right)^2 \int_0^\infty e^{-2\frac{R}{L}t} dt$$
$$= \frac{L}{2} \left(\frac{E_m}{\omega L} \right)^2$$

数値を入れて，$W_R = 0.5$ J.

3.13 $i'_s = -\omega k_1 \sin\omega t + \omega k_2 \cos\omega t$ であるので，i_s, i'_s を式 (3.163) に代入して，

$$(Rk_1 + \omega L k_2)\cos\omega t + (Rk_2 - \omega L k_1)\sin\omega t$$
$$= E_m(\sin\omega t \cos\theta + \cos\omega t \sin\theta)$$

となる．係数を比較して

$$Rk_1 + \omega L k_2 = E_m \sin\theta$$
$$Rk_2 - \omega L k_1 = E_m \cos\theta$$

これらより，k_1, k_2 は

$$k_1 = \frac{E_m}{R^2 + (\omega L)^2} (R\sin\theta - \omega L \cos\theta)$$
$$k_2 = \frac{E_m}{R^2 + (\omega L)^2} (\omega L \sin\theta + R\cos\theta)$$

こうして，特殊解は

$$i_s = \frac{E_m}{R^2 + (\omega L)^2} \{(R\sin\theta - \omega L\cos\theta)\cos\omega t$$
$$+ (R\cos\theta + \omega L \sin\theta)\sin\omega t\}$$
$$= \frac{E_m}{R^2 + (\omega L)^2} \{R\sin(\omega t + \theta)$$
$$- \omega L \cos(\omega t + \theta)\}$$
$$= \frac{E_m}{\sqrt{R^2 + (\omega L)^2}} \sin(\omega t + \theta - \varphi)$$
$$= I_m \sin(\omega t + \theta - \varphi)$$
$$\left(\varphi = \tan^{-1} \frac{\omega L}{R} \right)$$

となる．式 (3.170) の仮定に比べて計算がやや複雑になる．

3.14 $q_s = k_1 \cos(\omega t + \theta) + k_2 \sin(\omega t + \theta)$ なので，$q'_s = -k_1 \omega \sin(\omega t + \theta) + k_2 \omega \cos(\omega t + \theta)$. これらを回路方程式に代入して，

$$-k_1\omega \sin(\omega t + \theta) + k_2\omega \cos(\omega t + \theta)$$
$$+ \frac{k_1}{RC}\cos(\omega t + \theta) + \frac{k_2}{RC}\sin(\omega t + \theta)$$
$$= \frac{E_m}{R}\sin(\omega t + \theta)$$

両辺の $\sin(\omega t + \theta)$, $\cos(\omega t + \theta)$ の係数をそれぞれ比較して，

$$-\omega k_1 + \frac{k_2}{RC} = \frac{E_m}{R}, \quad \omega k_2 + \frac{k_1}{RC} = 0$$

これらより

$$k_1 = -\frac{RE_m}{\omega\{R^2 + (1/\omega C)^2\}}$$

$$k_2 = \frac{E_m}{\omega^2 C\{R^2 + (1/\omega C)^2\}}$$

となる．こうして，

$$q_s = -\frac{E_m}{\omega\{R^2 + (1/\omega C)^2\}}$$
$$\times \left(R\cos(\omega t + \theta) - \frac{1}{\omega C}\sin(\omega t + \theta)\right)$$

$$Z = \sqrt{R^2 + (1/\omega C)^2}, \quad \frac{R}{Z} = \cos\varphi$$

$$\frac{1/\omega C}{Z} = \sin\varphi, \quad \varphi = \tan^{-1}\left(\frac{1}{R\omega C}\right), \quad \frac{E_m}{Z} = I_m \text{ として，}$$

$$q_s = -\frac{I_m}{\omega}(\cos(\omega t + \theta)\cos\varphi - \sin(\omega t + \theta)\sin\varphi)$$
$$= -\frac{I_m}{\omega}\cos(\omega t + \theta + \varphi)$$

を得る．

3.15 定常項は，3.6.2 項と同じで，$q_s(t) = -(E_m/\omega Z)\cos(\omega t + \theta + \varphi)$ となる．一般解は，過渡項を加えて $q = q_s + ke^{-t/CR}$ であるので，$t = 0$ において，$Q_0 = q_s(0) + k \to k = Q_0 - q_s(0) = Q_0 + (E_m/\omega Z)\cos(\theta + \varphi)$. こうして，次式となる．

$$q(t) = -\frac{E_m}{\omega Z}\cos(\omega t + \theta + \varphi)$$
$$+ \left(Q_0 + \frac{E_m}{\omega Z}\cos(\theta + \varphi)\right)e^{-\frac{t}{CR}}$$

3.16 回路方程式は，

$$Ri(t) + L\frac{di(t)}{dt} + \frac{1}{C}\int i(t)dt$$
$$= E_m\sin(\omega t + \theta)$$

フェーザ法を用いて，

$$R\dot{I}_0 + j\omega L\dot{I}_0 + \frac{1}{j\omega C}\dot{I}_0 = E_m$$

電流は

$$\dot{I}_0 = \frac{E_m}{R + j(\omega L - 1/\omega C)}$$

分母を $\dot{Z} = R + j(\omega L - 1/\omega C)$ とおく．大きさを Z，偏角を φ として，

$$\dot{Z} = Ze^{j\varphi}$$
$$Z = \sqrt{R^2 + (\omega L - 1/\omega C)^2}$$
$$\varphi = \tan^{-1}\{(\omega L - 1/\omega C)/R\}$$

となる．こうして，

$$\dot{I}_0 = \frac{E_m}{\dot{Z}} = \frac{E_m}{Z}e^{-j\varphi}$$
$$\dot{I} = \dot{I}_0 e^{j(\omega t + \theta)} = \frac{E_m}{Z}e^{j(\omega t + \theta - \varphi)}$$

虚数部をとり，次式を得る．

$$i(t) = \frac{E_m}{Z}\sin\left(\omega t + \theta - \tan^{-1}\frac{\omega L - 1/\omega C}{R}\right)$$

3.17 重ねの理で電流を求める．解図 3.4(a) の電流は，$i_a = (E/R)e^{-\frac{t}{CR}}$. 同図 (b) の電流は，式 (3.188) において $\theta = 0$ として，

$$i_b = I_m\sin(\omega t + \varphi) - \frac{E}{\omega CR}\cos\varphi e^{-\frac{t}{CR}}$$

となる．$\cos\varphi = \frac{R}{Z}$ を考慮して

$$i_b = \frac{E}{Z}\left\{\sin(\omega t + \varphi) - \frac{1}{\omega CZ}e^{-\frac{t}{CR}}\right\}$$

であるので，回路全体の電流は，$i = i_a + i_b$ より

$$i(t) = \left(\frac{E}{R} - \frac{E_m}{\omega CZ^2}\right)e^{-\frac{t}{CR}} + \frac{E_m}{Z}\sin(\omega t + \varphi)$$

次に，電荷は $q = \int i dt$ より，

$$q(t) = -CR\left(\frac{E}{R} - \frac{E_m}{\omega CZ^2}\right)e^{-\frac{t}{CR}}$$
$$- \frac{E_m}{\omega Z}\cos(\omega t + \varphi) + k$$

$t = 0$ で $q(0) = 0$ であるので，

$$0 = -CE + \frac{RE_m}{\omega Z^2} - \frac{RE_m}{\omega Z^2} + k$$

これより $k = CE$. よって，

$$q(t) = \left(-CE + \frac{RE_m}{\omega Z^2}\right)e^{-\frac{t}{CR}}$$
$$- \frac{E_m}{\omega Z}\cos(\omega t + \varphi) + CE$$

$$v_C(t) = \frac{q(t)}{C} = \left(-E + \frac{RE_m}{\omega CZ^2}\right)e^{-\frac{t}{CR}}$$
$$- \frac{E_m}{\omega Z}\cos(\omega t + \varphi) + E$$

▲解図 3.4

3.18 S が開いているときの回路は解図 3.5(a)

演習問題詳解 157

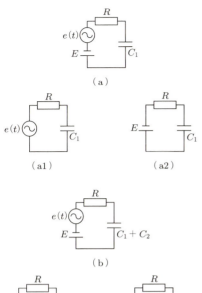

▲ 解図 3.5

の状態であり，これは重ねの理を用いて求めることができる．交流電源に対する回路 (a1) の方程式は，
$$Ri + \frac{1}{C_1}\int i\,dt = E_m\cos(\omega t + \theta)$$
電荷に直して
$$R\frac{dq}{dt} + \frac{q}{C_1} = E_m\cos(\omega t + \theta)$$
図 (a1) の回路の電荷の定常解 (特殊解) を $q_s(a1)$ と書き，$q_s(a1) = A\sin(\omega t+\theta)+B\cos(\omega t+\theta)$ とおく．$q'_s(a1) = \omega A\cos(\omega t+\theta) - \omega B\sin(\omega t+\theta)$ および $q_s(a1)$ をもとの方程式に代入して，
$$\left(R\omega A + \frac{R}{C_1}\right)\cos(\omega t+\theta)$$
$$+\left(\frac{A}{C_1} - R\omega B\right)\sin(\omega t+\theta)$$
$$= E_m\cos(\omega t+\theta)$$
両辺を比較して，$R\omega A + B/C_1 = E_m$，$A/C_1 - R\omega B = 0$．これより，
$$A = \frac{\omega C_1^2 R E_m}{\omega^2 C_1^2 R^2 + 1},\quad B = \frac{C_1 E_m}{\omega^2 C_1^2 R^2 + 1}$$

これらを用いて
$$q_s(a1) = \frac{\omega C_1^2 R E_m}{\omega^2 C_1^2 R^2 + 1}\sin(\omega t+\theta)$$
$$+ \frac{C_1 E_m}{\omega^2 C_1^2 R^2 + 1}\cos(\omega t+\theta)$$
$$= \frac{\omega C_1^2 E_m}{\omega^2 C_1^2 R^2 + 1}\Big\{R\sin(\omega t+\theta)$$
$$+ \frac{1}{\omega C_1}\cos(\omega t+\theta)\Big\}$$
$Z_1 = \sqrt{R^2 + 1/\omega C_1}$ とおいて整理すると，
$$q_s(a1) = \frac{E_m}{\omega Z_1}\Big\{\frac{R}{Z_1}\sin(\omega t+\theta)$$
$$+ \frac{1/\omega C_1}{Z_1}\cos(\omega t+\theta)\Big\}$$
$R/Z = \cos\varphi_1$, $(1/\omega C_1)/Z = \sin\varphi_1$ とおいて，
$$q_s(a1) = \frac{E_m}{\omega Z_1}\sin(\omega t+\theta+\varphi_1)$$
$$\left(\varphi_1 = \tan^{-1}\left(\frac{1}{R\omega C_1}\right)\right)$$
となる．回路 (a2) の直流電源に対する電荷の定常解は，$q_s(a2) = -C_1 E$ であるので，解図 3.5(a) の電荷の定常解は
$$q_s(a) = q_s(a1) + q_s(a2)$$
$$= \frac{E_m}{\omega Z_1}\sin(\omega t+\theta+\varphi_1) - C_1 E$$
S が閉じられたあとの回路は解図 3.5(b) のようになり，回路方程式は，交流に対しては，
$$R\frac{dq}{dt} + \frac{q}{C_1+C_2} = E_m\cos(\omega t+\theta)$$
その一般解は，$q(b1) = q_s(b1) + q_t(b1)$．特殊解は上でも求めたように，
$$q_s(b1) = \frac{E_m}{\omega Z_2}\sin(\omega t+\theta+\varphi_2)$$
ここで，$Z_2 = \sqrt{R^2 + \{1/\omega(C_1+C_2)\}^2}$, $\varphi_2 = \tan^{-1}\{1/R\omega(C_1+C_2)\}$．過渡解は $q_t(b1) = k_1 e^{-\frac{t}{R(C_1+C_2)}}$．よって，解図 3.5(b1) の回路の一般解は，
$$q(b1) = \frac{E_m}{\omega Z_2}\sin(\omega t+\theta+\varphi_2) + k_1 e^{-\frac{t}{R(C_1+C_2)}}$$
同図 (b2) の直流に対しては，
$$R\frac{dq}{dt} + \frac{q}{C_1+C_2} = E$$
であるので，その一般解は，
$$q(b2) = -(C_1+C_2)E + k_2 e^{-\frac{t}{R(C_1+C_2)}}$$
よって，解図 3.5(b) の電荷の一般解は，

$$q(b) = q(b1) + q(b2)$$
$$= -(C_1+C_2)E + ke^{-\frac{t}{R(C_1+C_2)}}$$
$$+ \frac{E_m}{\omega Z_2}\sin(\omega t + \theta + \varphi_2)$$

となる。$k_1 + k_2 = k$ とおいている。ここで、定数 k を求める。$t = 0$ での電荷保存の理より、スイッチ S を閉じる直前の電荷は、

$$q_s(t=0_- : a) = \frac{E_m}{\omega Z_1}\sin(\theta+\varphi_1) - C_1 E$$

であったので、$q_s(t=0:a) = q(t=0_+ : b)$ より、

$$-C_1 E + \frac{E_m}{\omega Z_1}\sin(\theta+\varphi_1)$$
$$= -(C_1+C_2)E + k + \frac{E_m}{\omega Z_2}\sin(\theta+\varphi_2)$$
$$\rightarrow k = C_2 E - \frac{E_m}{\omega}\left\{\frac{1}{Z_2}\sin(\theta+\varphi_2)\right.$$
$$\left. - \frac{1}{Z_1}\sin(\theta+\varphi_1)\right\}$$

これより、解図 3.5(b) に対する電荷は、

$$q(b) = -(C_1+C_2)E + \frac{E_m}{\omega Z_2}\sin(\omega t+\theta+\varphi_2)$$
$$+ \left[C_2 E - \frac{E_m}{\omega}\left\{\frac{1}{Z_2}\sin(\theta+\varphi_2)\right.\right.$$
$$\left.\left. - \frac{1}{Z_1}\sin(\theta+\varphi_1)\right\}\right]e^{-\frac{t}{R(C_1+C_2)}}$$

となる。こうして求める $v_0(t)$ は、$v_0(t) = q(b)/(C_1+C_2)$ より、次式となる。

$$v_0(t) = -E + \frac{E_m}{\omega(C_1+C_2)Z_2}\sin(\omega t+\theta+\varphi_2)$$
$$+ \left[\frac{C_2}{C_1+C_2}E - \frac{E_m}{\omega(C_1+C_2)}\right.$$
$$\times \left\{\frac{1}{Z_2}\sin(\theta+\varphi_2)\right.$$
$$\left.\left. - \frac{1}{Z_1}\sin(\theta+\varphi_1)\right\}\right]e^{-\frac{t}{R(C_1+C_2)}}$$

3.19 S が開かれる直前の回路は解図 3.6 になるので、$i_L(0_-) = E/R_0 = 1/6$ A。また、各素子の両端の電圧は $v(0_-) = 0$。S を開いてからの回路方程式は、

$$i_R + i_L + i_C = 0$$
$$v = Ri_R = L\frac{di_L}{dt} = \frac{1}{C}\int i_C dt$$

となる。i_L を先に求める。第 2 式から、

$$i_R = \frac{L}{R}\frac{di_L}{dt}, \quad i_C = LC\frac{d^2 i_L}{dt^2}$$

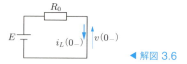

◀ 解図 3.6

を第 1 式に代入して整理すると、

$$\frac{d^2 i_L}{dt^2} + \frac{1}{CR}\frac{di_L}{dt} + \frac{1}{LC}i_L = 0$$

数値を代入して、

$$\frac{d^2 i_L}{dt^2} + 3\frac{di_L}{dt} + 2i_L = 0$$

この特性方程式は $\lambda^2 + 3\lambda + 2 = (\lambda+1)(\lambda+2) = 0$ より、$\lambda = -1, -2$ が根となる。よって、i_L の一般解は、$i_L = k_1 e^{-t} + k_2 e^{-2t}$。$i_L(0_-) = k_1 + k_2 = 1/6$, $v(0_-) = L(di_L/dt)|_{t=0} = L(-k_1 - 2k_2) = 0$ より $k_1 + 2k_2 = 0$。これらより、$k_1 = 1/3$, $k_2 = -1/6$ となる。よって、

$$i_L(t) = \frac{1}{3}e^{-t} - \frac{1}{6}e^{-2t} \text{ [A]}$$
$$v(t) = L\frac{di_L}{dt} = L(-k_1 e^{-t} - 2k_2 e^{-2t})$$
$$= -e^{-t} + e^{-2t} \text{ [V]}$$
$$i_R(t) = \frac{v(t)}{R} = \frac{1}{2}(-e^{-t} + e^{-2t}) \text{ [A]}$$
$$i_C = -i_R - i_L = \frac{1}{6}e^{-t} - \frac{1}{3}e^{-2t} \text{ [A]}$$

となる。エネルギーの関係は、S を閉じる直前にエネルギーが蓄えられていたのはコイルのみで、コンデンサには蓄えられていないので、

$$W_L = \frac{1}{2}Li_L^2(0_-) = \frac{1}{24} \text{ J}$$

抵抗でのジュール熱は、

$$W_R = \int_0^\infty Ri_R^2(t)dt = \frac{1}{2}\int_0^\infty (e^{-2t} - e^{-t})^2 dt$$
$$= \frac{1}{2}\left[-\frac{1}{4}e^{-4t} + \frac{2}{3}e^{-3t} - \frac{1}{2}e^{-2t}\right]_0^\infty$$
$$= \frac{1}{24} \text{ J}$$

となり、コイルに蓄えられていたエネルギーは抵抗で熱となる。

▶ **第 4 章**

4.1 $\mathcal{L}[\sin\omega t] = \frac{1}{\omega}F\left(\frac{s}{\omega}\right)$
$$= \frac{1}{\omega}\left\{\frac{1}{(s/\omega)^2 + 1}\right\} = \frac{\omega}{s^2 + \omega^2}$$

4.2 (1) $f(t) = \sin\omega_1 t \sin\omega_2 t$

$$= \frac{1}{2}(\cos(\omega_1-\omega_2)t - \cos(\omega_1+\omega_2)t) \text{ なので,}$$
$\mathcal{L}[f(t)] =$
$$\frac{1}{2}\left\{\frac{s}{s^2+(\omega_1-\omega_2)^2} - \frac{s}{s^2+(\omega_1+\omega_2)^2}\right\}$$
(2) $f(t) = \cos\omega_1 t \cos\omega_2 t$
$$= \frac{1}{2}(\cos(\omega_1+\omega_2)t + \cos(\omega_1-\omega_2)t) \text{ より,}$$
$\mathcal{L}[f(t)]$
$$= \frac{1}{2}\left\{\frac{s}{s^2+(\omega_1+\omega_2)^2} + \frac{s}{s^2+(\omega_1-\omega_2)^2}\right\}$$
(3) $f(t) = \sin\omega_1 t \cos\omega_2 t$
$$= \frac{1}{2}(\sin(\omega_1+\omega_2)t + \sin(\omega_1-\omega_2)t) \text{ より,}$$
$\mathcal{L}[f(t)]$
$$= \frac{1}{2}\left\{\frac{\omega_1+\omega_2}{s^2+(\omega_1+\omega_2)^2} + \frac{\omega_1-\omega_2}{s^2+(\omega_1-\omega_2)^2}\right\}$$

4.3 (1) $\mathcal{L}[\cos(\omega t + \theta)] = F(s) =$
$$\frac{s\cos\theta - \omega\sin\theta}{s^2 + \omega^2}$$
$$\mathcal{L}\left[e^{-\alpha t}\cos(\omega t + \theta)\right] = F(s+\alpha)$$
$$= \frac{(s+\alpha)\cos\theta - \omega\sin\theta}{(s+\alpha)^2 + \omega^2}$$

(2) $\mathcal{L}[\sin(\omega t + \theta)] = F(s)$
$$= \frac{\omega\cos\theta + s\sin\theta}{s^2 + \omega^2}$$
$$\mathcal{L}\left[e^{-\alpha t}\sin(\omega t + \theta)\right] = F(s+\alpha)$$
$$= \frac{\omega\cos\theta + (s+\alpha)\sin\theta}{(s+\alpha)^2 + \omega^2}$$

(3) $\mathcal{L}[\cosh\omega t] = F(s) = \dfrac{s}{s^2-\omega^2}$
$$\mathcal{L}\left[e^{-\alpha t}\cosh\omega t\right] = F(s+a) = \frac{s+a}{(s+a)^2-\omega^2}$$

(4) $\mathcal{L}[\sinh\omega t] = F(s) = \dfrac{\omega}{s^2-\omega^2}$
$$\mathcal{L}\left[e^{-\alpha t}\sinh\omega t\right] = F(s+a) = \frac{\omega}{(s+a)^2-\omega^2}$$

4.4 (1) $F(s) = \mathcal{L}[f(t)] = \mathcal{L}\left[e^{-\alpha t}\cos\omega t\right]$
$$= \frac{s+\alpha}{(s+\alpha)^2+\omega^2} \text{ として,}$$
$$\mathcal{L}[tf(t)] = -\frac{dF(s)}{ds} = \frac{(s+\alpha)^2 - \omega^2}{\{(s+\alpha)^2+\omega^2\}^2}$$

(2) $F(s) = \mathcal{L}[f(t)] = \mathcal{L}\left[e^{-\alpha t}\sin\omega t\right]$
$$= \frac{\omega}{(s+\alpha)^2+\omega^2} \text{ として,}$$
$$\mathcal{L}[tf(t)] = -\frac{dF(s)}{ds} = \frac{2(s+\alpha)\omega}{\{(s+\alpha)^2+\omega^2\}^2}$$

4.5 $\mathcal{L}[f(t)] = \int_0^\infty \dfrac{E}{T}tu(t)e^{-st}dt - \int_0^\infty \dfrac{E}{T}$
$\times tu(t-T)dt$
$$\int_0^\infty \frac{E}{T}tu(t)e^{-st}dt = \frac{E}{Ts^2}$$
$$-\int_0^\infty \frac{E}{T}tu(t-T)dt = -\frac{E}{T}\int_T^\infty te^{-st}dt$$
部分積分 $uv' = (uv)' - u'v$ を用いて, $u = t$, $v' = e^{-st}$, $u' = 1$, $v = -e^{-st}/s$ とすると,
$$-\frac{E}{T}\int_T^\infty te^{-st}dt$$
$$= -\frac{E}{T}\left(\left[t\frac{e^{-st}}{s}\right]_T^\infty + \frac{1}{s}\int_T^\infty e^{-st}dt\right)$$
$$= -\frac{E}{T}\left(\frac{Te^{-sT}}{s} + \frac{1}{s^2}e^{-sT}\right)$$
こうして, 次式となる.
$$\mathcal{L}[f(t)] = \frac{E}{Ts^2} - E\frac{e^{-sT}}{s} - \frac{Ee^{-sT}}{Es^2}$$
$$= \frac{E}{T}\left(\frac{1-e^{-sT}}{s^2}\right) - E\frac{e^{-sT}}{s}$$

4.6 図 4.10 は解図 4.1(a), (b) の二つの波形の合成であるので,
$f(t) = 2Eu(t-\tau_1) - 3Eu(t-\tau_2) + Eu(t-\tau_3)$
このラプラス変換は, 次式となる.
$$\mathcal{L}[f(t)] = 2E\frac{e^{-s\tau_1}}{s} - 3E\frac{e^{-s\tau_2}}{s} + E\frac{e^{-s\tau_3}}{s}$$
$$= \frac{E}{s}\left(2e^{-s\tau_1} - 3e^{-s\tau_2} + e^{-s\tau_3}\right)$$

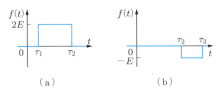

▲ 解図 4.1

4.7 1 周期分の関数は,
$$f_1(t) = E\left\{u(t) - 2u\left(t-\frac{T}{2}\right) + u(t-T)\right\}$$
であり, ラプラス変換は,
$$\mathcal{L}[f_1(t)] = E\left(\frac{1}{s} - 2\frac{e^{-\frac{sT}{2}}}{s} + \frac{e^{-sT}}{s}\right)$$
$$= \frac{E}{s}\left(1 - e^{-\frac{sT}{2}}\right)^2$$
よって, 求めるラプラス変換は次式となる.

$$\mathcal{L}[f(t)] = \frac{L[f_1(t)]}{1-e^{-Ts}} = \frac{E}{s}\frac{\left(1-e^{-\frac{sT}{2}}\right)^2}{1-e^{-Ts}}$$

4.8 1周期分の関数 f_1 は，解図 4.2(a) のように，

$$f_1(t) = \begin{cases} \dfrac{2E}{T}t & \left(0 \leq t \leq \dfrac{T}{2}\right) \\ -\dfrac{2E}{T}(t-T) & \left(\dfrac{T}{2} < t \leq T\right) \end{cases}$$

である．この波形はいくつかの関数の重ね合わせでも得られる．一例として同図 (b)〜(e) のように，$f_1 =$ 図 (b)× 図 (c)+ 図 (d)× 図 (e) と考えると，

$$f_1(t) = \frac{2E}{T}t\left\{u(t) - u\left(t-\frac{T}{2}\right)\right\}$$
$$- \frac{2E}{T}(t-T)\left\{u\left(t-\frac{T}{2}\right) - u(t-T)\right\}$$

となる．ラプラス変換しやすいように式を変形すると，

$$f_1(t) = \frac{2E}{T}tu(t) - \frac{4E}{T}\left(t-\frac{T}{2}\right)u\left(t-\frac{T}{2}\right)$$

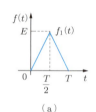

（a）

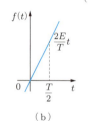

（b）

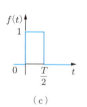

（c）

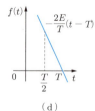

（d）

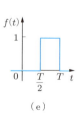

（e）

▲ 解図 4.2

$$+ \frac{2E}{T}(t-T)u(t-T)$$

となるので，ラプラス変換は，

$$\mathcal{L}[f_1(t)] = \frac{2E}{T}\left(\frac{1}{s^2} - 2\frac{e^{-\frac{sT}{2}}}{s^2} + \frac{e^{-sT}}{s^2}\right)$$
$$= \frac{2E}{T}\left(\frac{1-e^{-\frac{sT}{2}}}{s}\right)^2$$

となり，周期関数のラプラス変換は，次式となる．

$$\mathcal{L}[f(t)] = \frac{\mathcal{L}[f_1(t)]}{1-e^{-sT}} = \frac{2E}{s^2T}\frac{\left(1-e^{-\frac{sT}{2}}\right)^2}{1-e^{-sT}}$$
$$= \frac{2E}{s^2T}\frac{\left(1-e^{\frac{sT}{2}}\right)}{\left(1+e^{\frac{sT}{2}}\right)} = \frac{2E}{s^2T}\tanh\frac{sT}{4}$$

4.9 図 4.13(a) に対し1周期分の関数 f_1 は，

$$f_1(t) = \begin{cases} E\sin\omega t & \left(0 \leq t \leq \dfrac{\pi}{\omega}\right) \\ 0 & \left(\dfrac{\pi}{\omega} < t \leq \dfrac{2\pi}{\omega}\right) \end{cases}$$

解図 4.3(a) の波形は，解図 (b)，(c) のような波形の重ね合わせより次式となる．

$$f_1(t) = E\sin\omega t u(t)$$
$$+ E\sin\omega\left(t-\frac{\pi}{\omega}\right)u\left(t-\frac{\pi}{\omega}\right) \cdots ①$$

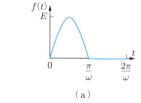

（a）

（b）$E\sin\omega t u(t)$　（c）$E\sin\omega\left(t-\frac{\pi}{\omega}\right)u\left(t-\frac{\pi}{\omega}\right)$

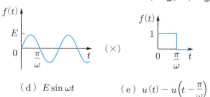

（d）$E\sin\omega t$　（e）$u(t) - u\left(t-\frac{\pi}{\omega}\right)$

▲ 解図 4.3

あるいは，解図 (d), (e) より
$$f_1(t) = E\sin\omega t \left\{u(t) - u\left(t - \frac{\pi}{\omega}\right)\right\} \cdots ②$$
式②は式①において，$\sin\pi = 0, \cos\pi = -1$ とすると得られるので，式①と式②は同じ結果を与えるものである．式①のラプラス変換は，ただちに
$$\mathcal{L}[f_1(t)] = \frac{E\omega}{s^2+\omega^2}\left(1 + e^{-\frac{\pi}{\omega}s}\right)$$
となり，周期関数のラプラス変換は，次式となる．
$$\mathcal{L}[f(t)] = \frac{\mathcal{L}[f_1(t)]}{1 - e^{-\frac{2\pi}{\omega}s}}$$
$$= \frac{E\omega}{s^2+\omega^2}\left(\frac{1}{1-e^{-\frac{\pi s}{\omega}}}\right)$$

図 4.13(b) の波形に対する 1 周期分の関数は，解図 4.3(a) の場合とまったく同じである．違いは図 4.13(a) の場合は，$T = 2\pi/\omega$ であるのに対し，図 4.13(b) の場合は $T = \pi/\omega$ となることである．よって，図 4.13(b) の周期関数のラプラス変換は次式となる．
$$\mathcal{L}[f(t)] = \frac{\mathcal{L}[f_1(t)]}{1 - e^{-\frac{\pi s}{\omega}}} = \frac{E\omega}{s^2+\omega^2}\left(\frac{1+e^{-\frac{\pi s}{\omega}}}{1-e^{-\frac{\pi s}{\omega}}}\right)$$
$$= \frac{E\omega}{s^2+\omega^2}\coth\frac{\pi s}{2\omega}$$

4.10 (1) $\dfrac{\omega}{s(s^2+\omega^2)} = \dfrac{k_1}{s} + \dfrac{k_2 s + k_3}{s^2+\omega^2}$
$$k_1 = \left.\frac{\omega}{s^2+\omega^2}\right|_{s=0} = \frac{1}{\omega}$$
$$k_2 s + k_3|_{s=j\omega} = \left.\frac{\omega}{s}\right|_{s=j\omega}$$
$$\to j\omega k_2 + k_3 = -j$$
より，$k_2 = -1/\omega, k_3 = 0$．したがって，
$$F(s) = \frac{1}{\omega}\left(\frac{1}{s} - \frac{s}{s^2+\omega^2}\right)$$
こうして，次式となる．
$$f(t) = \frac{1}{\omega}(1 - \cos\omega t)$$

(2) $\dfrac{s+\beta}{s^2(s+\alpha)} = \dfrac{k_1}{s+\alpha} + \dfrac{k_2}{s} + \dfrac{k_3}{s^2}$
$$k_1 = \left.\frac{s+\beta}{s^2}\right|_{s=-\alpha} = \frac{\beta-\alpha}{\alpha^2}$$
$$k_3 = \left.\frac{s+\beta}{s+\alpha}\right|_{s=0} = \frac{\beta}{\alpha}$$
$$k_2 = \frac{d}{ds}\left(\frac{s+\beta}{s+\alpha}\right)$$
$$= \left.\frac{\alpha-\beta}{(s+\alpha)^2}\right|_{s=0} = \frac{\alpha-\beta}{\alpha^2}$$
$$F(s) = \frac{\beta-\alpha}{\alpha^2}\frac{1}{s+\alpha} + \frac{\alpha-\beta}{\alpha^2}\frac{1}{s} + \frac{\beta}{\alpha}\frac{1}{s^2}$$
こうして，次式となる．
$$f(t) = \frac{1}{\alpha^2}\left\{(\beta-\alpha)e^{-\alpha t} + (\alpha-\beta) + \alpha\beta t\right\}$$

(3) $\dfrac{\omega}{s^2(s^2+\omega^2)} = \dfrac{k_1 s + k_2}{s^2+\omega^2} + \dfrac{k_3}{s} + \dfrac{k_4}{s^2}$
$$k_1 s + k_2|_{s=j\omega} = \left.\frac{\omega}{s^2}\right|_{s=j\omega}$$
$$\to j\omega k_1 + k_2 = -\frac{1}{\omega}$$
より，$k_1 = 0, k_2 = -1/\omega$．
$$k_4 = \left.\frac{\omega}{s^2+\omega^2}\right|_{s=0} = \frac{1}{\omega}$$
$$k_3 = \left.\frac{d}{ds}\left(\frac{\omega}{s^2+\omega^2}\right)\right|_{s=0}$$
$$= \left.-\frac{2\omega s}{(s^2+\omega^2)^2}\right|_{s=0} = 0$$
$$F(s) = -\frac{1}{\omega}\frac{1}{s^2+\omega^2} + \frac{1}{\omega}\frac{1}{s^2}$$
$$= \frac{1}{\omega^2}\left(-\frac{\omega}{s_2+\omega^2} + \frac{\omega}{s^2}\right)$$
こうして，次式となる．
$$f(t) = \frac{1}{\omega^2}(\omega t - \sin\omega t)$$

(4) $\dfrac{s^2+3s+5}{(s+1)^2(s+2)} = \dfrac{k_1}{s+2} + \dfrac{k_2}{s+1} + \dfrac{k_3}{(s+1)^2}$
$$k_1 = \left.\frac{s^2+3s+5}{(s+1)^2}\right|_{s=-2} = 3$$
$$k_3 = \left.\frac{s^2+3s+5}{s+2}\right|_{s=-1} = 3$$
$$k_2 = \left.\frac{d}{ds}\left(\frac{s^2+3s+5}{s+2}\right)\right|_{s=-1}$$
$$= \left.\frac{s^2+4s+1}{(s+2)^2}\right|_{s=-1} = -2$$
こうして，次式となる．
$$f(t) = 3e^{-2t} - 2e^{-t} + 3te^{-t}$$

(5) $\dfrac{1}{s^2(s+1)^3} = \dfrac{k_1}{s} + \dfrac{k_2}{s^2} + \dfrac{k_3}{s+1} + \dfrac{k_4}{(s+1)^2} +$

$$\frac{k_5}{(s+1)^3}$$

s^2 を掛けて，

$$k_2 = \frac{1}{(s+1)^3}\bigg|_{s=0} = 1$$

$$k_1 = \frac{d}{ds}\left\{\frac{1}{(s+1)^3}\right\}\bigg|_{s=0}$$

$$= -\frac{3}{(s+1)^4}\bigg|_{s=0} = -3$$

$(s+1)^3$ を掛けて，

$$k_5 = \frac{1}{s^2}\bigg|_{s=-1} = 1$$

$$k_4 = \frac{d}{ds}\left(\frac{1}{s^2}\right)\bigg|_{s=-1} = -\frac{2}{s^3}\bigg|_{s=-1} = 2$$

$k_3(s+1)^2 = 2k_3(s+1)$ を考慮して，

$$k_3 = \frac{1}{2}\frac{d^2}{ds^2}\left(\frac{1}{s^2}\right)\bigg|_{s=-1} = \frac{3}{s^4}\bigg|_{s=-1} = 3$$

$$F(s) = -\frac{3}{s} + \frac{1}{s^2} + \frac{3}{s+1} + \frac{2}{(s+1)^2}$$
$$+ \frac{1}{(s+1)^3}$$

こうして，次式となる．

$$f(t) = -3 + t + 3e^{-t} + 2te^{-t} + \frac{1}{2}t^2 e^{-t}$$

(6) $\dfrac{s^2+3s+7}{(s+1)(s^2+4s+8)}$

$$= \frac{k_1}{s+1} + \frac{k_2 s + k_3}{s^2 + 4s + 8}$$

右辺を通分し両辺の分子どうしを比較すると，

$$\frac{s^2+3s+7}{(s+1)(s^2+4s+8)}$$
$$= \frac{(k_1+k_3)s^2 + (4k_1+k_2+k_3)s + 8k_1+k_2}{(s+1)(s^2+4s+8)}$$

$k_1 + k_2 = 1$, $4k_1 + k_2 + k_3 = 3$, $8k_1 + k_3 = 7$ であるから，$k_1 = 1$, $k_2 = 0$, $k_3 = -1$.

$$F(s) = \frac{1}{s+1} - \frac{1}{s^2+4s+8}$$
$$= \frac{1}{s+1} - \frac{1}{2}\frac{2}{(s+2)^2+4}$$

こうして，次式となる．

$$f(t) = e^{-t} - \frac{1}{2}e^{-2t}\sin 2t$$

別解法 $k_1 = \dfrac{s^2+3s+7}{s^2+4s+8}\bigg|_{s=-1} = 1$

$s^2 + 4s + 8 = 0$ の根は，$s = -2 \pm j2$ である

ので，

$$k_2 s + k_3|_{s=-2+j2} = \frac{s^2+3s+7}{s+1}\bigg|_{s=-2+j2}$$

$-2k_2 + k_3 + j2k_2 = -1$ より，$k_2 = 0$, $k_3 = -1$.

(7) $F(s) = \dfrac{5s-1}{s^2+6s+25} = \dfrac{5(s+3) - 16}{(s+3)^2+16}$
$$= 5\frac{s+3}{(s+3)^2+4^2} - 4\frac{4}{(s+3)^2+4^2}$$

こうして，次式となる．

$$f(t) = 5e^{-3t}\cos 4t - 4e^{-3t}\sin 4t$$

(8) $\dfrac{60s}{(s^2+6s+25)(s^2+25)}$

$$= \frac{k_1 s + k_2}{s^2+6s+25} + \frac{k_3 s + k_4}{s^2+25}$$

右辺を通分して両辺の分子を比較すると，s^3 の係数より $k_1 + k_3 = 0$, s^2 の係数より $k_2 + 6k_3 + k_4 = 0$, s の係数より $25(k_1+k_3) + 6k_4 = 60$, s^0 の係数より $25(k_2+k_4) = 0$. これらより，$k_1 = 0$, $k_2 = -10$, $k_3 = 0$, $k_4 = 10$.

$$F(s) = \frac{-10}{s^2+6s+25} + \frac{10}{s^2+25}$$
$$= -2.5\frac{4}{(s+3)^2+4^2} + 2\frac{5}{s^2+5^2}$$

こうして，次式となる．

$$f(t) = -2.5e^{-3t}\sin 4t + 2\sin 5t$$

別解法 $s^2 + 6s + 25 = 0$ の根は，$s = -3 \pm j4$ であるので，

$$k_1 s + k_2|_{s=-3+j4} = \frac{60s}{s^2+25}\bigg|_{s=-3+j4}$$

$$\to -3k_1 + k_2 + j4k_1 = -10$$

これより $k_1 = 0$, $k_2 = -10$. また，$s^2 + 25 = 0$ の根は，$s = \pm j5$ であるので，

$$k_3 s + k_4|_{s=j5} = \frac{60s}{s^2+6s+25}\bigg|_{s=j5}$$

$$\to k_4 + j5k_3 = 10$$

より，$k_3 = 0$, $k_4 = 10$.

4.11 $f * g = \int_0^t \tau e^{(t-\tau)} d\tau$

部分積分 $(uv)' = u'v + uv'$ を用いる．$u = \tau$, $v' = e^{(t-\tau)}$ とおいて，$u' = 1$, $v = -e^{-(\tau-t)}$ より，次式となる．

$$\int_0^t \tau e^{(t-\tau)} d\tau = \left[-\tau e^{-(\tau-t)}\right]_0^t + \int_0^t e^{-(\tau-t)} d\tau$$
$$= -t - \left[e^{-(\tau-t)}\right]_0^t = -t - 1 + e^t$$

4.12　$f * g = \int_0^t e^{-a\tau} e^{-b(t-\tau)} d\tau$

$= e^{-bt} \int_0^t e^{-(a-b)\tau} d\tau = -\dfrac{e^{-bt}}{a-b} \left[e^{-(a-b)\tau} \right]_0^t$

$= \dfrac{1}{a-b} e^{-bt} \left\{ 1 - e^{-(a-b)t} \right\} = \dfrac{1}{a-b} \left(e^{-bt} - e^{-at} \right)$

より，$\mathcal{L}[f * g] = \dfrac{1}{a-b} \left(\dfrac{1}{s+a} - \dfrac{1}{s+b} \right)$．

一方，$\mathcal{L}[f(t)] = \dfrac{1}{s+a}$，$\mathcal{L}[g(t)] = \dfrac{1}{s+b}$ なので，$\mathcal{L}[f(t)]\mathcal{L}[g(t)] = \dfrac{1}{(s+a)(s+b)}$．部分分数展開して，

$\dfrac{1}{(s+a)(s+b)} = \dfrac{k_1}{s+a} + \dfrac{k_2}{s+b}$

$k_1 = \left.\dfrac{1}{s+b}\right|_{s=-a} = -\dfrac{1}{a-b}$

$k_2 = \left.\dfrac{1}{s+a}\right|_{s=-b} = \dfrac{1}{a-b}$

$\dfrac{1}{(s+a)(s+b)} = \dfrac{1}{a-b} \left(-\dfrac{1}{s+a} + \dfrac{1}{s+b} \right)$

こうして $\mathcal{L}[f * g] = \mathcal{L}[f(t)]\mathcal{L}[g(t)]$ が示せた．

4.13　(1) $\dfrac{1}{s^2(s-1)} = \dfrac{1}{s^2} \cdot \dfrac{1}{s-1}$

$= \mathcal{L}[t]\mathcal{L}[e^t] = \mathcal{L}[t * e^t]$

$\mathcal{L}^{-1}\left[\dfrac{1}{s^2(s-1)} \right] = t * e^t$

であるので，演習問題 4.11 の結果を用いて，次式となる．

$\mathcal{L}^{-1}\left[\dfrac{1}{s^2(s-1)} \right] = e^t - t - 1$

(2) $\dfrac{1}{s(s^2+\omega^2)} = \mathcal{L}[1]\mathcal{L}\left[\dfrac{1}{\omega} \sin \omega t \right]$

$= \mathcal{L}\left[1 * \dfrac{1}{\omega} \sin \omega t \right]$ なので，

$\mathcal{L}^{-1}\left[\dfrac{1}{s(s^2+\omega^2)} \right] = 1 * \dfrac{1}{\omega} \sin \omega t$

$= \dfrac{1}{\omega} \int_0^t \sin \omega(t-\tau) d\tau$

$= -\dfrac{1}{\omega} \int_0^t \sin \omega(\tau - t) d\tau$

$= \dfrac{1}{\omega^2} \left[\cos \omega(\tau - t) \right]_0^t = \dfrac{1}{\omega^2}(1 - \cos \omega t)$

(3) $F(s) = \dfrac{1}{(s^2+1)^2} = \dfrac{1}{s^2+1} \times \dfrac{1}{s^2+1} =$

$\mathcal{L}[\sin t]\mathcal{L}[\sin t] = \mathcal{L}[\sin t * \sin t]$，$\mathcal{L}^{-1}[F(s)] = \sin t * \sin t$ であるので，次式となる．

$f(t) = h(t) = \int_0^t \sin \tau \sin(t-\tau) d\tau$

$= \dfrac{1}{2} \int_0^t \left\{ \cos(2\tau - t) - \cos t \right\} d\tau$

$= \dfrac{1}{2} \left[\dfrac{1}{2} \sin(2\tau - t) \right]_0^t - \dfrac{1}{2} \cos t \left[\tau \right]_0^t$

$= \dfrac{1}{4} \left\{ \sin t - \sin(-t) \right\} - \dfrac{1}{2} t \cos t$

$= \dfrac{1}{2} (\sin t - t \cos t)$

4.14　(1) $2(sF(s) - f(0)) + F(s) = \dfrac{2}{s}$

$F(s) = \dfrac{2}{s(2s+1)} = \dfrac{1}{s(s+1/2)}$

$= \dfrac{k_1}{s} + \dfrac{k_2}{s+1/2}$

$k_1 = \left.\dfrac{1}{s+1/2}\right|_{s=0} = 2$

$k_2 = \left.\dfrac{1}{s}\right|_{s=-1/2} = -2$

$F(s) = \dfrac{2}{s} - \dfrac{2}{s+1/2}$

こうして，次式となる．

$f(t) = 2\left(1 - e^{-\frac{1}{2}t}\right)$

(2) $s^2 F(s) - sf(0) - f'(0) + 2(sF(s) - f(0)) + F(s) = \dfrac{5}{s}$

$(s^2 + 2s + 1)F(s) = \dfrac{5}{s}$

$F(s) = \dfrac{5}{s}(s+1)^2$

$F(s) = 5 \left\{ \dfrac{k_1}{s} + \dfrac{k_2}{s+1} + \dfrac{k_3}{(s+1)^2} \right\}$

$k_1 = \left.\dfrac{1}{(s+1)^2}\right|_{s=0} = 1$

$k_3 = \left.\dfrac{1}{s}\right|_{s=-1} = -1$

$k_2 = \left.\dfrac{d}{ds}\left(\dfrac{1}{s}\right)\right|_{s=-1} = \left.-\dfrac{1}{s^2}\right|_{s=-1} = -1$

$F(s) = 5 \left\{ \dfrac{1}{s} - \dfrac{1}{s+1} - \dfrac{1}{(s+1)^2} \right\}$

こうして，次式となる．

$f(t) = 5(1 - e^{-t} - te^{-t})$

(3) $s^2 F - sf(0) - f'(0) + 4F = \dfrac{1}{s^2+1}$

$(s^2+4)F = s + \dfrac{1}{s^2+1}$

$F(s) = \dfrac{s}{s^2+4} + \dfrac{1}{(s^2+1)(s^2+4)}$

$\quad = \dfrac{s}{s^2+4} + \dfrac{1}{3}\left(\dfrac{1}{s^2+1} - \dfrac{1}{s^2+4}\right)$

こうして，次式となる．

$f(t) = \cos 2t + \dfrac{1}{3}\left(\sin t - \dfrac{1}{2}\sin 2t\right)$

(4) $s^2 F + 4F = \dfrac{2}{s}(1 - e^{-2s})$

$F(s) = \dfrac{2}{s(s^2+4)}(1 - e^{-2s})$

$\dfrac{2}{s(s^2+4)} = \dfrac{k_1}{s} + \dfrac{k_2 s + k_3}{s^2+4}$

$k_1 = \left.\dfrac{2}{s^2+4}\right|_{s=0} = \dfrac{1}{2}$

$k_2 s + k_3|_{s=j2} = \left.\dfrac{2}{s}\right|_{s=j2}$

$j2k_2 + k_3 = -j$

より $k_2 = -1/2,\ k_3 = 0$．したがって，

$F(s) = \dfrac{1}{2}\left(\dfrac{1}{s} - \dfrac{s}{s^2+4}\right)(1 - e^{-2s})$

こうして，次式となる．

$f(t) = \dfrac{1}{2}(1 - \cos 2t)u(t)$
$\qquad - \dfrac{1}{2}(1 - \cos 2(t-2))\,u(t-2)$

4.15 ラプラス変換すると，

$sW - \sqrt{6} + 3Y = 0$
$sY - 1 - 2W = 0$

第 1 式より $Y = (1/3)(-sW + \sqrt{6})$ であり，これを第 2 式に代入して整理すると，

$W(s) = \dfrac{\sqrt{6}s - 3}{s^2+6},\quad Y(s) = \dfrac{s+2\sqrt{6}}{s^2+6}$

逆変換して，次式となる．

$w(x) = \sqrt{6}\left(\cos\sqrt{6}x - \dfrac{1}{2}\sin\sqrt{6}x\right)$

$y(x) = \cos\sqrt{6}x + 2\sin\sqrt{6}x$

▶ 第 5 章

5.1 回路方程式は，

$Ri + \dfrac{1}{C}\displaystyle\int i\,dt = 0$

$t = 0$ でコンデンサには $q(0) = CE$ の電荷が蓄えられているので，電流の向きをコンデンサの上から下に流れるとして回路方程式をラプラス変換すると，

$RI + \dfrac{1}{C}\left(\dfrac{I}{s} + \dfrac{CE}{s}\right) = 0$

これより

$I = -\dfrac{E}{R(s + 1/CR)}$

逆変換して

$i = -\dfrac{E}{R}e^{-\frac{t}{CR}}$

を得る．題意により，$E_1 = -Ri(t = t_1) = Ee^{-\frac{t_1}{CR}} \to E_1/E = e^{-\frac{t_1}{CR}} \to \ln(E_1/E) = -\ln(E/E_1) = -t_1/CR$．これより，$C$ は以下のように求められる．

$C = \dfrac{t_1}{R\ln(E/E_1)}$

5.2 S を閉じたあとの回路方程式は，$R_1 R_2/(R_1 + R_2) = R$ とおけば RL 直列回路であるので，$Ri + L(di/dt) = E$ となる．また，$t = 0$ で $i(0) = E/R_1$ であるので，回路方程式をラプラス変換して，$L(sI - i(0)) + RI = E/s$ となる．整理して，

$I = \dfrac{E(s + R_1/L)}{R_1 s(s + R/L)} = \dfrac{E}{R_1}\left(\dfrac{k_1}{s} + \dfrac{k_2}{s + R/L}\right)$

となる．これより

$k_1 = \dfrac{R_1 + R_2}{R_2},\quad k_2 = -\dfrac{R_1}{R_2}$

となるので，これらを代入し，

$I = \dfrac{E}{R_1}\left\{\dfrac{R_1+R_2}{R_2}\left(\dfrac{1}{s}\right) - \dfrac{R_1}{R_2}\left(\dfrac{1}{s+R/L}\right)\right\}$

逆変換して，電流は

$i(t) = \dfrac{E}{R_1} + \dfrac{E}{R_2}\left\{1 - e^{-\frac{R_1 R_2}{L(R_1+R_2)}t}\right\}$

となる．$R_1 = R_2 = R_0$ のときは，$i(t) = (E/R_0)\left\{2 - e^{-(R_0/2L)t}\right\}$ となる．これを図示すると，解図 5.1 になる．

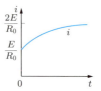

◀ 解図 5.1

5.3 電流の向きを図 5.17 のようにとり，回路方程式を書くと，$Ri + L(di/dt) = E_2$．電流の向きを考慮して $i(0) = -E_1/R$ であるので，回路方程式をラプラス変換すると，

$$RI + L(sI - i(0)) = \frac{E_2}{s}$$

$$\to RI + sLI + \frac{L}{R}E_1 = \frac{E_2}{s}$$

$$I = \frac{E_2}{Ls(s+R/L)} - \frac{E_1}{R(s+R/L)}$$

$$= \frac{E_2}{L}\left(\frac{k_1}{s} + \frac{k_2}{s+R/L}\right) - \frac{E_1}{R}\left(\frac{1}{s+R/L}\right)$$

$$k_1 = \left.\frac{1}{s+R/L}\right|_{s=0} = \frac{L}{R}$$

$$k_2 = \left.\frac{1}{s}\right|_{s=-\frac{R}{L}} = -\frac{L}{R}$$

$$I = \frac{E_2}{R}\left(\frac{1}{s} - \frac{1}{s+R/L}\right) - \frac{E_1}{R}\left(\frac{1}{s+R/L}\right)$$

$$= \frac{E_2}{R}\left(\frac{1}{s}\right) - \frac{E_1+E_2}{R}\left(\frac{1}{s+R/L}\right)$$

逆変換して，次式となる．

$$i(t) = \frac{E_2}{R} - \frac{E_1+E_2}{R}e^{-\frac{R}{L}t}$$

5.4 S を開く前にコイルに流れていた電流は，$i_L(0_-) = E/R_1$ であるので，コイルのエネルギーは

$$W_L(0) = \frac{1}{2}Li_L^2(0_-) = \frac{1}{2}L\left(\frac{E}{R_1}\right)^2$$

となる．S を開いたあとの回路方程式は，$R_2 i + L(di/dt) = 0$．$i_L(0) = i_L(0_-)$ であるので，ラプラス変換は

$$R_2 I + L(sI - i_L(0)) = 0$$

$$\to (Ls + R_2)I = Li_L(0)$$

$$\to I = \frac{i_L(0)}{s+R_2/L} = \frac{E}{R_1(s+R_2/L)}$$

ラプラス逆変換して，電流は

$$i = \frac{E}{R_1}e^{-\frac{R_2}{L}t}$$

となる．コイルのエネルギーは，時間とともに抵抗 R_2 でジュール熱となり減少していく．したがって，抵抗でのジュール熱が，もとのコイルに蓄えられていたエネルギーの半分になるまでの時間を求めればよいので，t 秒後の抵抗でのジュール熱は，

$$W_R = \int_0^t R_2 i^2 dt = R_2\left(\frac{E}{R_1}\right)^2 \int_0^t e^{-\frac{2R_2}{L}t}dt$$

$$= -\frac{L}{2}\left(\frac{E}{R_1}\right)^2 \left[e^{-\frac{2R_2}{L}t}\right]_0^t$$

$$= \frac{L}{2}\left(\frac{E}{R_1}\right)^2 \left(1 - e^{-\frac{2R_2}{L}t}\right)$$

$$= W_L(0)\left(1 - e^{-\frac{2R_2}{L}t}\right)$$

となる．題意より，$W_R = (1/2)W_L(0)$ となる時間は，$1/2 = 1 - e^{-(2R_2/L)t}$ より，

$$e^{-\frac{2R_2}{L}t} = \frac{1}{2}$$

$$\to e^{\frac{2R_2}{L}t} = 2$$

$$\to \frac{2R_2}{L}t = \ln 2$$

こうして，次式となる．

$$t = \frac{L}{2R_2}\ln 2$$

5.5 図 5.19 のようにコイルに流れる電流を i_1 として，回路方程式を立てると，

$$R_1 i + R_2(i - i_1) = E \cdots ①$$

$$L\frac{di_1}{dt} - R_2(i - i_1) = 0 \cdots ②$$

$i_1(0) = 0$ を考慮して，式①，②をラプラス変換すると，

$$R_1 I + R_2(I - I_1) = \frac{E}{s} \cdots ③$$

$$LsI_1 - R_2(I - I_1) = 0 \cdots ④$$

式③，④より，I を求める．まず，式③より I_1 は，

$$I_1 = \frac{R_1+R_2}{R_2}I - \frac{E}{sR_2}$$

となる．これを式④に代入して整理すると，

$$I = \frac{E(Ls+R_2)}{L(R_1+R_2)s\{s+R_1R_2/L(R_1+R_2)\}}$$

となる．部分分数展開して，

$$I = \frac{E}{L(R_1+R_2)}$$
$$\times \left\{\frac{k_1}{s} + \frac{k_2}{s+R_1R_2/L(R_1+R_2)}\right\}$$

k_1, k_2 は，

$$k_1 = \left.\frac{Ls+R_2}{s+R_1R_2/L(R_1+R_2)}\right|_{s=0}$$

$$= \frac{L(R_1+R_2)}{R_1}$$

$$k_2 = \left.\frac{Ls+R_2}{s}\right|_{s=-\frac{R_1R_2}{L(R_1+R_2)}}$$

$$= L - \frac{L(R_1 + R_2)}{R_1}$$

これらを代入して，

$$I = \frac{E}{R_1 s} - \left\{ \frac{R_2 E}{R_1(R_1 + R_2)} \right\}$$
$$\times \frac{1}{s + R_1 R_2 / L(R_1 + R_2)}$$

ラプラス逆変換して，

$$i(t) = \frac{E}{R_1} - \frac{R_2 E}{R_1(R_1 + R_2)} e^{-\frac{R_1 R_2}{L(R_1 + R_2)}t}$$

あるいは右辺第2項の係数を

$$\frac{R_2}{R_1(R_1 + R_2)} = \frac{1}{R_1} - \frac{1}{R_1 + R_2}$$

と変形して

$$i(t) = \frac{E}{R_1} \left\{ 1 - e^{-\frac{R_1 R_2}{L(R_1 + R_2)}t} \right\}$$
$$+ \frac{E}{R_1 + R_2} e^{-\frac{R_1 R_2}{L(R_1 + R_2)}t}$$

を得る．右辺第1項はコイルに流れる電流であり，第2項は抵抗 R_2 に流れる電流である．

5.6 この電源波形を表す関数は，演習問題4.9より，

$$e(t) = E \sin \omega t u(t)$$
$$+ E \sin \omega \left(t - \frac{\pi}{\omega} \right) u \left(t - \frac{\pi}{\omega} \right)$$

回路方程式は，$Ri + L(di/dt) = e(t)$．ラプラス変換して，

$$(R + Ls)I = \frac{E\omega}{s^2 + \omega^2} \left(1 + e^{-\frac{\pi s}{\omega}} \right)$$

これより，電流は

$$I = \frac{E\omega}{L(s + R/L)(s^2 + \omega^2)} \left(1 + e^{-\frac{\pi s}{\omega}} \right)$$

$$\frac{1}{(s+R/L)(s^2+\omega^2)} = \frac{k_1}{s + R/L} + \frac{k_2 s + k_3}{s^2 + \omega^2}$$

となるので，これより $k_1 \sim k_3$ を求めると，次のようになる．

$$k_1 = \frac{L^2}{Z^2}, \quad k_2 = -\frac{L^2}{Z^2},$$
$$k_3 = \frac{RL}{Z^2}, \quad Z^2 = R^2 + (\omega L)^2$$

よって，$E/Z = I_m$ とおいて，

$$I(s) = I_m \frac{\omega L}{Z} \left\{ \frac{1}{s + R/L} - \frac{s}{s^2 + \omega^2} \right.$$
$$\left. + \frac{R\omega}{\omega L(s^2 + \omega^2)} \right\} \left(1 + e^{-\frac{\pi s}{\omega}} \right)$$

逆変換して，

$$i(t) = \frac{I_m \omega L}{Z} \left\{ \left(e^{-\frac{R}{L}t} - \cos\omega t + \frac{R}{\omega L}\sin\omega t \right) u(t) \right.$$
$$+ \left(e^{-\frac{R}{L}\left(t - \frac{\pi}{\omega}\right)} - \cos\omega \left(t - \frac{\pi}{\omega} \right) \right.$$
$$\left. \left. + \frac{R}{\omega L} \sin\omega \left(t - \frac{\pi}{\omega} \right) \right) u \left(t - \frac{\pi}{\omega} \right) \right\}$$

を得る．電流の変化を解図 5.2 に示した．

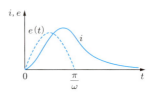

◀ 解図 5.2

5.7 $R^2 = 1$，$4L/C = 2$ であるので，本文 5.7.3 項の (iii) の場合になる．式 (5.94) に数値を代入して解はただちに得られるが，ここでは式を立てるところから始めよう．回路方程式は，

$$i + 0.5 \frac{di}{dt} + \int i dt = 1$$

$i(0) = q(0) = 0$ としてラプラス変換すると，

$$\left(1 + \frac{s}{2} + \frac{1}{s} \right) I = \frac{1}{s}$$
$$\rightarrow (s^2 + 2s + 2)I = 2$$
$$\rightarrow I(s) = \frac{2}{s^2 + 2s + 2} = \frac{2}{(s+1)^2 + 1}$$

逆変換して，次式となる．

$$i(t) = 2e^{-t} \sin t$$

5.8 (1) S が閉じられているとき，R_1 には解図 5.3(a) のように $i = E/(R_1 + R_2)$ の電流が流れているので，同図の ab 間の電圧は

$$V_{ab} = E - R_1 i = R_2 i = \frac{R_2}{R_1 + R_2} E$$

となっている．この電圧がコンデンサにすべてかかっているので，電荷は次式となる．

$$q_0 = CV_{ab} = \frac{R_2 CE}{R_1 + R_2}$$

(2) S を開いたあとの回路は解図 5.3(b) のようになるので，回路方程式は，

$$\frac{1}{C} \int i dt + (R_2 + R_3) i = 0$$

ラプラス変換し，電流の向きと電荷の関係を考慮して，

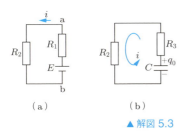

▲ 解図 5.3

$$\frac{1}{C}\left(\frac{I}{s} + \frac{-q_0}{s}\right) + (R_2 + R_3)I = 0$$

となる．(1) で得た q_0 を代入し整理して，

$$I(s) = \frac{R_2 E}{(R_1+R_2)(R_2+R_3)\{s+1/C(R_2+R_3)\}}$$

逆変換して，次式となる．

$$i(t) = \frac{R_2 E}{(R_1+R_2)(R_2+R_3)} e^{-\frac{t}{C(R_2+R_3)}}$$

5.9 スイッチを閉じたあとの回路方程式は，

$$v = \frac{q_1}{C_1} = \frac{q_2}{C_2} = Ri \cdots \text{①}$$
$$i = i_1 + i_2 \cdots \text{②}$$
$$i_1 = -\frac{dq_1}{dt}, \quad i_2 = -\frac{dq_2}{dt} \cdots \text{③}$$

ラプラス変換して，

$$V(s) = \frac{Q_1(s)}{C_1} = \frac{Q_2(s)}{C_2} = RI(s) \cdots \text{④}$$
$$I(s) = I_1(s) + I_2(s) \cdots \text{⑤}$$
$$\left.\begin{array}{l} I_1(s) = -sQ_1(s) + q_{10} \\ I_2(s) = -sQ_2(s) + q_{20} \end{array}\right\} \cdots \text{⑥}$$

式⑤に式⑥を代入し，式④より，

$$V(s) = RI = R\{-s(Q_1+Q_2) + q_{10}+q_{20}\}$$

これに式④より，$Q_1 = C_1 V$，$Q_2 = C_2 V$ を代入して整理すると，

$$V(s) = \frac{q_{10}+q_{20}}{(C_1+C_2)\{s+1/R(C_1+C_2)\}}$$

ラプラス逆変換して次式となる．

$$v(t) = \frac{q_{10}+q_{20}}{C_1+C_2} e^{-\frac{t}{R(C_1+C_2)}}$$

5.10 回路方程式は，

$$i_1 + i_2 = I_0$$
$$L\frac{di_1}{dt} = Ri_2$$

第2式を第1式に代入して，

$$\frac{di_1}{dt} + \frac{R}{L}i_1 = \frac{R}{L}I_0$$

$t=0$ で $i_1(0) = 0$ を考慮してラプラス変換すると，

$$sI_1 + \frac{R}{L}I_1 = \frac{RI_0}{Ls}$$
$$I_1 = \frac{RI_0}{Ls(s+R/L)} = \frac{RI_0}{L}\left(\frac{k_1}{s} + \frac{k_2}{s+R/L}\right)$$
$$k_1 = \left.\frac{1}{s+R/L}\right|_{s=0} = \frac{L}{R}$$
$$k_2 = \left.\frac{1}{s}\right|_{s=-\frac{R}{L}} = -\frac{L}{R}$$
$$I_1 = I_0\left(\frac{1}{s} - \frac{1}{s+R/L}\right)$$

逆変換して，次式となる．

$$i_1(t) = I_0\left(1 - e^{-\frac{R}{L}t}\right)$$
$$i_2 = \frac{L}{R}\frac{di_1}{dt} = I_0 e^{-\frac{R}{L}t}$$

5.11 回路方程式は，キルヒホッフの電流則および電圧則より，

$$i_1 + i_2 = I_0 \cdots \text{①}$$
$$Ri_2 + L\frac{di_2}{dt} - ri_1 = 0 \cdots \text{②}$$

式①より $i_1 = I_0 - i_2$，これを式②に代入して $L(di_2/dt)+(R+r)i_2 = rI_0$．$i_2(0) = 0$ を考慮してラプラス変換すると，$LsI_2 + (R+r)I_2 = rI_0/s$ より，

$$I_2 = \frac{rI_0}{Ls\{s+(R+r)/L\}}$$

部分分数展開して，

$$I_2 = \frac{rI_0}{L}\left\{\frac{k_1}{s} + \frac{k_2}{s+(R+r)/L}\right\}$$
$$k_1 = \left.\frac{1}{s+(R+r)/L}\right|_{s=0} = \frac{L}{R+r}$$
$$k_2 = \left.\frac{1}{s}\right|_{s=-\frac{R+r}{L}} = -\frac{L}{R+r}$$

これらを代入して，

$$I_2 = \frac{rI_0}{R+r}\left\{\frac{1}{s} - \frac{1}{s+(R+r)/L}\right\}$$

ラプラス逆変換して，

$$i_2(t) = \frac{rI_0}{R+r}\left(1 - e^{-\frac{R+r}{L}t}\right)$$

を得る．$i_1 = I_0 - i_2$ であるので，ただちに

$$i_1(t) = \frac{I_0}{R+r}\left(R - re^{-\frac{R+r}{L}t}\right)$$

となる．

5.12 回路方程式は，
$$Ri + L\frac{di}{dt} = E_m e^{-\alpha t}$$
$t=0$ で $i(0)=0$ を考慮して，ラプラス変換すると，
$$RI + LsI = \frac{E_m}{s+\alpha}$$
これより，
$$I = \frac{E_m}{L(s+R/L)(s+\alpha)}$$
部分分数展開して，
$$I = \frac{E_m}{L}\left(\frac{k_1}{s+L/R} + \frac{k_2}{s+\alpha}\right)$$
$$k_1 = \left.\frac{1}{s+\alpha}\right|_{s=-\frac{R}{L}} = \frac{L}{\alpha L - R}$$
$$k_2 = \left.\frac{1}{s+R/L}\right|_{s=-\alpha} = -\frac{L}{\alpha L - R}$$
$$I = \frac{E_m}{\alpha L - R}\left(\frac{1}{s+L/R} - \frac{1}{s+\alpha}\right)$$
逆変換して，次式となる．
$$i(t) = \frac{E_m}{\alpha L - R}\left(e^{-\frac{R}{L}t} - e^{-\alpha t}\right)$$

5.13 S を開く前の定常状態では，
$$i_R = \frac{E_m}{R}\sin\omega t, \quad i_L = -\frac{E_m}{\omega L}\cos\omega t$$
S を閉じたあとの回路方程式は，$i_L = -i_R = i$ として，$Ri + L(di/dt) = 0$．$t=0$ で $i(0) = i_L(0) = -E_m/\omega L$ であるので，$RI + L(sI - i(0)) = 0$ に $i(0)$ を代入し，整理して
$$I = -\frac{E_m}{\omega L(s+R/L)}$$
こうして，
$$i(t) = i_L(t) = -i_R(t) = -\frac{E_m}{\omega L}e^{-\frac{R}{L}t}$$
となる．エネルギーの関係は，$t=0$ でコイルには
$$W_L(0) = \frac{1}{2}Li_L^2(0) = \frac{E_m^2}{2\omega^2 L}$$
のエネルギーがあった．このエネルギーは抵抗でジュール熱 W_R となる．
$$W_R = \int_0^\infty Ri_R^2 dt = R\frac{E_m^2}{\omega^2 L^2}\int_0^\infty e^{-\frac{2R}{L}t}dt$$
$$= \frac{E_m^2}{2\omega^2 L}$$

5.14 $t \geq 0$ での電流は，$i_1 = -i_2 = i$ であるので，回路方程式は，
$$\frac{1}{C}\int i dt + Ri = 0$$
ラプラス変換を用いて
$$\frac{I(s)}{Cs} - \frac{q(0)}{Cs} + RI(s) = 0$$
となる．$e(t) = E_m\cos\omega t$ であるので，$t=0$ で $e(0) = E_m$．よって，$q(0)$ は，$q(0) = Ce(0) = CE_m$．これを代入して，
$$\frac{I(s)}{Cs} - \frac{E_m}{s} + RI(s) = 0$$
これより，
$$I(s) = \frac{E_m}{R(1+1/CR)}$$
ラプラス逆変換して，
$$i = i_1 = -i_2 = \frac{E_m}{R}e^{-\frac{t}{CR}}$$
$t < 0$ での電流は，
$$i_1(t) = \frac{e(t)}{R} = \frac{E_m}{R}\cos\omega t$$
$$i_2(t) = C\frac{e(t)}{dt} = -\omega C E_m \sin\omega t$$
これらに与えられた数値を代入して，以下となる．
$$i_1(t) = \begin{cases} \cos 100t & (t<0) \\ e^{-0.01t} & (t \geq 0) \end{cases}$$
$$i_2(t) = \begin{cases} -10^4 \sin 100t & (t<0) \\ -e^{-0.01t} & (t \geq 0) \end{cases}$$

5.15 S を開いたあとの回路方程式は，
$$8i + \frac{di}{dt} + \frac{1}{0.04}\int i dt = 0$$
これをラプラス変換すると，
$$8I + sI - i(0) + \frac{1}{0.04}\left(\frac{I}{s} + \frac{q(0)}{s}\right) = 0$$
ここで，S が閉じられていたとき，コンデンサに蓄えられていた電荷は $q(0) = CE = 0.96\,\text{C}$，コイルに流れていた電流は $i(0) = E/R = 3\,\text{A}$ である．電流の向きと電荷の関係に注意して整理し，$I(s)$ を求めると，
$$8I + sI - 3 + \frac{25I}{s} - \frac{24}{s} = 0$$
$$\to I(s) = \frac{3s+24}{s^2+8s+25}$$
$$= 3\frac{s+4}{(s+4)^2+3^2} + 4\frac{3}{(s+4)^2+3^2}$$

となる．ラプラス逆変換して，
$$i(t) = 3e^{-4t}\cos 3t + 4e^{-4t}\sin 3t$$
これより，抵抗での電圧は次式となる．
$$v_R(t) = Ri(t) = 24e^{-4t}\cos 3t + 32e^{-4t}\sin 3t$$

5.16 キルヒホッフの法則を用いて回路方程式を立て，それらをラプラス変換すると，
$$0.5sI_1 + 200(I_1 - I_2) = \frac{50}{s} \cdots ①$$
$$300I_2 + 200(I_2 - I_1) + \frac{10^6}{50}\left(\frac{I_2}{s}\right) = 0 \cdots ②$$
式②より
$$I_1 = \left(2.5 + \frac{100}{s}\right)I_2 \cdots ③$$
式③を式①に代入して，
$$(0.5s + 200)\left(2.5 + \frac{100}{s}\right)I_2 - 200I_2 = \frac{50}{s}$$
整理して，
$$I_2 = \frac{40}{s^2 + 280s + 16000}$$
$$= \frac{40}{(s+80)(s+200)} \cdots ④$$
部分分数に展開して，
$$I_2 = \frac{k_1}{s+80} + \frac{k_2}{s+200}$$
$$k_1 = \left.\frac{40}{s+200}\right|_{s=-80} = \frac{1}{3}$$
$$k_2 = \left.\frac{40}{s+80}\right|_{s=-200} = -\frac{1}{3}$$
こうして，
$$I_2 = \frac{1}{3}\left(\frac{1}{s+80} - \frac{1}{s+200}\right)$$
ラプラス逆変換して，
$$i_2(t) = \frac{1}{3}(e^{-80t} - e^{-200t}) \text{ [A]}$$
を得る．I_1 は式④を式③に代入して，
$$I_1 = 2.5\left(1 + \frac{40}{s}\right)I_2$$
$$= \frac{100(s+40)}{s(s+80)(s+200)}$$
部分分数展開して，
$$I_1 = 100\left(\frac{k_1}{s} + \frac{k_2}{s+80} + \frac{k_3}{s+200}\right)$$
$$k_1 = \left.\frac{s+40}{(s+80)(s+200)}\right|_{s=0} = \frac{1}{400}$$

$$k_2 = \left.\frac{s+40}{s(s+200)}\right|_{s=-80} = \frac{1}{240}$$
$$k_3 = \left.\frac{s+40}{s(s+80)}\right|_{s=-200} = -\frac{1}{150}$$
こうして，
$$I_1 = \frac{1}{4}\left(\frac{1}{s}\right) + \frac{5}{12}\left(\frac{1}{s+80}\right) - \frac{2}{3}\left(\frac{1}{s+200}\right)$$
逆変換して次式となる．
$$i_1(t) = \frac{1}{4} + \frac{5}{12}e^{-80t} - \frac{2}{3}e^{-200t} \text{ [A]}$$

5.17 初期条件 $t = 0$ での値 $i_1(0) = 0$, $i_2(0) = 0$, $q(0) = 0$ を考慮し，網目電流を図 5.28 のように仮定して，回路方程式をラプラス変換すると，
$$RI_1 + \frac{L}{2}sI_1 + \frac{1}{C}\left(\frac{I_1}{s} - \frac{I_2}{s}\right) = \frac{E}{s} \cdots ①$$
$$\frac{L}{2}sI_2 + RI_2 + \frac{1}{C}\left(\frac{I_2}{s} - \frac{I_1}{s}\right) = 0 \cdots ②$$
式②より，
$$I_1 = \left(\frac{LC}{2}s^2 + CRs + 1\right)I_2$$
これを式①に代入して整理すると，
$$\left\{\frac{LC}{2}s^2 + CRs + 1\right\}^2 I_2 - I_2 = CE$$
$R = \sqrt{L/C}$ を用いて，また，$\sqrt{LC} = a$ とおいて，上式をさらに整理すると，
$$s\left(s + \frac{2}{a}\right)\left(s^2 + \frac{2s}{a} + \frac{4}{a^2}\right)I_2 = \frac{4CE}{a^4}$$
これより I_2 は，
$$I_2 = \frac{4CE/a^4}{s(s+2/a)(s^2+2s/a+4/a^2)}$$
$$V_0 = RI_2 = \frac{4CRE/a^4}{s(s+2/a)(s^2+2s/a+4/a^2)}$$
分子は $4CRE/a^4 = 4E/a^3$ となること，また分母の一つの括弧内は，
$$s^2 + \frac{2s}{a} + \frac{4}{a^2} = \left(s + \frac{1}{a}\right)^2 + \frac{3}{a^2} \cdots ③$$
となることより，V_0 の式を部分分数展開して
$$V_0 = \frac{4E}{a^3}\left\{\frac{k_1}{s} + \frac{k_2}{s+2/a} + \frac{k_3 s + k_4}{(s+1/a)^2 + 3/a^2}\right\}$$
となる．係数を求めると，
$$k_1 = \left.\frac{1}{(s+2/a)\left\{(s+1/a)^2 + 3/a^2\right\}}\right|_{s=0}$$
$$= \frac{a^3}{8}$$

$$k_2 = \frac{1}{s\left\{(s+1/a)^2 + 3/a^2\right\}}\bigg|_{s=-\frac{2}{a}}$$
$$= -\frac{a^3}{8}$$

式③の根は $s = (1/a)\left(-1 \pm j\sqrt{3}\right)$ であるので，その一つの根を用いて，

$$k_3 s + k_4|_{s=(1/a)(-1+j\sqrt{3})}$$
$$= \frac{1}{s(s+2/a)}\bigg|_{s=\frac{1}{a}(-1+j\sqrt{3})}$$
$$\to k_3 \left(\frac{1}{a}\right)\left(-1 + j\sqrt{3}\right) + k_4 = -\frac{a^2}{4}$$

したがって，$k_3 = 0$，$k_4 = -a^2/4$．
こうして，
$$V_0 = \frac{E}{2}\left(\frac{1}{s}\right) - \frac{E}{2}\left(\frac{1}{s+2/a}\right)$$
$$- \frac{E}{\sqrt{3}} \frac{\sqrt{3}/a}{(s+1/a)^2 + \left(\sqrt{3}/a\right)^2}$$

ラプラス逆変換して，次式となる．
$$v_0(t) = \frac{E}{2}\left(1 - e^{-\frac{2}{\sqrt{LC}}t}\right)$$
$$- \frac{E}{\sqrt{3}} e^{-\frac{t}{\sqrt{LC}}} \sin \frac{\sqrt{3}}{\sqrt{LC}} t$$

5.18 S が閉じられていたときの回路の状態は，解図 5.4(a) のようになる．これより $V_{ab} = 1 \times 2 = 2$ V．したがって，コンデンサには $Q_0 = 0.5 \times 2 = 1$ C の電荷が蓄えられている．また，コイルには $i(0) = 3/(1+2) = 1$ A が流れていたことがわかる．S を開いたあとの回路方程式は，解図 5.4(b) より，
$$2i + \frac{di}{dt} + \frac{1}{0.5}\int i\,dt = 0$$
ラプラス変換して，
$$2I + sI - i(0) + 2\left(\frac{I}{s} + \frac{q(0)}{s}\right) = 0$$

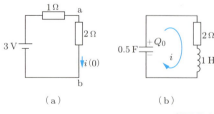

▲ 解図 5.4

電流の向きと電荷の極性を考慮して
$$2I + sI - 1 + 2\left(\frac{I}{s} - \frac{1}{s}\right) = 0$$
整理して，
$$(s^2 + 2s + 2)I = s + 2$$
$$\to I = \frac{s+2}{(s^2+2s+2)}$$
$$= \frac{s+1}{(s+1)^2+1} + \frac{1}{(s+1)^2+1}$$
逆変換して
$$i(t) = e^{-t}\cos t + e^{-t}\sin t$$
となり，電圧は
$$v(t) = 2i + \frac{di}{dt} = 2e^{-t}\cos t$$
となる．あるいは，
$$V(s) = (s+2)I - 1 = \frac{(s+2)^2}{(s+1)^2+1} - 1$$
$$= \frac{2(s+2)}{(s+1)^2+1}$$
逆変換して $v(t) = 2e^{-t}\cos t$ となる．

5.19 回路方程式は，
$$L\frac{di_1}{dt} + R(i_1 - i_2) = E$$
$$\frac{1}{C}\int i_2 dt + R(i_2 - i_1) = 0$$
両式をラプラス変換すると，
$$LsI_1 + R(I_1 - I_2) = \frac{E}{s}$$
$$\frac{I_2}{Cs} + R(I_2 - I_1) = 0$$
数値を代入して，
$$(s+1)I_1 - I_2 = \frac{1}{s}$$
$$\left(\frac{1}{s}+1\right)I_2 - I_1 = 0$$
第2式より $I_1 = (1/s+1)I_2$ であるから，第1式に代入して，
$$I_2 = \frac{1}{s^2+s+1}$$
を得る．これを $I_1 = (1/s+1)I_2$ に代入して，整理すると
$$I_1 = \frac{s+1}{s(s^2+s+1)}$$
となる．
$$I_2 = \frac{1}{s^2+s+1} = \frac{1}{(s+1/2)^2 + \left(\sqrt{3}/2\right)^2}$$
$$= \frac{2}{\sqrt{3}} \frac{\sqrt{3}/2}{(s+1/2)^2 + (\sqrt{3}/2)^2}$$

逆変換して，
$$i_2(t) = \frac{2}{\sqrt{3}} e^{-\frac{t}{2}} \sin \frac{\sqrt{3}}{2} t$$
を得る．
$$I_1 = \frac{s+1}{s(s^2+s+1)} = \frac{k_1}{s} + \frac{k_2 s + k_3}{s^2+s+1}$$
$$k_1 = \left. \frac{s+1}{s^2+s+1} \right|_{s=0} = 1$$
$s^2+s+1=0$ の根は，$s = -1/2 \pm j(\sqrt{3}/2)$ であるので，
$$\left. k_2 s + k_3 \right|_{s=-\frac{1}{2}+j\frac{\sqrt{3}}{2}} = \left. \frac{s+1}{s} \right|_{s=-\frac{1}{2}+j\frac{\sqrt{3}}{2}}$$
$$= 1 + \left. \frac{1}{s} \right|_{s=-\frac{1}{2}+j\frac{\sqrt{3}}{2}}$$
$$\to -\frac{1}{2}k_2 + k_3 + j\frac{\sqrt{3}}{2}k_2 = \frac{1}{2}(1 - j\sqrt{3})$$
したがって，$k_2 = -1$, $k_3 = 0$．
こうして，
$$I_1 = \frac{1}{s} - \frac{s}{s^2+s+1}$$
第2項を整理して，
$$I_1 = \frac{1}{s} - \frac{(s+1/2) - 1/2}{(s+1/2)^2 + (\sqrt{3}/2)^2}$$
$$= \frac{1}{s} - \frac{s+1/2}{(s+1/2)^2 + (\sqrt{3}/2)^2}$$
$$+ \frac{1}{\sqrt{3}} \frac{\sqrt{3}/2}{(s+1/2)^2 + (\sqrt{3}/2)^2}$$
逆変換して次式となる．
$$i_1(t) = 1 - e^{-\frac{t}{2}} \cos \frac{\sqrt{3}}{2} t + \frac{1}{\sqrt{3}} e^{-\frac{t}{2}} \sin \frac{\sqrt{3}}{2} t$$

5.20 Sが閉じられているとき，コイルは短絡状態であるので，抵抗 R には電流は流れず，コイルに $i_L = E/R_0$ の電流が流れている．Sを開いたとき，図5.31のように i_R, i_L, i_C が流れるとすると，$v_0 = Ri_R = L(di_L/dt) = (1/C)\int i_C dt$ が成り立つ．また，キルヒホッフの電流則より，$i_R + i_L + i_C = 0$ となる．これらの式をラプラス変換して，
$$V_0 = RI_R$$
$$V_0 = L(sI_L - i_l(0)) = L\left(sI_L - \frac{E}{R_0}\right)$$
$$V_0 = \frac{I_C}{Cs}$$
よって，

$$I_R = \frac{V_0}{R}$$
$$I_L = \frac{1}{Ls}\left(V_0 + \frac{LE}{R_0}\right)$$
$$I_C = CsV_0$$
であるので，それぞれの電流を $I_R + I_L + I_C = 0$ に代入する．
$$\frac{V_0}{R} + \frac{1}{Ls}\left(V_0 + \frac{LE}{R_0}\right) + CsV_0 = 0$$
整理して，
$$\left(\frac{1}{R} + \frac{1}{Ls} + Cs\right)V_0 = -\frac{E}{sR_0}$$
これより
$$V_0 = -\frac{E}{R_0 C}\left(\frac{1}{s^2 + s/CR + 1/LC}\right)$$
この結果に与えられた数値をそれぞれ代入して，
(1) $V_0 = -\dfrac{1}{s^2+3s+2} = \left(\dfrac{1}{s+2} - \dfrac{1}{s+1}\right)$
よって，$v_0(t) = e^{-2t} - e^{-t}$ [V]．
(2) $V_0 = -\dfrac{1}{s^2+2s+1} = -\dfrac{1}{(s+1)^2}$
よって，$v_0(t) = -te^{-t}$ [V]．

5.21 Sが開かれる直前のコンデンサの両端の電圧は，解図5.5 より，
$$V_{ab} = \frac{R_2}{(R_1+R_2)}E = 4 \text{ V}$$
コンデンサに蓄えられている電荷は，$q_0 = q(0) = CV_{ab} = 4/5$ C．コイルに流れている電流は，$i(0) = E/(R_1+R_2) = 1$ A．Sを開いたあとの回路方程式は，
$$\frac{1}{C}\int i dt + R_2 i + L\frac{di}{dt} = 0$$
電流の向きと初期電荷の符号に注意し，ラプラス変換して，
$$\frac{1}{C}\left(\frac{I}{s} - \frac{q(0)}{s}\right) + R_2 I + L(sI - i(0)) = 0$$
与えられた数値を代入して，上式は，
$$5\left(\frac{I}{s} - \frac{4}{5s}\right) + 4I + sI - 1 = 0$$

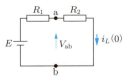

◀ 解図 5.5

整理して，$I(s)$ は
$$I(s) = \frac{s+4}{s^2+4s+5}$$
となる．式を変形すると，
$$I(s) = \frac{s+2}{(s+2)^2+1} + 2\frac{1}{(s+2)^2+1}$$
ラプラス逆変換して，次式となる．
$$i(t) = e^{-2t}\cos t + 2e^{-2t}\sin t$$
$$= e^{-2t}(\cos t + 2\sin t)$$

5.22 回路方程式は，
$$R(i_C + i_L) + \frac{1}{C}\int i_C dt = E_m \sin t$$
$$L\frac{di_L}{dt} - \frac{1}{C}\int i_C dt = 0$$
ラプラス変換して，
$$R(I_C + I_L) + \frac{1}{C}\left(\frac{I_L}{s} + \frac{q(0)}{s}\right) = E_m\frac{1}{s^2+1}$$
$$L(sI_L - i_L(0)) - \frac{1}{C}\left(\frac{I_C}{s} + \frac{q(0)}{s}\right) = 0$$
$q(0) = 0$, $i_L(0) = 0$ を代入して，第 2 式より
$I_C = LCs^2 I_L$．これを第 1 式に代入，整理して
$$I_L = \frac{E_m}{RLC}\left\{\frac{1}{(s^2 + s/RC + 1/LC)(s^2+1)}\right\}$$
数値を代入して，
$$I_L = \frac{4}{(s^2+3s+2)(s^2+1)}$$
部分分数展開して，
$$I_L = \frac{4}{(s+1)(s+2)(s^2+1)}$$
$$= \frac{k_1}{s+1} + \frac{k_2}{s+2} + \frac{k_3 s + k_4}{s^2+1}$$
$$k_1 = \left.\frac{4}{(s+2)(s^2+1)}\right|_{s=-1} = 2$$
$$k_2 = \left.\frac{4}{(s+1)(s^2+1)}\right|_{s=-2} = -\frac{4}{5}$$
$$k_3 s + k_4|_{s=j} = \left.\frac{4}{(s+1)(s+2)}\right|_{s=j}$$
$$\to jk_3 + k_4 = \frac{4}{(1+j)(2+j)}$$
$$= \frac{2}{5}(1-j3)$$
したがって，$k_3 = -6/5$, $k_4 = 2/5$．
$$I_L = 2\frac{1}{s+1} - \frac{4}{5}\frac{1}{s+2}$$
$$- \frac{2}{5}\left(3\frac{s}{s^2+1} - \frac{1}{s^2+1}\right)$$

$$i_L(t) = \frac{2}{5}\left(5e^{-t} - 2e^{-2t} - 3\cos t + \sin t\right)$$

5.23 $I(s) = E_m \dfrac{s\sin\theta + \omega\cos\theta}{s^2+\omega^2}\dfrac{s}{L(s-s_0)^2}$
$$= E_m\left\{\frac{k_1 s + k_2}{s^2+\omega^2} + \frac{k_3}{s-s_0} + \frac{k_4}{(s-s_0)^2}\right\}$$
より，
$$k_1 s + k_2|_{s=j\omega} = \left.\frac{s(s\sin\theta + \omega\cos\theta)}{L(s-s_0)^2}\right|_{s=j\omega}$$
$R^2 = 4L/C$ のとき，
$$L(s-s_0)^2 = L\left(\frac{R}{2L} + j\omega\right)^2$$
$$= j\omega\left\{R + j\left(\omega L - \frac{1}{\omega C}\right)\right\}$$
であるので，$Z = \sqrt{R^2 + (\omega L - 1/\omega C)^2}$,
$\varphi = \tan^{-1}\dfrac{\omega L - 1/\omega C}{R}$ として，
$$jwk_1 + k_2 = \frac{j\omega(j\omega\sin\theta + \omega\cos\theta)}{j\omega\{R + j(\omega L - 1/\omega C)\}}$$
$$= \frac{\omega}{Z}\{\cos(\theta-\varphi) + j\sin(\theta-\varphi)\}$$
$$k_1 = (1/Z)\sin(\theta-\varphi)$$
$$k_2 = (\omega/Z)\cos(\theta-\varphi)$$
$$k_4 = \left.\frac{s(s\sin\theta + \omega\cos\theta)}{L(s^2+\omega^2)}\right|_{s=s_0}$$
$$= \frac{s_0(s_0\sin\theta + \omega\cos\theta)}{L(s_0^2+\omega^2)}$$
$$k_3 = \left.\frac{d}{ds}\left\{\frac{s(s\sin\theta + \omega\cos\theta)}{L(s^2+\omega^2)}\right\}\right|_{s=s_0}$$
$$= \frac{2s_0\omega^2\sin\theta - \omega(s_0^2 - \omega^2)\cos\theta}{L(s_0^2+\omega^2)^2}$$
式 (5.131), (5.132) より,
$$s_0 = -\alpha, \quad s_0^2 + \omega^2 = \alpha^2 + \omega^2 = \frac{\omega}{L}Z$$
$$\frac{2\alpha\omega}{s_0^2+\omega^2} = \cos\varphi, \quad \frac{\alpha^2-\omega^2}{s_0^2+\omega^2} = -\sin\varphi$$
であったので，これらの関係を上の k_3, k_4 に適用し，
$$k_3 = -\frac{1}{Z}\sin(\theta-\varphi)$$
$$k_4 = \frac{\alpha}{\omega Z}(\alpha\sin\theta - \omega\cos\theta)$$
となる．こうして，
$$I(s) = E_m\left\{\frac{1}{Z}\sin(\theta-\varphi)\frac{s}{s^2+\omega^2}\right.$$
$$\left. + \frac{1}{Z}\cos(\theta-\varphi)\frac{\omega}{s^2+\omega^2}\right.$$

$$\begin{aligned}
&- \frac{1}{Z}\sin(\theta-\varphi)\frac{1}{s+\alpha}\\
&+ \frac{\alpha}{\omega Z}(\alpha\sin\theta - \omega\cos\theta)\frac{1}{(s+\alpha)^2}\Bigg\}
\end{aligned}$$

$I_m = E_m/Z$ とし,ラプラス逆変換して,
$$\begin{aligned}
i(t) &= I_m\Bigg\{\sin(\theta-\varphi)\cos\omega t\\
&\quad + \cos(\theta-\varphi)\sin\omega t - \sin(\theta-\varphi)e^{-\alpha t}\\
&\quad + \frac{\alpha}{\omega}(\alpha\sin\theta - \omega\cos\theta)te^{-\alpha t}\Bigg\}\\
&= I_m\Bigg\{\sin(\omega t+\theta-\varphi) - \sin(\theta-\varphi)e^{-\alpha t}\\
&\quad + \frac{\alpha}{\omega}(\alpha\sin\theta - \omega\cos\theta)te^{-\alpha t}\Bigg\}
\end{aligned}$$

となる.これは式 (5.135) と一致する.

5.24 (1) $R^2 - 4L/C = 25 - 16 = 9 > 0$ であるので,5.8 節の (i) の場合となる.$\omega L - 1/\omega C = 2 - 2 = 0$ であるので,$\varphi = \tan^{-1}(\omega L - 1/\omega C)/R = 0$ である.インピーダンスは $Z = \sqrt{R^2 + (\omega L - 1/\omega C)^2} = R = 5\,\Omega$.また,$I_m = E_m/Z = 2\,\text{A}$ となる.
$$\alpha = \frac{R}{2L} = 12.5$$
$$\beta = \frac{1}{2L}\sqrt{R^2 - \frac{4L}{C}} = 7.5$$

式 (5.126) にこれらの数値と $\theta - \varphi = 0$ を代入して,$I_m/\omega\beta LC = 8/3$ であるので,
$$i(t) = 2\sin 10t - \frac{8}{3}e^{-12.5t}\sinh 7.5t\,[\text{A}]$$

となる.あるいは,$\sinh\beta t = (e^{\beta t} - e^{-\beta t})/2$ を用いて書くと,次式となる.
$$i(t) = 2\sin 10t - \frac{4}{3}(e^{-5t} - e^{-20t})\,[\text{A}]$$

(2) $R^2 - 4L/C = 16 - 16 = 0$ であり,5.8 節の (ii) の場合となる.$\omega L - 1/\omega C = 3$,$Z = \sqrt{R^2 + (\omega L - 1/\omega C)^2} = \sqrt{4^2 + 3^2} = 5\,\Omega$,$I_m = E_m/Z = 2$,$\cos\varphi = R/Z = 4/5$,$\sin\varphi = (\omega L - 1/\omega C)/Z = 3/5$,$\varphi = \tan^{-1}(3/4)$,$\alpha = R/2L = 5$ を式 (5.135) に代入し,$I_m\alpha/\omega = 1$ より次式となる.
$$\begin{aligned}
i(t) &= 2\sin\left(10t - \tan^{-1}\frac{3}{4}\right) + 1.2e^{-5t}\\
&\quad - 10te^{-5t}\,[\text{A}]
\end{aligned}$$

(3) $R^2 - 4L/C = 36 - 100 = -64 < 0$ であり,5.8 節の (iii) の場合となる.$\omega L - 1/\omega C = 5 - 5 = 0$,$\varphi = 0$,$Z = R = 6\,\Omega$,$I_m = E_m/Z = 2\,\text{A}$,$\alpha = R/2L = 3$,$\gamma = (1/2L)\sqrt{4L/C - R^2} = 4$,$I_m/\omega C\sqrt{L/C - R^2/4} = 2.5$ を式 (5.137) に代入して,次式となる.
$$i(t) = 2\sin 5t - 2.5e^{-3t}\sin 4t\,[\text{A}]$$

5.25 回路方程式をラプラス変換すると,
$$\begin{aligned}
&RI + L(sI - i(0_+)) + \frac{1}{C}\left(\frac{I}{s} + \frac{q(0_+)}{s}\right)\\
&= \frac{E_m\omega}{s^2+\omega^2}\quad\cdots\text{①}
\end{aligned}$$

ここで,$t = 0_-$ のとき,コイルには $i(0_-) = E_a/R_a = 1\,\text{A}$ の電流が流れていて,コンデンサには $q(0_-) = CE_b = 0.8\,\text{C}$ の電荷があったので,これらは急変できず,$i(0_+) = i(0_-)$,$q(0_+) = q(0_-)$ となる.式①は,
$$\begin{aligned}
&\left(s^2 + \frac{R}{L}s + \frac{1}{LC}\right)I\\
&= \frac{E_m\omega s}{L(s^2+\omega^2)} + si(0_-) - \frac{q(0)}{LC}
\end{aligned}$$

となる.数値を代入して $R/L = 4$,$1/LC = 5$,$E_m\omega/L = 40$,$s^2 + (R/L)s + 1/LC = s^2 + 4s + 5$,よって,解くべき方程式は次式となる.
$$\begin{aligned}
I(s) &= \frac{40s}{(s^2+4s+5)(s^2+5^2)}\\
&\quad + \frac{s}{s^2+4s+5} - \frac{4}{s^2+4s+5}\quad\cdots\text{②}
\end{aligned}$$

式②の右辺第 1 項は
$$\begin{aligned}
I_1(s) &= 40\frac{s}{(s^2+4s+5)(s^2+5^2)}\\
&= 40\left(\frac{k_1 s + k_2}{s^2+4s+5} + \frac{k_3 s + k_4}{s^2+25}\right)
\end{aligned}$$

$s^2 + 4s + 5 = 0$ の根は $s = -2\pm j$,$s^2 + 25 = 0$ の根は $s = \pm j5$ であるので,
$$k_1 s + k_2|_{s=-2+j} = \left.\frac{s}{s^2+25}\right|_{s=-2+j}$$

より,$k_1 = 1/40$,$k_2 = -1/40$ を得る.同様に,
$$k_3 s + k_4|_{s=j5} = \left.\frac{s}{s^2+4s+5}\right|_{s=j5}$$

より,$k_3 = -1/40$,$k_4 = 1/8$ を得る.よって,
$$I_1 = \frac{s-1}{s^2+4s+5} - \frac{s-5}{s^2+25}$$

となる.式②は $s^2 + 4s + 5 = (s+2)^2 + 1$ と書き直して,
$$I(s) = \frac{s-1}{(s+2)^2+1} - \frac{s-5}{s^2+5^2}$$

$$+ \frac{s}{(s+2)^2+1} - \frac{4}{(s+2)^2+1}$$

項を整理して

$$I(s) = \frac{2s-5}{(s+2)^2+1} - \frac{s-5}{s^2+5^2}$$

$$= \frac{2(s+2)}{(s+2)^2+1} - \frac{9}{(s+2)^2+1}$$

$$- \frac{s}{s^2+5^2} + \frac{5}{s^2+5^2}$$

となる.逆変換して,

$i(t) = 2e^{-2t}\cos t - 9e^{-2t}\sin t - \cos 5t + \sin 5t$

となる.右辺の前 2 項が過渡項を,後 2 項が定常項を表している.定常項は,

$$\sin 5t - \cos 5t = \sqrt{2}\left(\frac{1}{\sqrt{2}}\sin 5t - \frac{1}{\sqrt{2}}\cos 5t\right)$$

$$= \sqrt{2}\sin\left(5t - \frac{\pi}{4}\right)$$

と書くこともできる.これは,$R = 5$,$\omega L - 1/\omega C = 5$,$Z = \sqrt{5^2+5^2} = 5\sqrt{2}$,$I_m = E_m/Z = 10/5\sqrt{2} = \sqrt{2}$,$\varphi = \tan^{-1}(5/5) = \pi/4$ からただちに得ることもできる.

5.26 畳み込み積分を用いて,次のように求められる.

$$p(t) = \int_0^t u(\tau)e^{-a(t-\tau)}d\tau$$

$$= e^{-at}\int_0^t e^{a\tau}d\tau = e^{-at}\frac{1}{a}(e^{at}-1)$$

$$= \frac{1}{a}(1-e^{-at})$$

参考文献

[1] 佐野理：キーポイント微分方程式，岩波書店（1993）
[2] 大重力，森本義広，神田一伸：例題で学ぶ過渡現象，森北出版（1988）
[3] 大槻喬（編）：大学課程過渡現象，オーム社（1967）
[4] 吉岡芳夫，作道訓之：過渡現象の基礎，森北出版（2004）
[5] 末崎輝雄，天野弘：電気回路理論，コロナ社（1958）
[6] 柴田尚志：電気回路 I，コロナ社（2006）
[7] 柴田尚志：例題と演習で学ぶ電磁気学，森北出版（2012）
[8] 高橋秀俊（編）：大学演習回路，裳華房（1962）
[9] 星合正治，福田節雄，芹澤康夫：電気工学原論（下），コロナ社（1962）
[10] 島村敏：基礎ラプラス変換，コロナ社（1965）
[11] 加藤一郎：過渡現象論演習，学献社（1962）
[12] 矢野健太郎，石原繁：解析学概論，裳華房（1965）
[13] 金原粲（監修）：専門基礎ライブラリー電気回路，実教出版（2008）
[14] J.A. Edminister: Theory and Problems of Electric Circuits, McGraw-Hill (1972)
[15] C.A. デソー，E.S. クウ（著），松本忠（訳）：電気回路論入門（下），ブレイン図書出版（1977）
[16] C.R. ワイリー（著），富久泰明（訳）：工業数学（上），ブレイン図書出版（1962）

索 引

▶ 英 数

RC 直列回路　7
RLC 直列回路　15
RL 直列回路　5
s 領域　91
s 領域の積分　105
s 領域の微分　105
t 領域　91

▶ あ 行

位相差　61
一般解　11, 17
インダクタンス　2
インパルス応答　142
インパルス関数　101
インピーダンス　61
エネルギーの保存則　13
オイラーの公式　24, 95
応　答　141
オームの法則　1

▶ か 行

開放状態　11
回路方程式　5
回路網　141
回路網関数　142
重ねの理　16, 68
過制動　80
過渡応答　1
過渡解　11
過渡現象　1
過渡現象の解析　1
過渡現象の速さ　8
過渡項　11
キャパシタンス　3
共役複素根　24
極　110
キルヒホッフの電圧則　38
キルヒホッフの電流則　67
駆動点アドミタンス　142
駆動点インピーダンス　142
駆動点関数　142

コイルに蓄えられるエネルギー　12
コンデンサに蓄えられるエネルギー　13

▶ さ 行

磁　束　1
磁束鎖交数　2
磁束鎖交数保存の理　2
実　根　23
時定数　8
周期関数　102
重　根　24
自由振動　71, 75
ジュール熱　4
ジュールの法則　12
瞬時電力　71
常微分方程式　16
初期条件　4, 30
振動減衰　82
ステップ関数　93
正弦波交流　4
正弦波交流電圧　60
斉　次　17
静電容量　3
積分回路　49
積分のラプラス変換　104
線形の微分方程式　16
双曲線関数　73
双曲線関数の加法定理　79
相互誘導回路　3, 52

▶ た 行

第 1 種初期値　52
第 2 種初期値　52
代数方程式　91
畳み込み積分　108
単エネルギー回路　4
短絡状態　11
置換積分　18
直　流　4
抵　抗　1

定常解　11
定常状態　1
定数係数線形非同次微分方程式　16
定数係数線形微分方程式　16
定数変化法　21
定電流源　67
デルタ関数　2, 101
電圧伝達関数　142
電荷保存の理　3
電磁誘導の法則　1
伝達アドミタンス　142
伝達インピーダンス　142
伝達関数　142
電流伝達関数　142
同次微分方程式　17
特殊解　11, 18
特殊解の試行関数　27
──三角関数　27
──指数関数　27
──多項式　27
特性方程式　23
特　解　18

▶ な 行

二端子回路網　141
二端子対回路網　141

▶ は 行

パルス関数　100
パルス電圧　45
パルス波　4
非振動的　73
非斉次　17
非同次微分方程式　17
微分回路　49
微分のラプラス変換　104
微分方程式　5
微分方程式の階数　16
フェーザ法　61
複エネルギー回路　4
複素インピーダンス　64

部分分数展開　109
変数分離型の微分方程式　18
変数分離法　18

▶ま　行
未定係数法　27

▶ら　行
ラプラス逆変換　91
ラプラス変換　91
ラプラス変換の推移則　99
ラプラス変換の線形性　93
ラプラス変換の相似性　93
ラプラス変換法　5

ランプ関数　94
臨界制動　81
臨界的　74
励振　141
連立微分方程式　31
ロピタルの定理　76

著者略歴

柴田　尚志（しばた・ひさし）
- 1975 年　茨城大学工学部電気工学科卒業
　　　　　茨城工業高等専門学校（助手，講師を経て）
- 1983 年　茨城工業高等専門学校助教授
- 1992 年　博士（工学）(東京工業大学)
- 1998 年　茨城工業高等専門学校教授
- 1999 年　茨城工業高等専門学校副校長（〜2011）
- 2008 年　文部科学大臣賞受賞
- 2012 年　茨城工業高等専門学校名誉教授
　　　　　一関工業高等専門学校校長
- 2018 年　一関工業高等専門学校名誉教授
　　　　　現在に至る

著書：電気基礎（共著，コロナ社）
　　　電磁気学（共著，コロナ社）
　　　電気回路Ⅰ（コロナ社）
　　　身近な電気・節電の知識（共著，オーム社）
　　　例題と演習で学ぶ電磁気学（森北出版）
　　　エンジニアリングデザイン入門（監修，理工図書）

編集担当　上村紗帆・佐藤令菜(森北出版)
編集責任　藤原祐介(森北出版)
組　　版　ウルス
印　　刷　丸井工文社
製　　本　同

基礎からの過渡現象　　　　　　　　　　　　　　Ⓒ 柴田尚志　2019

2019 年 7 月 29 日　第 1 版第 1 刷発行　【本書の無断転載を禁ず】

著　　者　柴田尚志
発 行 者　森北博巳
発 行 所　森北出版株式会社
　　　　　東京都千代田区富士見 1-4-11（〒102-0071）
　　　　　電話 03-3265-8341 ／ FAX 03-3264-8709
　　　　　https://www.morikita.co.jp/
　　　　　日本書籍出版協会・自然科学書協会　会員
　　　　　JCOPY <(一社)出版者著作権管理機構　委託出版物>

落丁・乱丁本はお取替えいたします．
Printed in Japan／ISBN978-4-627-78671-4

MEMO

MEMO

MEMO